普通高等教育“十三五”规划教材

STC单片机创新实践应用

王普斌　刘　健　金学伟　李世国　刘福全　著

北　京
冶　金　工　业　出　版　社
2019

内 容 简 介

本书以 STC12、STC15 单片机为对象，通过大量实践案例介绍了这两款单片机片内并口、串口、定时器/计数器、CCP、SPI、比较器、EEPROM、中断系统诸多资源的运用，实现了 PC 与 STC15 之间多种程序设计方法，完成了配合 PC 组态监控的 STC15 从站程序设计。

本书立足实践，全部用实践解答 STC 单片机片内资源与片外器件在机电控制方面的具体应用和 C51 程序设计技巧，书中有多个单片机硬件组合与实践方案、程序结构框架与程序设计方法的创新。

本书可供用单片机搞创新实践、创新设计的大学生以及从事单片机应用的工程技术人员阅读，也可作为相关专业单片机实践教学用书。

图书在版编目(CIP)数据

STC 单片机创新实践应用 / 王普斌等著. —北京：冶金工业出版社，2019. 9
普通高等教育“十三五”规划教材
ISBN 978-7-5024-8189-6

Ⅰ. ①S… Ⅱ. ①王… Ⅲ. ①单片微型计算机—高等学校—教材 Ⅳ. ①TP368. 1

中国版本图书馆 CIP 数据核字(2019)第 178710 号

出 版 人　谭学余
地　　址　北京市东城区嵩祝院北巷 39 号　邮编　100009　电话　(010)64027926
网　　址　www. cnmip. com. cn　电子信箱　yjcbs@ cnmip. com. cn
责任编辑　郭冬艳　宋　良　美术编辑　吕欣童　版式设计　孙跃红　禹　蕊
责任校对　石　静　责任印制　李玉山
ISBN 978-7-5024-8189-6
冶金工业出版社出版发行；各地新华书店经销；三河市双峰印刷装订有限公司印刷
2019 年 9 月第 1 版，2019 年 9 月第 1 次印刷
787mm×1092mm　1/16；20. 25 印张；488 千字；310 页
45. 00 元

冶金工业出版社　投稿电话　(010)64027932　投稿信箱　tougao@cnmip. com. cn
冶金工业出版社营销中心　电话　(010)64044283　传真　(010)64027893
冶金工业出版社天猫旗舰店　yjgycbs. tmall. com

前　言

STC 单片机以其出色的性能，得到了广泛的应用。其中的 STC12 系列单片机，片内集成有 8 通道的 ADC、2 通道的 PCA、双串口、SPI 接口、片内扩展的 XRAM，单周期指令，管脚排列与 8051 兼容，易于参照，适于单片机入门学习。STC15 单片机的功能较 STC12 有了更大增强，宽电压工作范围，超强抗干扰和加密设计，片内集成有更多的定时器、更多的串口，新增比较器，6 通道的 15 位 PWM，片内晶振与复位电路，灵活的管脚配置，大容量 SRAM、EEPROM 和 Flash 程序存储器等，就是复杂的任务，也能从容应对，是学用单片机的优选机型。

时代呼唤创新，创新需要实践。为助力读者学习 STC 单片机，用 STC 单片机搞创新实践，达到开拓学习视野、启发设计思路、提高认知能力、便于自主实践的目的，本书采用实践的方式，针对 STC12、STC15 两种机型，给出了数十个侧重于机电控制方面的应用案例。每一个案例，都有硬件设计制作和程序设计两部分内容。硬件设计制作部分采用模块组合的方法，MCU、I/O 模块、器件、材料，都可由网购得到，经直接连线、少量焊接和少量改制，就完成了制作过程。其中许多案例只需电脑 USB 口供电。这种方法的突出优点，就是免去了 PCB 设计、制板、调试的工作，能够灵活自主地选择实践内容，快速、廉价地组建自己所需的应用电路，且易于扩展，适合创新实践项目周期短、题材多样的特点，能够达到快速把单片机用到具体项目的目的。

程序设计是单片机实践的难点，也相当耗时。本书对每一个实践，都设计有 C51 源程序代码。代码有简洁明了的风格，有各种技巧的综合运用，有详细的注释，有运行调试步骤。其中，把寄存器的含义直接写在注释里的做法，既便于查验，又比传统预定义方法减少了程序长度。由于实践难度不同，相应程序的差异很大，有的较短较易，有的较长较复杂。在实践中，作者总结出了一种能够在主循环中即时扫描事件与分步执行任务的程序框架，使较大规模的程序设计有章可循。依此框架，无须多任务系统平台，就可以设计出 CPU 在控制多个任务按其自身动作步序运行的同时，能够即时查询处理多个事件的程序，达到简单、直观运行多个任务的效果。为快速上手，读者可以有选择地参照书中程序进行初步实践，进而设计出针对自选项目的程序。

本书第1章首先介绍STC12及其最小系统。之后以TM1638按键显示模块为人机接口器件，为该模块编写了可为后续实践调用的函数，简述了STC单片机开发的入门知识与实践步骤。

第2章以STC12片内ADC、定时器/计数器、并口为导引，实践了STC12对电位器输入、光电开关输入、继电器控制、舵机控制、直流电机控制和步进电机控制的应用。

第3章以STC12片内PCA、串口、外部中断为导引，对PCA、串口1、串口2、外部中断进行了多个实践，用到了旋转编码器、AB编码器、霍尔开关、L298N模块、A4988模块、蓝牙串口模块、超声测距模块、直流电机、步进电机、串口舵机诸多的外部器件，包含了光电码盘测速、AB编码器脉冲计数、串口与串口舵机通信、串口蓝牙通信、串行通信超时检测等诸多程序设计环节，以及即时扫描事件与分步执行任务程序框架的实现。

第4章用STC12的I/O接口应对那些具有特定时序要求的信号，包括红外遥控器发出的信号、I2C总线信号和单总线信号。具体到实践，有红外遥控器键码检测，红外遥控器遥控步进电机运行，DS1302模块的日期时钟操作，DHT11模块的湿度、温度检测。

第5章是面向STC15应用的实践。首先用STC15W4K32S4自测其增强型PWM的输出。接下来的实践有：用PWM脉冲输出及其管脚置换功能控制2WD小车，用ADC检测电位器输入和PWM脉冲输出控制三舵机机械手，用CCP的计数和捕获功能实现三路超声测距，用外部中断实现直流电机滑台自动往返控制和AB编码器加/减脉冲计数，用SPI接口实现MAX6675测温数据采集与NRF24L01无线通信。

第6章是STC15与串口人机界面的实践。USART串口屏通过与MCU的串行通信，能够实现多种人机界面操作。利用STC15W4K32S4多串口的优势，首先设计出依据串口发送字符数来判定通信超时的方法。该方法简单高效，方便后续编程。此后的电位器输入测试、舵机操控、测温曲线显示，实践了USART串口屏多个控件的应用和相应的C51程序设计方法。其次是把安卓手机用作STC15的串口人机界面，以此为单片机的应用设计打开一扇门。具体的实践有步进电机滑台应用，直流电机滑台应用，以及综合性更强的圆盘式点胶机与XY打标机模型的设计制作。每个应用都包含有单片机控制系统设计和安卓app应用开发两个方面的内容，把两者结合起来进行实践。

第7章是PC对STC15的组态监控应用的实践。该章第1节是通过PC与STC15之间一主一从的Modbus RTU通信，实现了PC主站对一个基本I/O从站设备的监控。接下来，又在该网络中加入了两台STC15从站设备。第一台设备是一个超声波测距转台。该设备由直流电机驱动的转台和安装在转台上的超声波测距模块组成，用直流电机轴端的光电码盘检测转台角度，能够实现多工位自动循环测距操作。第二台设备是混合型四轴机械手。该机械手由直流电机驱动的滑台，舵机驱动的转盘、手臂，步进电机驱动的推杆组成，有手动和自动循环两种操作方式，在控制方面用到了4路15位增强型PWM、CCP的计数、比较、匹配功能，双边沿触发的外部中断，并与双串口通信配合，综合性强。这两台设备都是既可以用USART串口屏近地操控，也可以通过PC进行远程监控操作，与第一个从站设备一起，组成了一个PC主站与三个STC15从站的网络系统。

本书第1章由刘健撰写，第2章由金学伟撰写，第4章由李世国撰写，第3、5、6章由王普斌撰写，第7章由王普斌与大连机床集团刘福全高级工程师撰写。全书由王普斌统稿。

单片机实践没有最好，只有更好。本书从底层设计做起，坚持自主研发，力求实践创新，在书中多方位、多层次的种种实践中，都有着创新精神的体现。

本书的出版，得到了辽宁科技大学教材建设基金的资助，在此表示衷心的感谢。

由于作者水平所限，书中不足之处，敬请读者指正。

作　者

2019年5月

目　录

1 STC12与初级人机接口模块

本章首先介绍由STC12芯片和51单片机最小系统板构成的STC12最小系统，之后引入了一款配有8只按键、8只LED、8只七段数码管的初级人机接口模块——TM1638模块，并为该模块编写了可为后续实践调用的函数，以达到简化人机接口编程、拿来就用的目的。

1.1 单片机最小系统

1.1.1 STC12单片机简介

STC12是早期的单周期指令（1T）型单片机，实践中使用的STC12C5A60S2芯片是PDIP－40封装，芯片实物和引脚定义如图1-1所示。该款单片机的管脚排列与MCS－51单片机兼容，可以直接插在51单片机最小系统板上运行。

(a) 实物外观

引脚名	脚号	脚号	引脚名
ADC0/P1.0	1	40	Vcc
ADC1/P1.1	2	39	P0.0
RxD2/ECI/ADC2/P1.2	3	38	P0.1
TxD2/CCP0/ADC3/P1.3	4	37	P0.2
CCP1/ADC4/P1.4	5	36	P0.3
ADC5/P1.5	6	35	P0.4
ADC6/P1.6	7	34	P0.5
ADC7/P1.7	8	33	P0.6
RST/P4.7	9	32	P0.7
RXD/P3.0	10	31	P4.6
TXD/P3.1	11	30	P4.5
$\overline{INT0}$/P3.2	12	29	P4.4
$\overline{INT1}$/P3.3	13	28	P2.7
T0/P3.4	14	27	P2.6
T1/P3.5	15	26	P2.5
$\overline{WR}$/P3.6	16	25	P2.4
RD/P3.7	17	24	P2.3
XTAL2	18	23	P2.2
XTAL1	19	22	P2.1
GND	20	21	P2.0

(b) 管脚排列

图1-1 STC12C5A60S2芯片

1.1.2 单片机最小系统

常见的51单片机最小系统板如图1-2所示，图1-2(a)为40脚直插式插座，图1-2(b)为40脚锁紧式插座。在最小系统板上，已焊接好上电复位电路、晶振电路（晶振频率通常为 11.0592MHz)、电源接口和电源开关。把 STC12 芯片插在这种最小系统板上，就组成了 STC12 单片机最小系统（下面简称为 STC12 最小系统）。在接通 +5V 电源后，STC12 单片机就开始运行片内程序。

(a) 直插插座式

(b) 锁紧插座式

图 1-2　51 单片机最小系统板

1.2　TM1638 按键显示模块

TM1638 按键显示模块主要由 8 只按键（S1 ~ S8)、8 只七段数码管、8 只 LED（LED1 ~ LED8)、TM1638 芯片组成，如图 1-3(a)所示。该模块的最大特点是只需占用单片机三根 I/O 线，即可完成最基本的人机接口操作，包括按键输入、LED 状态显示和数码管数值显示。

把 STC12 最小系统与 TM1638 模块连接，就组成了具有人机接口功能的单片机系统，见图 1-3(b)。TM1638 模块有 5 个接线端，Vcc、GND 是电源线，分别接 +5V 电源的正、负端；STB、CLK、DIO 是信号线，可以与 STC12 的任意 3 根 I/O 线连接，在图 1-3(b) 中，它们分别与 P0.0、P0.1 和 P0.2 连接。图 1-3(b)中没有 STC12C5A32S2 的晶振电路（接 XTAL1、XTAL2）和复位电路（接 RST）的接线，这是因为 51 最小板已将它们连接好了。

1.3　实 践 准 备

1.3.1　安装程序

本书所有 STC 单片机程序都用 C51 编写，编程前的准备工作如下：

(1) 运行 Keil C51 安装程序，把 Keil C51 安装到电脑中。

(2) 添加 STC 文件到 Keil C51。

解压文件包 stc-isp-15xx-v6.85H 中的 stc-isp-15xx-v6.85H.exe，然后运行该文件，出现图 1-4 所示的运行界面。在运行界面中选择“Keil 仿真设置”，点击“添加型号和头文件到 Keil 中”按钮，完成添加。

(a) TM1638模块

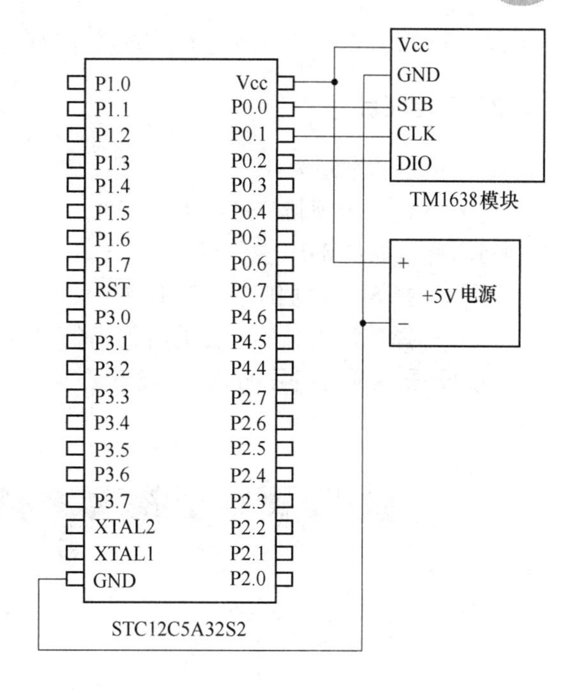

(b) STC12与TM1638模块的连接

图1-3　TM1638模块及其与单片机的连接

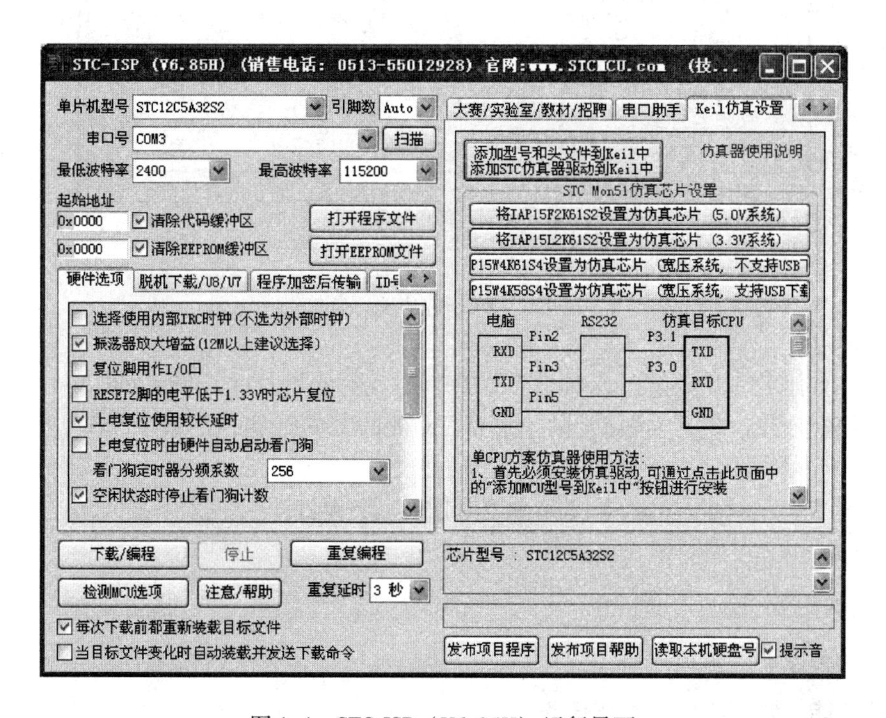

图1-4　STC-ISP（V6.85H）运行界面

（3）查看STC单片机的头文件。

如果Keil C51安装在D盘，进入D:\Keil\C51\INC\STC文件夹，可以看到有多个

STC 单片机的头文件（后缀为 H 或 h），浏览其中的 STC12C5A60S2. H、STC15. H。

1.3.2　新建项目

新建项目的过程为：

（1）新建一个项目。运行 Keil uV4，点击 Project→New…，在弹出窗口文件名一栏填写项目名称，如：MyP1_4，保存。

（2）选择 STC 数据库。在随即弹出的窗口中，选择 STC MCU Database，点击 OK。

（3）选择单片机芯片。在随后弹出的‘Select Device…’窗口中，选择单片机芯片。这需要根据实际使用的芯片确定，如对 STC12C5A32S2 和 STC12C5A60S2，选择 STC12C5A60S2，见图 1-5。

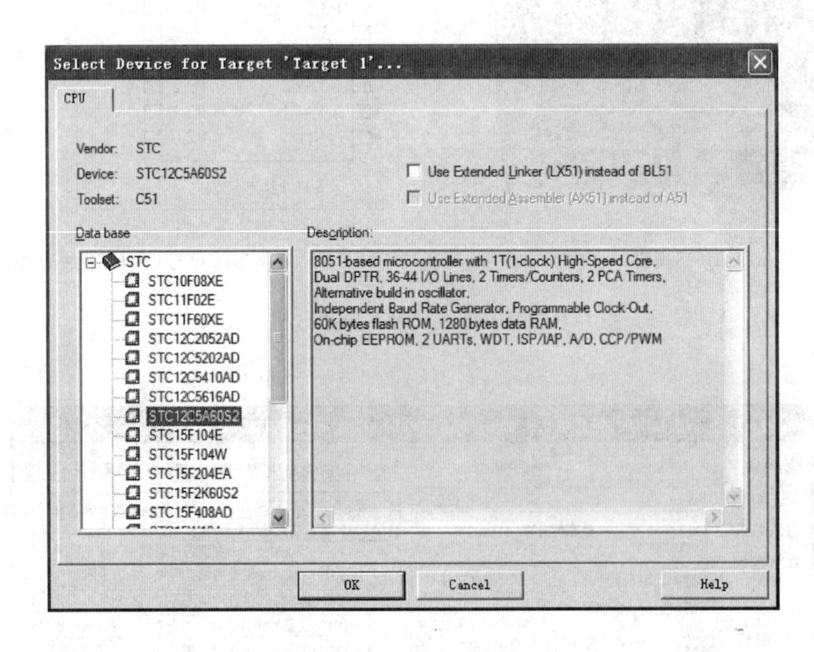

图 1-5　MCU 芯片选择窗口

最后，对弹出的‘Copy Standard 8051 Setup Code to Project Folder and Add File to Project’对话框，点击“否”按钮，则在主界面左侧的 Project 窗口出现 Target 1 目录树。

1.4　编写第一个程序

1.4.1　明确任务

在编写程序前要规划出应用程序所要完成的具体任务。本章的程序用于测试 HMI 模块的各项功能，要完成以下工作任务：

（1）用 8 只数码管显示数值 12345678。

（2）测试 8 只按键：当按下某键时，数码管显示该键的序号，同时点亮对应位置的 LED。如：按下 S1，数码管显示 0，第一只 LED 亮。以此类推。

1.4.2　编写程序

源程序由两个 C 文件组成：TM1638. c 为包含 TM1638 函数的文件，P1_4. c 为包含主函数的文件。下面是 TM1638. c 文件的 C51 源程序代码：

```
/ * File:TM1638. c * /
#include < intrins. h >
void InitTM1638( void) ;
unsigned char GetKey( void) ;
void FontToSEG( unsigned char col,unsigned char font) ;
void NumToAllSEG( long int n) ;
void NumTo1234SEG( int n) ;
void NumTo5678SEG( int n) ;
void BitToLED( unsigned char col,bit b) ;
void CharToAllLED( unsigned char c) ;
/ * TM1638 模块引脚定义 * /
#define   STB   P00
#define   CLK   P01
#define   DIO   P02
/ * 共阴数码管显示代码 * /
unsigned char code tab[ ] = {
0x3F,0x06,0x5B,0x4F,0x66,0x6D,0x7D,0x07,0x7F,0x6F} ;//0 ~9
/ * ,0x77,0x7C,0x39,0x5E,0x79,0x71 * /
/ * 向 TM1638 写字节数据函数
        c: 要写入的字节数据
 * /
void WriteTM1638( unsigned char c)
{
        unsigned char i;
        for( i =0;i <8;i ++ )
        {
                CLK =0;
                if( c&0X01)
                        DIO =1;
                else
                        DIO =0;
                c >> =1;
                CLK =1;
        }
}
/ * 从 TM1638 读数据函数
        返回:读取的字节数据
 * /
```

```
unsigned char ReadTM1638 (void)
{
        unsigned char i;
        unsigned char temp = 0;
        DIO = 1;  //设置为输入
        for(i = 0;i < 8;i ++ )
        {
                temp >> = 1;
                CLK = 0;_nop_();_nop_();_nop_();_nop_();
                if(DIO)
                        temp| = 0x80;
                CLK = 1;
        }
        return temp;
}
/ * 向 TM1638 发送命令字函数
        cmd:1 字节的命令
 * /
void WriteTM1638CMD(unsigned char cmd)
{
        STB = 0;
        WriteTM1638(cmd);
        STB = 1;
}
/ * TM1638 初始化函数 * /
void InitTM1638(void)
{
        unsigned char i;
        WriteTM1638CMD(0x8b);                   //亮度 (0x88 ~ 0x8f)8 级亮度可调
        WriteTM1638CMD(0x40);                   //采用地址自动加 1
        STB = 0;
        WriteTM1638 (0xc0);                     //设置起始地址
        for(i = 0;i < 16;i ++ )                 //传送 16 个字节的数据
                WriteTM1638(0x00);
        STB = 1;
}
/ * 读 TM1638 按键函数,
        返回:按键键值:从左到右键值依次为 0..7,其他值无效
 * /
unsigned char GetKey(void)
{
        unsigned char c[4],i,key_value = 0;
        STB = 0;
```

```
        WriteTM1638(0x42);                    //读按键命令
        for(i=0;i<4;i++)
                c[i] = ReadTM1638 ();
        STB=1;                                //4个字节数据合成一个字节
        for(i=0;i<4;i++)
                key_value|=c[i]<<i;
        for(i=0;i<8;i++)
                if((0x01<<i)==key_value)
                        break;
        return i;
}
/* TM1638数码管显示字型的函数
        col:数码管序号,从左到右依次为0..7
*/
void FontToSEG (unsigned char col,unsigned char font)
{
        WriteTM1638CMD(0x44);
        STB=0;
        WriteTM1638(0xc0|(col*2));
        WriteTM1638(font);
        STB=1;
}
/* 控制TM1638一个LED的函数
        col:要控制的led序号,从左到右依次为0..7
        flag:0时熄灭LED,非0时点亮LED
*/
void BitToLED(unsigned char col,bit b)
{
        WriteTM1638CMD(0x44);
        STB=0;
        WriteTM1638(0xc0|(col*2+1));
        WriteTM1638(b? 1:0);
        STB=1;
}
/* 控制TM1638全部LED函数
c:D7..D0输出到LED1..LED8
*/
void CharToAllLED(unsigned char c)
{
        unsigned char i;
        for(i=0;i<8;i++)
                BitToLED(i, c&(1<<i));
}
```

```
/*用 TM1638 的 8 个数码管显示 1 个整数
      n:要显示的整数
*/
#include <stdio.h>
#include <ctype.h>
void NumToAllSEG(long int n)
{
      unsigned char buf[16],font,i;
      for(i=0;i<8;i++)buf[i]='\0';              //清缓冲区
      sprintf(buf,"%Ld",n);                      //把 n 格式化为 ASCII 字符串
      i=0;
      if(buf[0]=='-'){
            FontToSEG(0,0x40);                   //显示负号
            i=1;
      }
      for(;i<8;i++){
      font = isdigit(buf[i])? tab[buf[i]-'0']:0;
      FontToSEG(i,font);
      }
}
/*用 TM1638 的左边 4 个数码管显示 1 个整数
      n:要显示的整数
*/
void NumTo1234SEG(int n)
{
      unsigned char buf[16],font,i;
      for(i=0;i<8;i++)buf[i]='\0';              //清缓冲区
      sprintf(buf,"%d",n);                       //把 n 格式化为 ASCII 字符串
      i=0;
      if(buf[0]=='-'){
            FontToSEG(0,0x40);                   //显示负号
            i=1;
      }
      for(;i<4;i++){
            font = isdigit(buf[i])? tab[buf[i]-'0']:0;
            FontToSEG(i,font);
      }
}
/*用 TM1638 的右边 4 个数码管显示 1 个整数
      n:要显示的整数
*/
void NumTo5678SEG(int n)
{
```

```
    unsigned char buf[16],font,i;
    for(i=0;i<8;i++)buf[i]='\0';          //清缓冲区
    sprintf(buf,"%d",n);                  //把n格式化为ASCII字符串
    i=0;
    if(buf[0]=='-'){
        FontToSEG(4,0x40);                //显示负号
        i=1;
    }
    for(;i<4;i++){
        font= isdigit(buf[i])? tab[buf[i]-'0']:0;
        FontToSEG(i+4,font);
    }
}
```

下面是P1_4.c文件的C51源程序代码：

```
/*File:P1_4.c*/
#include<stc12c5a60s2.h>
#include<TM1638.c>
main()/*主函数*/
{
    InitTM1638();                        //初始化TM1638模块
    NumToAllSEG(12345678);               //显示12345678
    while(1){                            //主循环
        char key,i;                      //定义key,i为字符型(char)变量
        switch(key=GetKey()){            //读TM1638模块按键键值
            case 0:
            case 1:
            case 2:
            case 3:
            case 4:
            case 5:
            case 6:
            case 7:
                NumToAllSEG(key);        //如果键值为[0..7],送到数码管显示
                CharToAllLED(1<<key);    //点亮对应的LED
                break;
            default:                     //无键按下(键值为8),清除显示
                /*for(i=0;i<8;i++)
                FontToSEG(i,0);          //熄灭所有数码管
                CharToAllLED(0);         //熄灭所有LED
                */break;
        }
    }
}
```

1.4.3　程序解释

TM1638. c 文件中的函数如下：

InitTM1638：初始化 TM1638 的函数；

GetKey：读取 TM1638 按键序号函数；

FontToSEG：用 TM1638 的一只七段数码管显示字型的函数；

NumToAllSEG：用 TM1638 八只数码管显示整数值的函数；

NumTo1234SEG：用 TM1638 的左边 4 个数码管显示 1 个整数；

NumTo5678SEG：用 TM1638 的右边 4 个数码管显示 1 个整数；

BitToLED：用 TM1638 的一只 LED 显示状态的函数；

CharToAllLED：用 TM1638 八只 LED 显示状态的函数。

对以上函数，读者只需了解其功能，不必理解其细节，这里不对它们进行解释。

P1_4. c 文件中，#include <TM1638. c >指示在编译时把 TM1638. c 文件包含进来。

主函数首先调用 InitTM1638 函数，初始化 TM1638 模块。之后调用 NumToAllSEG 函数，把数值 12345678 送到 TM1638 所有的 8 只数码管显示。在 C51 的主函数中，都有一个无限循环体，称为主循环，由 while(1)语句实现。

key = GetKey( )执行把读取的按键键值赋值给变量 key。

case 0 ~ case 7 各句针对 key 为 0 ~ 7 各数值分别进行处理。当 case 后没有 break 语句时，程序将顺序向下执行。

随后的 NumToAllSEG 函数用于数码管显示 key 值。CharToAllLED 函数把一个字符值送给所有 LED 显示。例如，设 key = 5，则 1 << key，即把 1 左移 5 次：

	D7	D6	D5	D4	D3	D2	D1	D0
(char) 1=	0	0	0	0	0	0	0	1
(char)1<<5=	0	0	1	0	0	0	0	0

由此得到的二进制数是 00100000，对应于十进制数的 32 或 16 进制数的 0x20。此数值将使 TM1638 模块上的 LED6 发光。

default 语句完成 key 为其他值的处理。FontToSEG 是把字型码送给某一数码管显示的函数。TM1638 模块的 SEG 为共阴极接法，当字型码为 0 时，数码管没有显示。

1.5　程序的编译与调试

1.5.1　编译程序

编译程序就是把 C51 源程序编译成可调试和可下载到单片机运行的代码。编译程序的步骤如下：

（1）保存源程序。源程序应保存为 C 类型的文件，如 P1_4. c。

（2）添加源程序添到项目中。在屏幕左侧的 Project 窗口的 Source 图标处右击，选择 Add Files to Group ‘Source Group 1’，在弹出窗口的“文件类型”栏选择 C Source file（*.c），然后在“文件名(N)”栏选择 P1_4.c 文件，点击 Add。

（3）按 F7 进行编译。编译只能检查出程序语法、程序连接方面的问题。如果编译发现错误，应修改源程序并重新编译。编译成功后，可进行程序调试工作。

1.5.2 调试程序

调试程序的主要目的，是检测程序各环节的运行是否符合预期。源程序经编译后，可以先在 Keil C 集成环境下调试，然后把程序的 HEX 码下载到具有仿真功能的 STC 单片机芯片运行，与 Keil C 联合调试。在熟悉了 C51 和 STC 单片机之后，也可以直接把程序的 HEX 代码下载到目标单片机芯片中运行。

下面简述在 Keil C 集成环境下的调试，其主要操作包括：

按‘Ctrl + F5’：启动程序调试，再次按‘Ctrl + F5’：停止程序调试；

按‘F10’：单步运行；

按‘Ctrl + F10’：运行到光标处；

按‘F11’：进入函数内部单步运行；

按‘F9’：设置/清除断点。

Keil C 集成环境的调试功能还有很多，例如它还可以查看/修改单片机片内各寄存器以及 C51 程序各变量的值。熟练使用这些功能，会有效提高 C51 程序设计能力。该集成环境还具有对单片机引脚信号的模拟能力，但操作复杂，也难以模拟诸如 TM1638 等多种 I/O 模块。

在对前面的 MyP1_4 项目进行调试时，当按‘F10’单步运行到第 9 行时，程序就不再向下运行了，见图 1-6(a)。这是因为 GetKey 函数不能读到 TM1638 模块的按键信息，这时应对该句加以变通，例如用变量 i（i 的值可以在调试时修改）替代 GetKey 函数，重新编译，调试时就可以向下运行到第 18 行了，见图 1-6(b)。

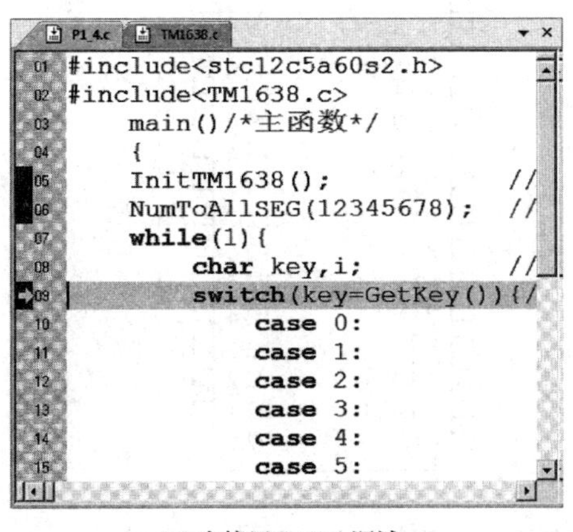

(a) 直接用GetKey调试

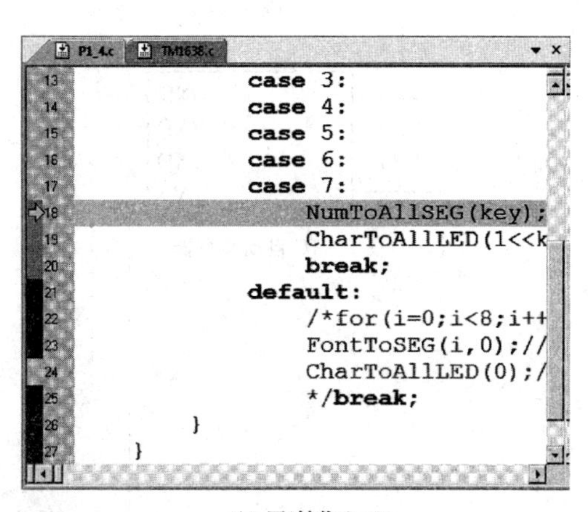

(b) 用i替代GetKey

图 1-6 用变量替代法进行调试

1.6 程序的下载和运行

1.6.1 设置 HEX 输出

C51 程序在编译时，要生成后缀为 HEX 的文件，才能向单片机下载。

设置方法是：在 Keil C 集成环境中，按‘Alt + F7’键，在弹出窗口的 Output 卡片中勾选 Creat HEX File，如图 1-7 所示。

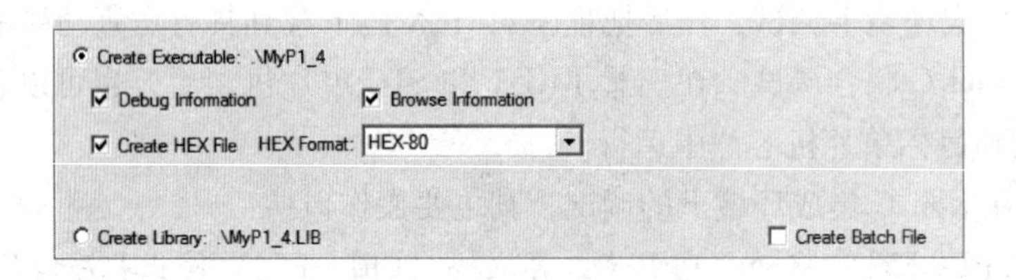

图 1-7 设置 HEX 输出

1.6.2 连接编程器

编程器（又称为烧录器）完成下载 HEX 文件到单片机片内 ROM 的工作。图 1-8 是第五代 STC 自动编程器与 STC12 最小系统的接线图，编程器的另一端为 USB 插口，工作时与电脑连接。在电脑方，需要安装编程器的驱动程序，即运行“第五代增强型 STC 自动烧录器资料包”中的 CH341SER. EXE 文件。

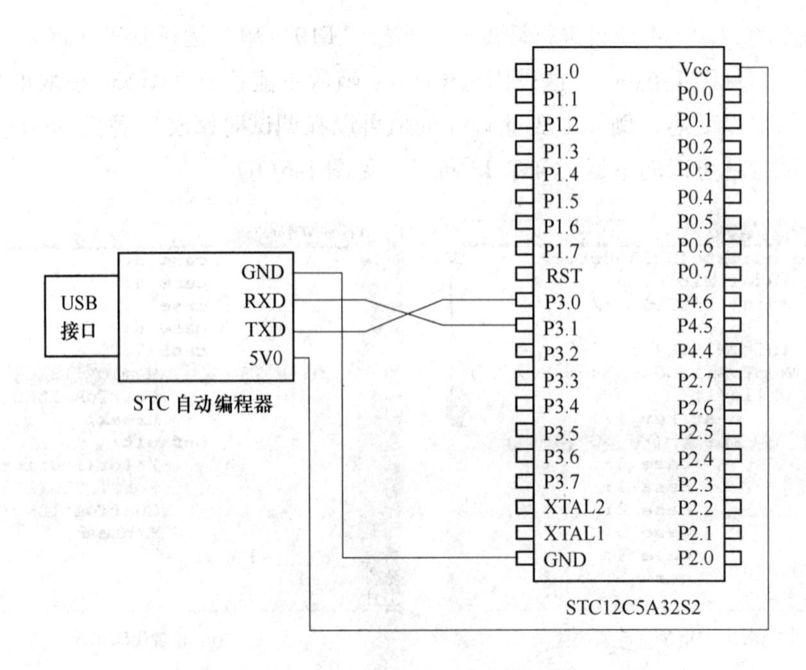

图 1-8 STC 自动编程器与 STC12 单片机的连接

1.6.3　运行调试

在把 STC 自动编程器与 STC 单片机和 PC 电脑连接好以后，运行 STC 单片机烧录程序，如：stc-isp-15xx-v6.85H.exe，或更高的版本。该烧录程序能够自动扫描单片机芯片型号和电脑与编程器连接的串口号，见图 1-9。然后点击“打开程序文件”按钮，找到 MyP1_4.HEX 文件并打开，点击“下载/编程”按钮进行文件下载。下载完成后，在窗口的左下角会有“操作成功”提示。

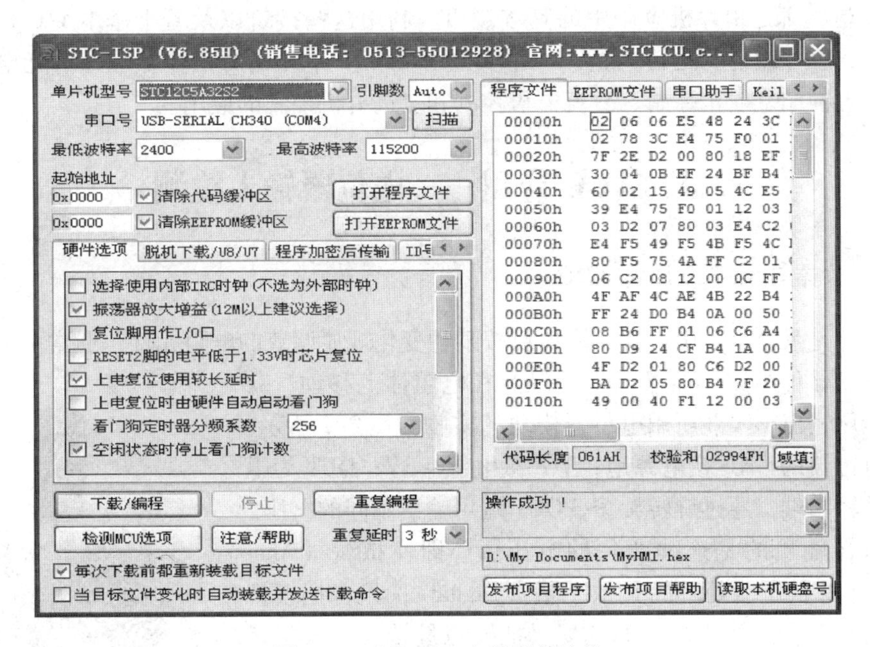

图 1-9　下载 HEX 文件到单片机

下载成功后，单片机就自动运行程序。这里，STC 自动编程器通过 USB 口获得 +5V 电源，并向 STC12C5A32S2 和 TM1638 模块供电。

图 1-10(a)为程序开始运行显示数值的情况，图 1-10(b)为按下 S6 后显示按键序号（从 0 开数，图示序号为 5）的情况。

(a) 显示数值

(b) 显示按键序号

图 1-10　程序运行实况

2 STC12 ADC、T/C、并口应用

STC12C5A60S2 片内集成有 8 通道 10 位的 A/D 转换器，多个并口和定时器/计数器 T0、T1，这些都是单片机应用中的基本接口。利用这些接口以及若干基本 I/O 模块，并通过相应的程序设计和运行调试，本章实践了 STC12 单片机对电位器输入、光电开关输入、继电器控制、舵机控制、直流电机控制和步进电机控制的应用。

2.1 ADC 应用——电位器输入检测

2.1.1 电位器与 STC12 片内 ADC

电位器是具有三个引出端、阻值可按某种变化规律调节的电阻元件，通常由电阻体与转动或滑动器件组成，即靠一个动触点在电阻体上移动，获得部分电压输出。实践所用电位器模块的实物如图 2-1 所示。其中，电位器的 GND 接电源地，Vcc 接电源 +5V；OUT 为电位器信号输出端，通过旋转旋钮，OUT 端可输出不同的电压。

图 2-1 电位器模块

电位器输出的是连续变化的电压值，即模拟量（Analog），而单片机所能处理的是数字量（Digital），只有把模拟量转换为数字量，单片机才能处理。把模拟量转换为数字量的器件，称为 ADC（Analog Digital Convertor）。STC12 片内集成有一个 10 位的 ADC，能够通过 P1.0 ~ P1.7 引脚引入 8 个通道的 0 ~ 5V 模拟量输入，A/D 转换结果为 10 位数字量，数值范围是 0 ~ 1023。STC12 的 ADC 与 STC15 的 ADC 总体相同，内部结构参见图 5-12。

单片机的存储器是以字节为单位的，每个字节能够存储 8 个二进制位。对于 10 位的数字量，就需要 2 个字节来存储。C 语言中，2 个字节对应于 int 或 unsigned int 型变量，统称为整型变量。每个整型变量都有 16 个位，由低到高依次记为 D0，D1，…，D15。其中，D0 ~ D7 组成低字节，D8 ~ D15 组成高字节。在图 2-2 中，D0 ~ D9 存储 STC12 的 A/D 转换结果，各个位的数值或为 0，或为 1；D10 ~ D15 位的数值都是 0。

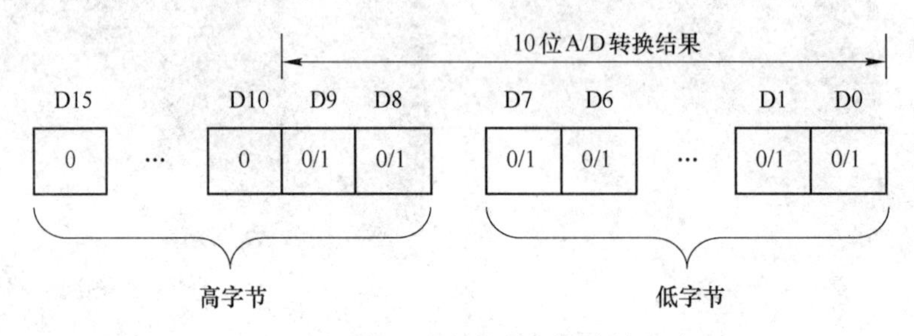

图 2-2 10 位 A/D 转换结果的存储方式

2.1.2 模块配置

本节实践STC12的ADC功能。

实践器件由STC12最小系统、TM1638模块、电位器模块和+5V电源组成，器件间的接线如图2-3所示。其中，+5V电源可由STC自动编程器或手机充电器提供，电位器的OUT端接入P1.0/ADC0，也可接入P1.1/ADC1~P1.7/ADC7之一；TM1638模块的S1~S8按键用于选择P1.0/ADC0~P1.7/ADC7之一；8只数码管用于显示A/D转换的数字量；8只LED用于指示当前所选的ADC通道。

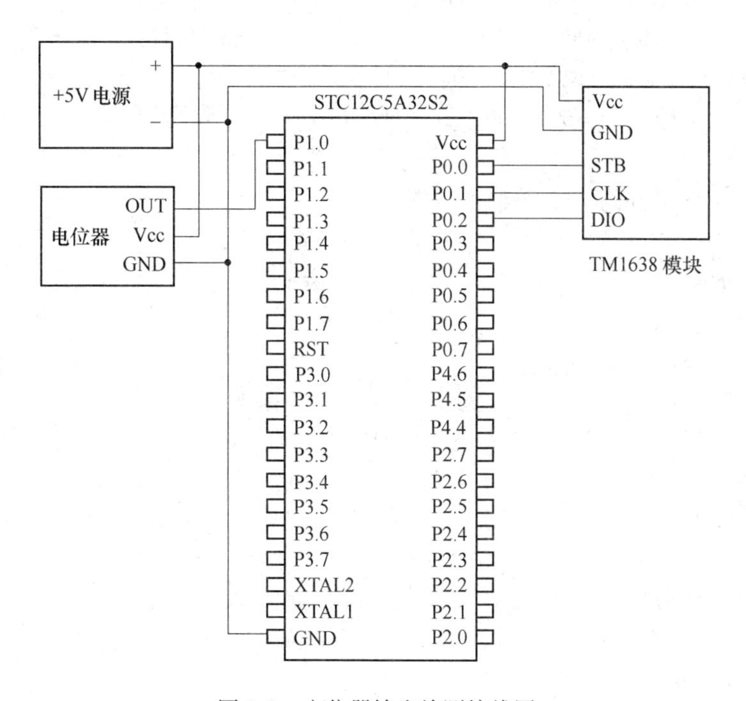

图2-3 电位器输出检测接线图

2.1.3 程序设计

源程序由两个C文件组成：GETADC.c是包含STC12 A/D转换函数的文件，P2_1.c是包含主函数的文件。下面是GETADC.c文件的C51源程序代码：

```
/* File:GETADC.c */
#include <intrins.h>
/* STC12、STC15 A/D转换函数
      ch:ADC通道号
 */
unsigned int GetADC(char ch)
{
      unsigned int result;
      ADC_CONTR = 0xE8 | ch;                //ADC上电并启动A/D,转换时间为90T
```

```
    _nop_(); _nop_(); _nop_(); _nop_();            //加4个T的延时
    while ((ADC_CONTR & 0x10) ==0);                //查询,直到ADC_FLAG =1
    ADC_CONTR &= ~0x10;                            //ADC_FLAG←0
    result = ADC_RES;                              //ADC_RES存放D9~D2
    result <<=2;
    result +=(ADC_RESL&0x03);                      //ADC_RESL存放D1,D0
    return(result);                                //返回10位ADC结果
    //ADC_CONTR:[PWR][SPEED1,0][FLAG][START][CHS2,1,0]
    //PWR=1:ADC Power ON, =0:ADC Power OFF
    //SPEED1,0(A/D转换时间)=00:540T, =01:360T, =10:180T, =11:90T
    //FLAG=1:ADC done;  START=1:Start A/D Convert
    //CHS2,1,0(通道选择)=000:CH0,..., =111: CH7
}
```

下面是P2_1.c文件的C51源程序代码:

```
/* File:P2_1.c */
#include <stc12c5a60s2.H>
#include <TM1638.c>
#include <GETADC.c>
main()                                              //主函数
{
    InitTM1638();                                   //初始化TM1638
    P1ASF = 0xFF;                                   //设置P1.0~P1.7为Analog输入
    while(1){
        char key,PinNo;                             //键值,P1引脚号
        switch(key = GetKey()){                     //读TM1638模块按键,选择模拟量输入引脚
            case 0:
            case 1:
            case 2:
            case 3:
            case 4:
            case 5:
            case 6:
            case 7:
                CharToAllLED(1 << (PinNo = key)); //点亮LED
            default:
                break;
        }
      NumToAllSEG(GetADC(PinNo));                   //读A/D转换结果并显示
    }
}
```

主程序在初始化TM1638模块之后，通过对寄存器P1ASF的赋值，设置P1口的模拟

量输入通道。P1ASF（P1 Analog Set Flag）是 P1 口模拟量设置寄存器。P1ASF 寄存器的某位置 1，则该位对应的 P1 引脚就接受 0～5V 的连续模拟量输入。图 2-4 中，用 P1ASF 把 P1.0 引脚设置为模拟量输入。

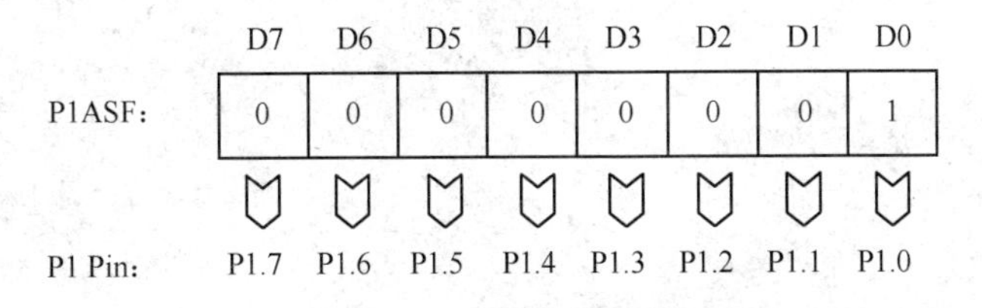

图 2-4 设置 P1.0 引脚为模拟量输入

用 Win7 附件中的计算器可以方便实现二进制到十六进制的转换（在“查看”中选择“程序员(P)”选项）。图 2-5 中，输入了一个二进制数 10110011，此后若点选‘十六进制’，便可得到其十六进制数 B3（C 语言表示为 0xb3）；反之亦然。

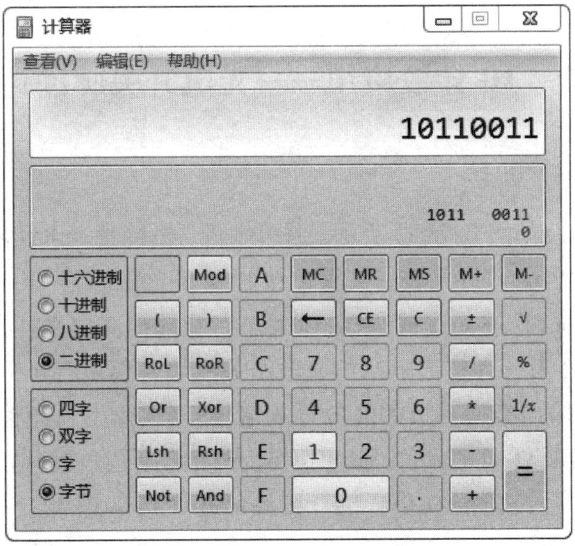

图 2-5 用‘计算器’进行数制转换

主函数中，主循环部分的内容是查询按键和读 A/D 转换结果并显示。当 CPU 查询到 TM1638 模块有键按下时，先把键值存入字符型变量 key，然后点亮对应的 LED。函数 GetADC(PinNo)把来自 P1 某一引脚（PinNo 为引脚号）的模拟量输入转换为数字量，函数 NumToAllSEG 将该数字量送到 TM1638 模块的数码管显示。

2.1.4 运行调试

源程序经编译生成 HEX 文件，下载到单片机。

运行时，插接电位器 OUT 端到 P1 某一引脚，按 S1～S8 按键选择模拟量输入通道，旋转电位器旋钮，会观察到数码管显示的数值在 0～1023 之间变化。图 2-6 为电位器旋钮旋至最大位置且通过 P1.3 输入的情况。

图 2-6　电位器输入检测实况

2.2　T0 计数应用——光电开关脉冲计数

2.2.1　光电开关简介

光电开关检测电路如图 2-7(a)所示。图中，*K*、*E* 接地，*A* 经限流电阻接到直流电源正极，*C* 为信号输出端。当光敏三极管 T 接收到发光二极管 LED 的光线时，T 导通，*C* 端输出低电平。若 LED 的光线被遮挡，T 截止，*C* 输出高电平。比较器对 *C* 端输出的信号整形。图 2-7(b)为具有整形电路的光电开关模块，模块有 4 个端子：Vcc 接 +5V，GND 接电源地，DO 输出经过整形的光电开关信号，AO 输出未经整形的光电开关信号。模块接通电源后，LED 就通电发光。此时，若槽中无遮挡，模块的开关指示灯亮，光电开关输出低电平信号；若槽中有遮挡，模块的开关指示灯灭，光电开关输出高电平信号。

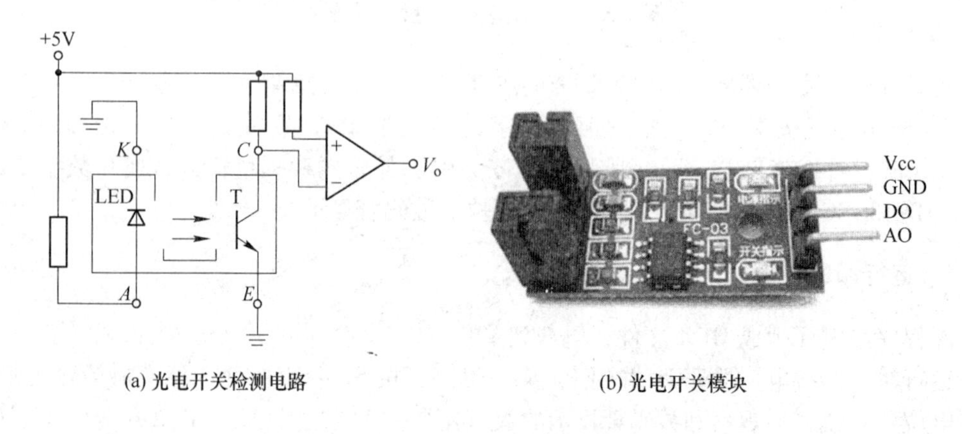

(a) 光电开关检测电路　　(b) 光电开关模块

图 2-7　光电开关检测电路及模块

2.2.2 T0用作计数器

STC12有T0、T1两个定时器/计数器。T0、T1实质上是计数器，主要功能就是对计数脉冲源发出的脉冲信号进行加1计数：计数脉冲源每发出一个脉冲，在该脉冲的下降沿，T0、T1的计数值由硬件电路自动加1。T0的计数值存储于字节型寄存器TH0、TL0中，共16位，其中TH0为高字节，存储16位中的D8～D15位；TL0为低字节，存储D0～D7位，见图2-8。T1的计数值存储于TH1、TL1中，共16位，其中TH1为高字节，TL1为低字节。

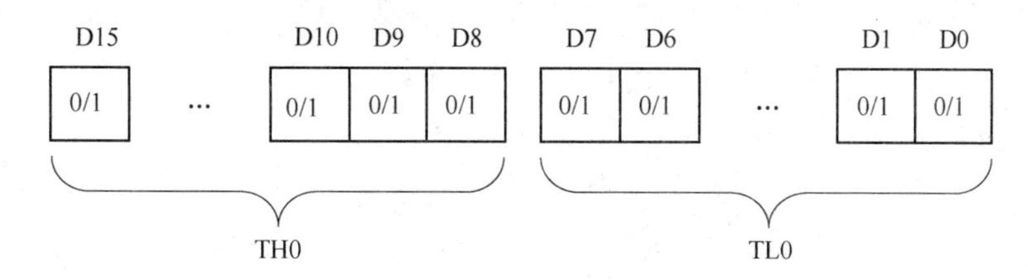

图2-8 T0计数值的存储

当计数脉冲源是STC12的机器周期脉冲时，T0、T1是定时器，这是因为单片机的机器周期脉冲是固定的，为单片机晶振频率（F_{osc}）的12分频。如果F_{osc}为11.0592MHz，机器周期脉冲的频率就是921600Hz。T0、T1还分别能够对来自P3.4、P3.5引脚的脉冲信号进行加1计数，这时T0、T1就是计数器。所以，如果把光电开关模块的脉冲信号输出端连接到P3.4或P3.5引脚，单片机就能对它进行计数。

在使用T0、T1前，需要对它们进行工作方式设定。定时器方式寄存器TMOD用于设定T0、T1的工作方式，TMOD的D0～D3用于设定T0，D4～D7用于设定T1。在图2-9中，把T0设置为16位计数器，对P3.4引脚计数。

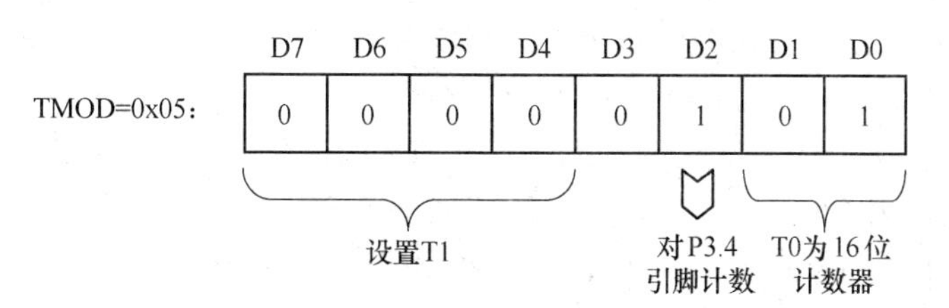

图2-9 T0计数工作方式设定

TCON是定时器控制寄存器。TR0是TCON中的一个位，只有1bit的容量，称为位寄存器。TR0=1，启动T0计数；TR0=0，停止T0计数。同样，TCON中的位寄存器TR1用于启动/停止T1的计数操作。

2.2.3 模块配置

本节实践T0的计数功能。

实践器件由STC12最小系统、TM1638模块、光电开关模块和+5V电源组成。模块间的接线如图2-10所示，其中，光电开关的AO或DO端接入P3.4/T0，TM1638模块的S1按钮用于对T0计数值清零，数码管用于显示T0的计数值。

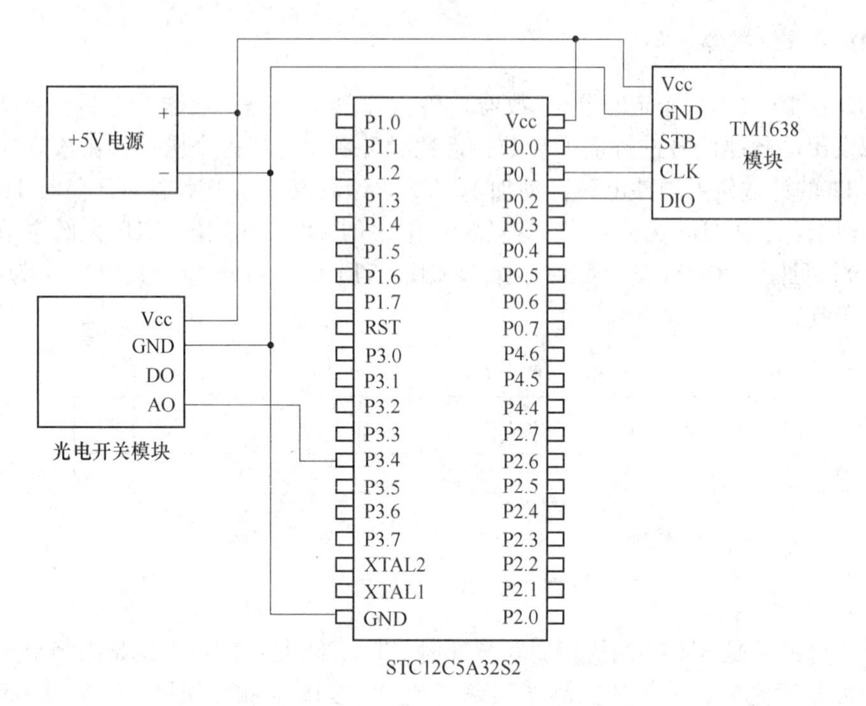

图 2-10　T0 计数应用接线图

2.2.4　程序设计

主程序首先初始化 TM1638 模块和 T0。主循环中，通过调用 NumToAllSEG(TH0 * 256 + TL0)把 T0 的计数值送到数码管显示，通过调用 BitToLED(4,P34)把 P3.4 引脚的状态送到 LED5 显示，如果查询到 S1 的键按下，就对 TH0、TL0 清零。

T0 用作 16 位计数器时，其计数值为：TH0 ×256 + TL0。

P34 是位寄存器，用于存储 P3.4 引脚的状态。STC12 的 P0 ~ P4 口在用作普通 I/O 接口时，其每一个引脚在单片机内部都对应有一个位寄存器，用于存储该引脚的状态。如 P1.0 引脚的位寄存器记为 P10，…，P1.7 引脚的位寄存器记为 P17，且 P10 ~ P17 合起来记为 P1，称为 P1 端口寄存器，见图 2-11。这同样适于 P0、P2、P3、P4。CPU 通过读/写

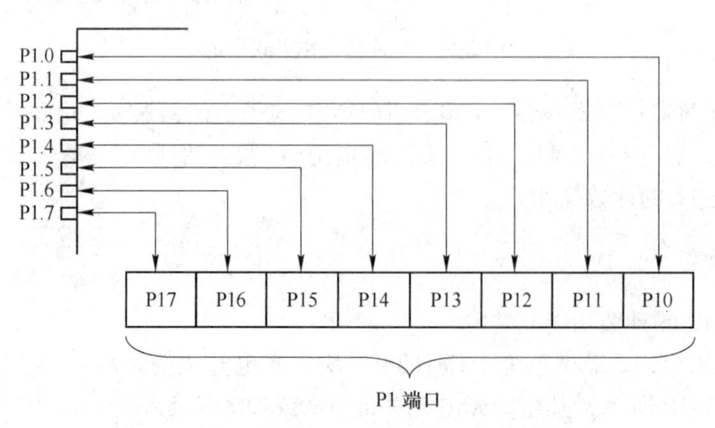

图 2-11　P1 引脚、位寄存器和端口寄存器

某一引脚的位寄存器，能够实现对单个I/O引脚的输入/输出操作，通过读/写某一端口寄存器，能够实现对一个I/O端口全部8个引脚的输入/输出操作。

BitToLED函数用于把一个位的状态显示到某只LED，如BitToLED(4,P34)就是把P3.4引脚的状态送到从0开数的第4只LED显示，即模块上的LED5。当P3.4为0（低电平）时，LED5熄灭；P3.4为1（高电平）时，LED5发光。

下面是源程序代码：

```
/* File:P2_2.c */
#include <stc12c5a60s2.H>
#include <TM1638.c>
void T0Init();
main()
{
    InitTM1638();                       //初始化TM1638
    T0Init();                           //初始化T0
    while(1){
        if(GetKey()==0){                //S1的键值=0
            TH0=TL0=0;                  //按S1键,TH0,TL0清零
        }
        NumToAllSEG(TH0*256+TL0);//显示16位计数值
        BitToLED(4,P34);                //显示P3.4引脚状态
    }
}
/*T0初始化函数
    T0置为方式1计数器
*/
void T0Init()
{
    TMOD = 0x05;                        //T0为方式1计数器,对P3.4计数
    TR0 = 1;                            //启动T0计数
}
```

2.2.5 运行调试

源程序经编译生成HEX文件，下载到单片机。

运行时，插接光电开关模块的AO或DO端到P3.4引脚，按S1键把计数值清零，用遮光物对光电开关进行遮挡/透光操作，同时观察数码管显示数值和LED5的状态变化。图2-12为光电开关被遮光时的情况。

由实践可知，当光电开关透光时，LED5熄灭，即P3.4为低电平；当光电开关被遮光时，LED5点亮，即P3.4为高电平。同时，当光电开关从透光到被遮光时，T0的计数值不发生变化；而每当光电开关从被遮光到透光时，T0的计数值就增加1。

图 2-12 T0 脉冲计数运行实况

2.3 T0 定时应用——继电器控制

2.3.1 电磁铁与继电器

电磁铁由线圈和铁芯组成，见图 2-13(a)。线圈通电后，铁芯产生的磁力使执行机构动作；线圈断电后，铁芯磁力消失，对执行机构不起作用。电磁继电器是一种用电磁铁控制触点动作的自动开关，见图 2-13(b)。当继电器中的电磁铁线圈通电后，铁芯产生磁力，吸引衔铁动作，带动与衔铁固连的触点产生移动，而没有与衔铁固连的触点固定不动。这就使原来处于闭合状态的触点断开，同时使原来断开的触点闭合。当线圈断电后，电磁铁的吸力消失，衔铁就会在弹簧的作用下返回原位，与之固连的触点得到复位。

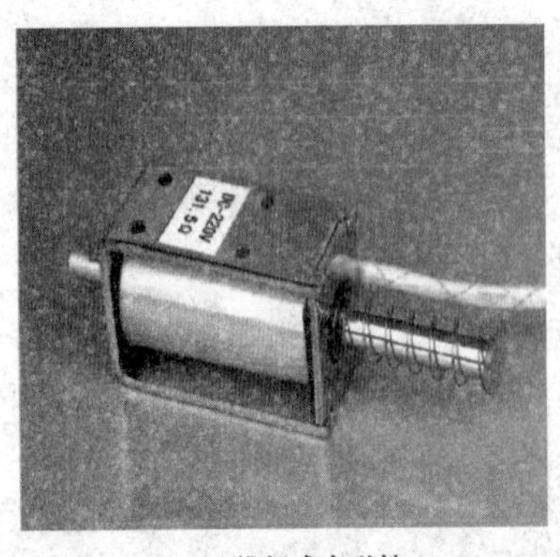

(a) 推杆式电磁铁

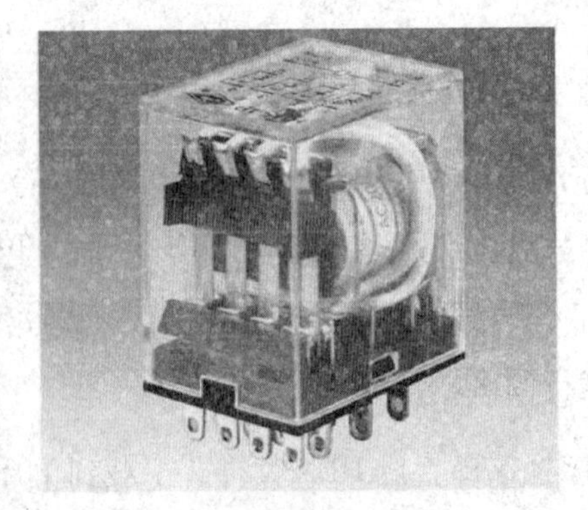

(b) 交流继电器

图 2-13 电磁铁与继电器

图 2-14(a)为可由单片机直接控制的直流继电器模块。模块中有两个继电器，供电电压为 +5V，电流为 100mA，负载能力为交流 250V 10A 或直流 30V 10A。输入端接线为：Vcc 接电源 +5V，GND 接电源负极，IN1、IN2 接单片机 I/O 引脚。

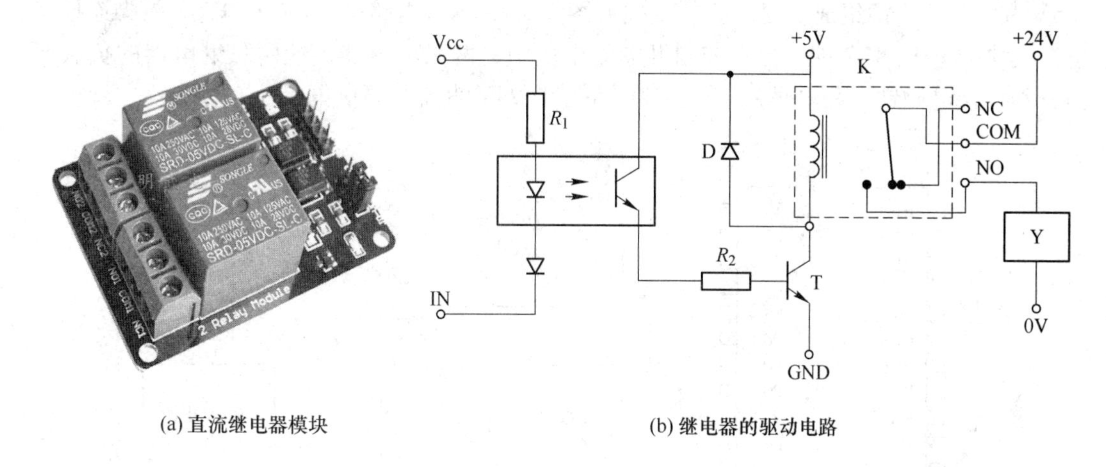

(a) 直流继电器模块　　(b) 继电器的驱动电路

图 2-14　继电器模块及继电器驱动电路

图 2-14(b)为继电器驱动及负载电路。图中虚框部分为继电器 K，单片机的 I/O 引脚接到 IN 端。IN 为低电平时，晶体管 T 导通，K 通电，衔铁被磁力吸向左侧，使原来断开的触点（常开触点）闭合，接通了负载回路的 +24V 电源，负载 Y 得电动作。IN 为高电平时，晶体管 T 截止，K 断电，衔铁在弹簧力的作用下回到右侧原位，使常开触点复位，断开了负载回路的 +24V 电源，负载 Y 失电，恢复常态。图中 D 为续流二极管，用于保护晶体管 T。

2.3.2　T0 用作定时器

T0 用作定时器时，是对单片机的机器周期脉冲计数。机器周期脉冲信号的频率 F_M 是单片机晶振频率 F_{osc}的 12 分频。此外，STC12 的 T0 还能够被设置为 1T 计数方式，这时，它对单片机晶振脉冲信号计数，脉冲频率为 F_{osc}。

T0 在计数溢出时会请求 T0 中断。设 T0 计数 2 次就产生一次中断，则 T0 的中断频率就是 F_M 的 2 分频。所以，如果 T0 的计数次数为 n，T0 的中断频率就等于 F_M/n。

计数溢出是指计数值超出了计数器所能存储的最大数值。方式 1 时，T0 是 16 位计数器，其所能存储的最大计数值是 $2^{16}-1=65535$。若程序预置 T0 的计数初值为 $N=65536-2=65534$，则 T0 在计数 2 次后就产生计数溢出，并可触发 T0 中断。若要 T0 产生周期性的定时中断，就要在 T0 的每次中断后把这个初值重新装入 TH0、TL0。

T0 工作在方式 2 时是 8 位计数器，此时 T0 能够在计数溢出时自动重装初值，即把 TH0 的值自动装入 TL0。若程序预置 T0 的计数初值为 0，即把 TH0 装入 0（单片机复位后 TH0、TL0 被自动清零），则 T0 在计数 256 次后产生计数溢出，所以其溢出频率就是机器周期脉冲频率 F_M 的 256 分频。若单片机晶振频率 F_{osc}为 11.0592MHz，F_M 为其 12 分频，等于 9121600Hz，则 T0 的溢出频率就是 3600Hz。

2.3.3　模块配置

本节实践用 T0 定时控制继电器线圈的通电与断电。

实践器件由 STC12 最小系统、TM1638 模块、直流继电器模块、2 个直流电磁铁、

+5V 和 +24V 电源组成，模块间的接线如图 2-15 所示。电路中，P2.0、P2.1 引脚连接继电器模块的 IN1、IN2 端，分别控制继电器模块中的两只继电器，这两只继电器的负载回路分别连接电磁铁 1 和电磁铁 2。负载回路需要 24V 直流电源供电。

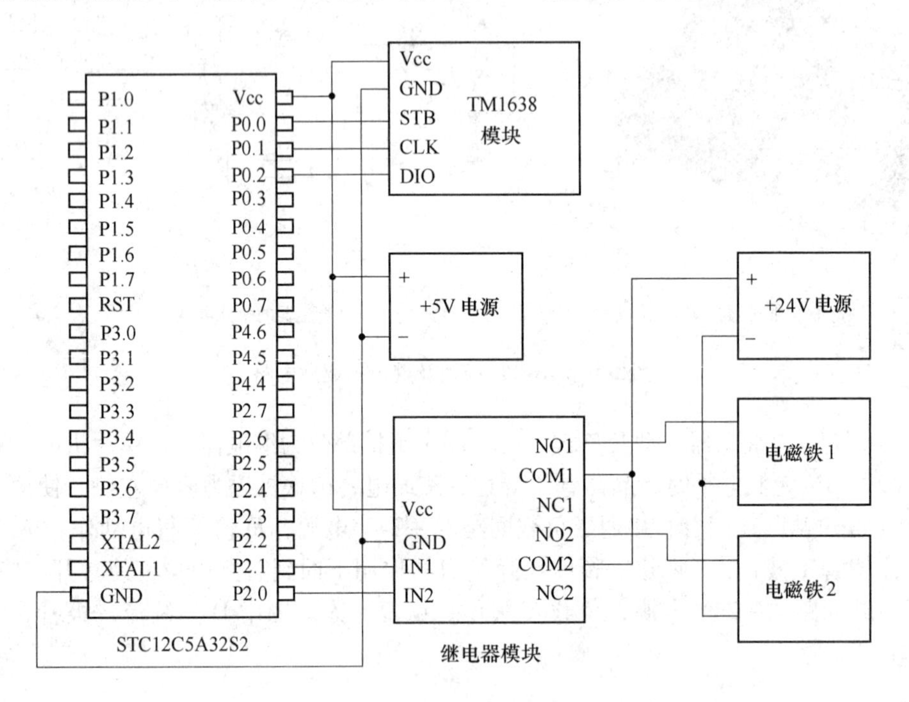

图 2-15 继电器控制接线图

2.3.4 程序设计

程序设计的具体方案是用 T0 定时控制继电器 1，使电磁铁 1 每 4s 通/断 1 次，又用按键 S7 和 S8 控制继电器 2：按下 S7 后使电磁铁 2 通电，按下 S8 后使电磁铁 2 断电。其中，对 S7、S8 的查询和对继电器 2 的控制是在主程序的主循环中进行的，主循环中还有用数码管显示秒数和用 LED 显示继电器状态的内容。

函数 T0Init 通过把 TMOD 赋值为 2 置 T0 为方式 2 定时器，见图 2-16。此方式下，T0 需要 3600 次中断才刚好达到 1s，ET0 是允许 T0 请求 CPU 中断的位寄存器：ET0 = 1，T0 计数溢出时向 CPU 请求中断；ET0 = 0，禁止 T0 向 CPU 请求中断。

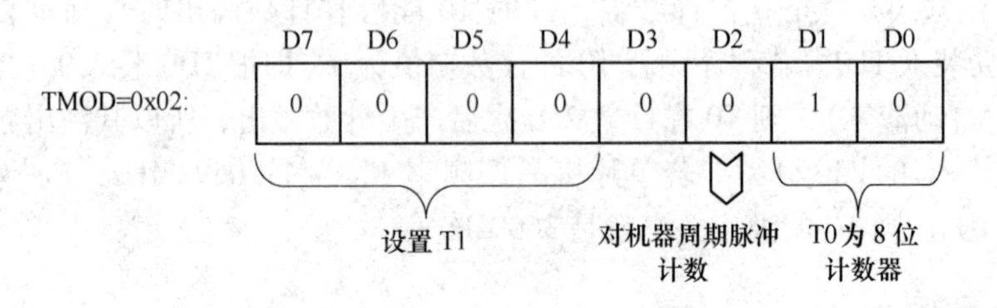

图 2-16 T0 方式 2 的设置

主函数中，位寄存器 EA 用于使能 CPU 中断：EA = 1，允许 CPU 响应中断；EA = 0，禁止 CPU 响应中断。

T0_isr 是 T0 中断服务函数的名称，关键字 interrupt 的后面是中断序号，该序号为 1，就一定是 T0 中断服务函数。中断，就是 CPU 暂停当前程序，转去执行中断服务程序，之后再返回当前程序的过程。C 语言中，中断服务程序也就是中断服务函数。中断需由中断源向单片机的 CPU 发出请求，由 T0 请求的中断就是 T0 中断，其中断序号为 1。T0_isr 函数中，静态变量 n 用于计数 T0 中断次数，n 达到 3600 时，秒数加 1；且当秒数为 4 的倍数时，使 P2.0 引脚的状态反转。

下面是源程序代码：

```
/* File:P2_3.c */
#include <stc12c5a60s2.H>
#include <TM1638.c>
void T0Init();
unsigned int sec;                       //无符号整形全局变量,定时秒数
main()                                  //主函数
{
    InitTM1638();                       //初始化 TM1638
    T0Init();                           //初始化 T0
    EA = 1;                             //开 CPU 中断
    while(1){
        if(GetKey()==6)P21=1;           //按 S7 键,继电器 2 通电
        if(GetKey()==7)P21=0;           //按 S8 键,继电器 2 断电
        NumToAllSEG(sec);               //数码管显示秒数
        BitToLED(6,P20);                //LED7 显示继电器 1 状态
        BitToLED(7,P21);                //LED8 显示继电器 2 状态
    }
}
/*T0 初始化函数
    T0 置为方式 2 定时器,允许 T0 中断
*/
void T0Init()
{
    TMOD = 0x02;                        //T0 方式 2,对机器周期计数
    TH0=0;                              //T0 溢出后,TH0 的值自动装入 TL0
    ET0=1;                              //允许 T0 中断
    TR0 = 1;                            //启动 T0 计数
}
/* T0 中断服务函数
    T0 中断 3600 次,定时秒数加 1
    每隔 4s,P2.0 引脚输出取反
*/
void T0_isr()interrupt 1                //T0 中断号 =1
    {
```

```
    static unsigned int n;                //n:静态无符号整形变量,存储 T0 中断次数
    if( ++n ==3600){                      //T0 中断了 3600 次
        n =0;                             //n 清零
        sec ++;                           //秒数加 1
        if(sec%4 ==0)P20 = ~P20;          //间隔 4s,继电器 1 状态取反
    }
}
```

2.3.5　运行调试

源程序经编译生成 HEX 文件，下载到单片机。

调试时，先不对负载回路供电，单片机可由 STC 自动编程器供电，也可用单独的 +5V 电源供电。单片机上电后，观察数码管和 LED 的显示，任意按下 S7 或 S8 按键，继电器 2 就会动作。继电器 1、继电器 2 动作时，其触点会发出声响。

之后，再接通负载回路的 +24V 电源，按下 S7、S8 按键，观察电磁铁 1、电磁铁 2 的动作，同时观察数码管和 LED 的显示，见图 2-17。

图 2-17　继电器控制运行实况

2.4　T0、T1 联合定时——舵机控制

2.4.1　舵机简介

舵机是一种角度伺服驱动器，用于那些需要改变角度并可以保持角度的控制系统。舵机内部由直流电机、减速齿轮组、电位器和控制电路组成，如图 2-18 所示。直流电机是动力源，减速齿轮组的作用是增大扭矩；电位器旋转产生电阻变化，该信号作为输出轴角度反馈给控制电路。控制电路接受外部控制信号和电位器反馈信号，驱动电机转动。

舵机的工作过程是：外部控制信号进入舵机控制电路后，与周期为 20ms、宽度为 1.5ms 的基准信号进行比较，经调制获得直流偏置电压；该电压与舵机内部电位器反馈的

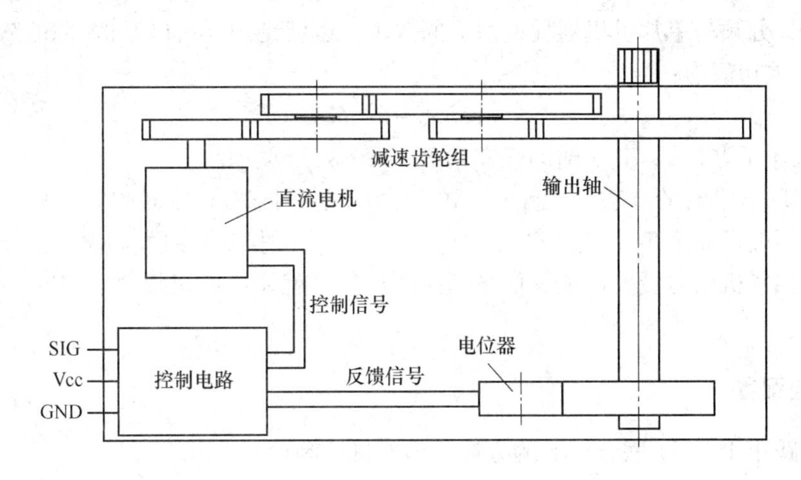

图 2-18　舵机内部组成

电压比较，获得电压差输出；该电压差作为舵机内部直流电机驱动电路的控制信号，使直流电机正转或反转；当电压差为 0 时，直流电机停止转动。

MG995 型舵机的实物如图 2-19(a)所示。舵机上有三根线，分别为 SIG、Vcc 和 GND。舵机输出轴的转角由控制信号线 SIG 发出的持续的脉冲信号指定。脉冲信号的周期为 20ms，高电平部分的宽度在 0.5 ~2.5ms 之间变化，该宽度决定舵机输出轴的相位，即舵机的定位角度。以 180°舵机为例，舵机左满舵时的脉冲宽度最小，为 0.5ms；右满舵时的脉冲宽度最大，为 2.5ms；中间位置的脉冲宽度为 1.5ms，如图 2-19(b)所示。

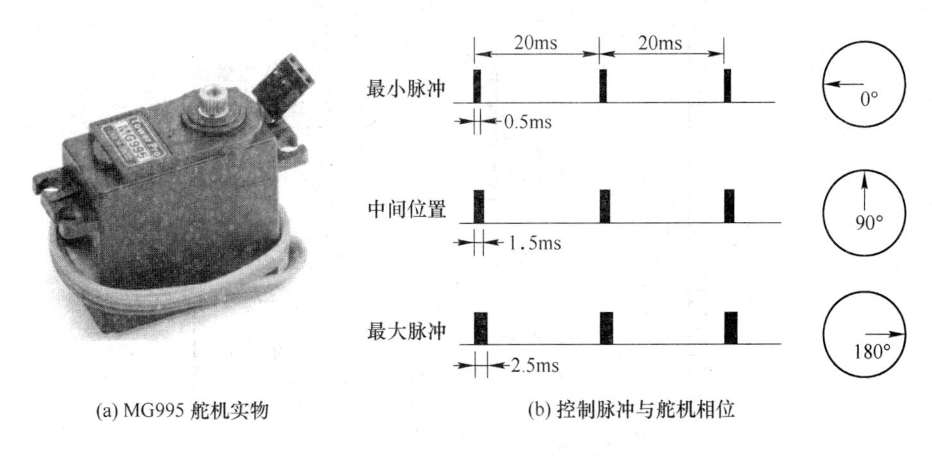

图 2-19　舵机及其控制脉冲信号

2.4.2　T0、T1 联合定时

对舵机的控制需要 T0、T1 联合定时来实现：T0 用于产生周期为 20ms 的时间间隔，T1 用于产生脉冲信号的高电平部分。

T0 工作于方式 1 时，定时 20ms（50Hz）的计数次数为：

$$n = F_{osc}/12/50 = 11059200/12/50 = 18432$$

式中，F_{osc} 为单片机晶振频率，其值为 11.0592MHz。

F_{osc}的12分频是单片机机器周期对应的频率，也就是T0的计数脉冲源的频率。

T0的计数初值为：

$$N = 65536 - n = 47104$$

T1也工作于方式1，其定时间隔在0.5~2.5ms之间变化。

T0、T1联合定时的方法是：首先，T0周期性的产生20ms定时中断；每当T0中断发生时，就根据舵机设定角度启动T1定时中断，并且向舵机信号线发高电平信号；当T1中断发生时，向舵机信号线发低电平信号。如此重复，就能向舵机提供以20ms为周期的连续控制信号。

2.4.3 模块配置

本节实践用T0、T1联合定时的方法输出舵机控制信号。

实践器件由STC12最小系统、TM1638模块、MG995舵机、+5V和+7.4V电源组成，模块间的接线如图2-20所示。电路中，舵机控制线SIG与P2.0引脚连接。舵机需要较大的驱动电流，由单独的7.4V锂电池电源供电。TM1638模块的S1~S8按键用于设定T1的定时间隔，数码管用于显示该设定值，LED用于显示按键键位。

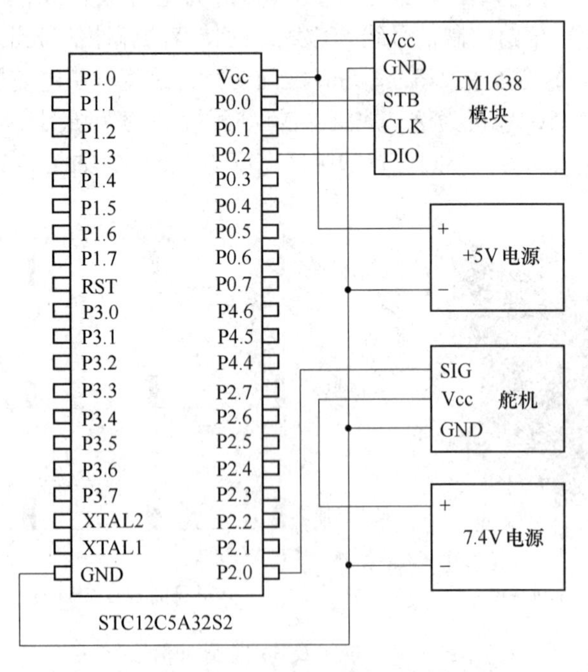

图2-20 舵机控制接线图

2.4.4 程序设计

主程序开始阶段的任务，是对TM1638模块和T0、T1初始化。主循环部分完成对TM1638模块按键的查询。当CPU查询到S1~S8之一被按下后，就根据按键键值从time数组中取出T1定时间隔，并据此计算出T1的计数次数和计数初值，存入全局变量TH1set、TL1set，两者的值在T0中断服务函数中被送入TH1、TL1。一维数组time是位于程序存储器（由关键字 code 指定）中的全局数组。

T0、T1 的联合定时是在两者的中断服务函数中实现的。在 T0 中断服务函数中，首先重新预置 TH0、TL0，以便开始 T0 的下一个 20ms 定时。然后预置 TH1、TL1，拉高舵机控制信号，启动 T1 计数，由此产生舵机控制信号的高电平部分。在 T1 中断服务函数中，拉低舵机控制信号，停止 T1 计数。T1 在 20ms 的周期中只中断一次。

下面是源程序代码：

```
/* File:P2_4.c */
#include <stc12c5a60s2.H>
#include <TM1638.c>
#define ServoSIG P20                        //舵机控制信号输出引脚
void T01Init();
unsigned char TH1set,TL1set;                //定义预置 T1 计数初值的变量
/*定义 S1~S8 按键对应的时间数组,时间单位:us */
unsigned int code time[8] = {500,800,1200,1500,1750,2000,2250,2500};
main()
{
long uptime;                                //T1 定时间隔,微秒
unsigned int n,cnt;                         //uptime 对应的 16 位计数初值和计数次数
char key;                                   //按键序号
InitTM1638();                               //初始化 TM1638
T01Init();                                  //初始化 T0、T1
EA  = 1;                                    //CPU 开中断
while(1){                                   //主循环
  if((key = GetKey()) <8){                  //读按键
      uptime = time[key];                   //高电平时间存入 uptime
      NumToAllSEG(uptime);                  //数码管显示高电平时间 uptime
      CharToAllLED(1 << key);               //LED 显示按键键位
      cnt  = 9216 * (long)uptime/10000;     //计算 16 位计数次数
      if(cnt <480)cnt =480;                 //最小计数次数 =480
      n =65536 - cnt;                       //计算 16 位计数初值
      TH1set = n/256;                       //计数初值存入 TH1set、TL1set
      TL1set = n%256;
  }
}
}
/*T0、T1 初始化函数
  T0、T1 方式 1 定时器,允许 T0、T1 请求中断
 */
void T01Init()
{
TMOD = 0x11;                                //T1,T0 方式 1
TH0 = 47104/256;                            //预置 T0 计数初值
```

```
TL0 = 47104%256;
TR0 = 1;                                   //启动 T0 计数
ET0 = 1;                                   //允许 T0 请求中断
ET1 = 1;                                   //允许 T1 请求中断
}
/ * T0 中断服务函数
  开始 20ms 定时中断,向舵机输出高电平信号
 * /
void t0_isr( ) interrupt 1                 //T0 中断号 =1
{
TH0 = 47104/256;                           //预置 T0 的 20ms 计数初值
TL0 = 47104%256;
TH1 = TH1set;                              //预置 T1 计数初值
TL1 = TL1set;
ServoSIG = 1;                              //向舵机输出 +5V 信号
TR1 = 1;                                   //启动 T1 计数
}
/ * T1 中断服务函数
  结束 T1 定时，向舵机输出低电平信号
 * /
void t1_isr( ) interrupt 3                 //T1 中断号 =3
{
ServoSIG = 0;                              //向舵机输出 0V 信号
TR1 = 0;                                   //停止 T1 计数
}
```

2.4.5 运行调试

源程序经编译生成 HEX 文件，下载到单片机。

运行时，把舵机接上 7.4V 锂电池电源，然后任意按 S1 ~ S8 键，观察数码管和 LED 的显示，以及舵机的转动角度，见图 2-21。

图 2-21 舵机控制实况

2.5 T0、T1、ADC、并口应用——直流电机控制

2.5.1 L298N 模块简介

L298N 模块的主芯片是 L298N，该芯片内含 A、B 两组 H 桥高电压大电流驱动器，接收标准 TTL 电平信号，其输出电流可达 2.5A，负载电源电压范围 +2.5 ~46V，可以驱动感性负载，如直流电机、步进电机、减速电机、伺服电机、电磁阀等。L298N 模块的实物如图 2-22(a)所示，接线端子的功能如下：

ENA：A 组使能端。低电平时 A 组停止；高电平时 A 组工作，此时电机状态由 IN1、IN2 控制。

IN1、IN2：A 组电机控制端。IN1 =1、IN2 =0 时，电机正转；IN1 =0、IN2 =1 时，电机反转；IN1 = IN2 =0 时，电机停止；IN1 = IN2 =1 时，电机刹车。见图 2-22(b)。

OUT1、OUT2：A 组驱动输出，可接一台直流电机，或两相步进电机的一相。

ENB：B 组使能端。低电平时 B 组停止；高电平时 B 组工作，此时电机状态由 IN3、IN4 控制。

IN3、IN4：B 组电机控制端。IN3 =1、IN4 =0 时，电机正转；IN3 =1、IN4 =0 时，电机反转；IN3 = IN4 =0 时，电机停止；IN3 = IN4 =1 时，电机刹车，见图 2-22(b)。

OUT3、OUT4：B 组驱动输出，可接另一台直流电机，或两相步进电机的另一相。

Vcc：电机驱动电源，根据负载情况可接 +5 ~24V。

5V：当 Vcc 电压小于 +12V 时，该端可提供 +5V 电源输出。

GND：地线。

(a) L298N 模块

ENA (ENB)	IN1 (IN3)	IN2 (IN4)	电机状态
0	×	×	停止
1	0	0	停止
1	1	0	正转
1	0	1	反转
1	1	1	刹车

(b) L298N 控制功能

图 2-22 L298N 模块及控制功能

2.5.2 PWM 调速的实现

直流电机的 PWM 调速就是在一个 PWM 周期（T_{PWM}）中，用一部分时间（T_H）把电源电压全部加在电机电枢两端，另一部分时间（T_L）把电源电压关断，由此得到加在电机电枢绕组两端的电压平均值，见图 2-23(a)。对于由 L298N 驱动的直流电机，通过把

PWM 信号施加到 ENA 或 ENB，就可以实现电机的 PWM 调速。

PWM 信号可通过定时器的定时中断得到。设 T0 计数 256 次（方式 2 时计数初值为 0）产生中断，则 T0 的中断频率 f_{T0} 为 3600Hz。再取 10 次 T0 中断的总时间作为一个 PWM 脉冲周期 T_{PWM}，则 PWM 脉冲频率 f_{PWM} 就是 360Hz。在这 10 次 T0 中断中，设有 M 次中断为全电压输出，余下的为零电压输出，则改变 M 的值，就能够实现 PWM 调速，见图 2-23（b）。

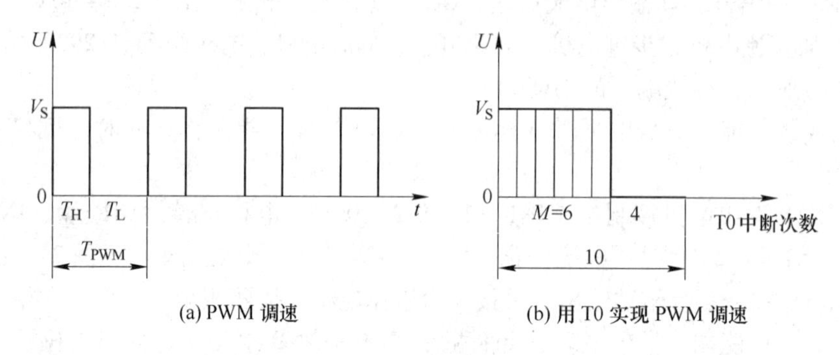

(a) PWM 调速　　(b) 用 T0 实现 PWM 调速

图 2-23　PWM 波形图

2.5.3　霍尔开关测速

单极霍尔开关集成电路是由电压调整器、霍尔电压发生器、差分放大器、施密特触发器和集电极开路的触发器组成的磁敏感应元件，其输入为磁感应强度，输出是一个脉冲电压信号，其功能框图如图 2-24(a)所示。

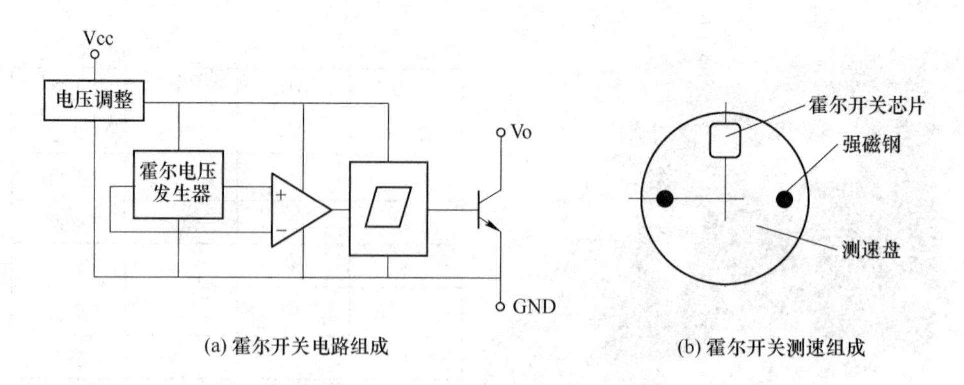

(a) 霍尔开关电路组成　　(b) 霍尔开关测速组成

图 2-24　霍尔开关电路及测速系统组成

在图 2-26 中的直流电机右端轴尾，带有一个内嵌 2 颗强磁钢的测速盘，也称为码盘。测速盘内侧有一块电路板，固定在电机的后端。该电路板上装有一只霍尔开关芯片，系统组成如图 2-24(b)所示。在测速盘随电机轴转动的过程中，当磁钢经过霍尔开关芯片的区域时，由于霍尔效应，就使得芯片的输出电平发生改变。单片机通过计数该脉冲数，就能测得电机的转角和转速。例如，若单片机在 1s 内测得 2 个脉冲，可判定电机转过 1 转，即转速为 60r/s。该电机经齿轮减速后输出，减速比为 90，所以输出轴的转速就是 0.67r/s。

2.5.4　模块配置

本节实践用L298N模块驱动直流电机，用T0定时中断产生直流电机的PWM信号，用T1对霍尔开关脉冲信号计数，用并口输出控制L298N的四种运行方式。

实践器件由STC12最小系统、TM1638模块、L298N模块、带有霍尔开关及测速盘的直流电机和+7.4V电源组成，模块间的接线如图2-25所示。电路中，直流电机由7.4V锂电池电源供电，L298N模块内部稳压电路输出的5V电源为单片机等模块供电。直流电机接到L298N的B组输出，P2.0、P2.1、P2.2引脚分别接L298N的ENA、IN3、IN4。电位器用于对PWM高电平数值进行设定，其信号输出端接入P1.0引脚。霍尔开关电路为集电极开路输出，其输出端接1kΩ的上拉电阻到电源正极。

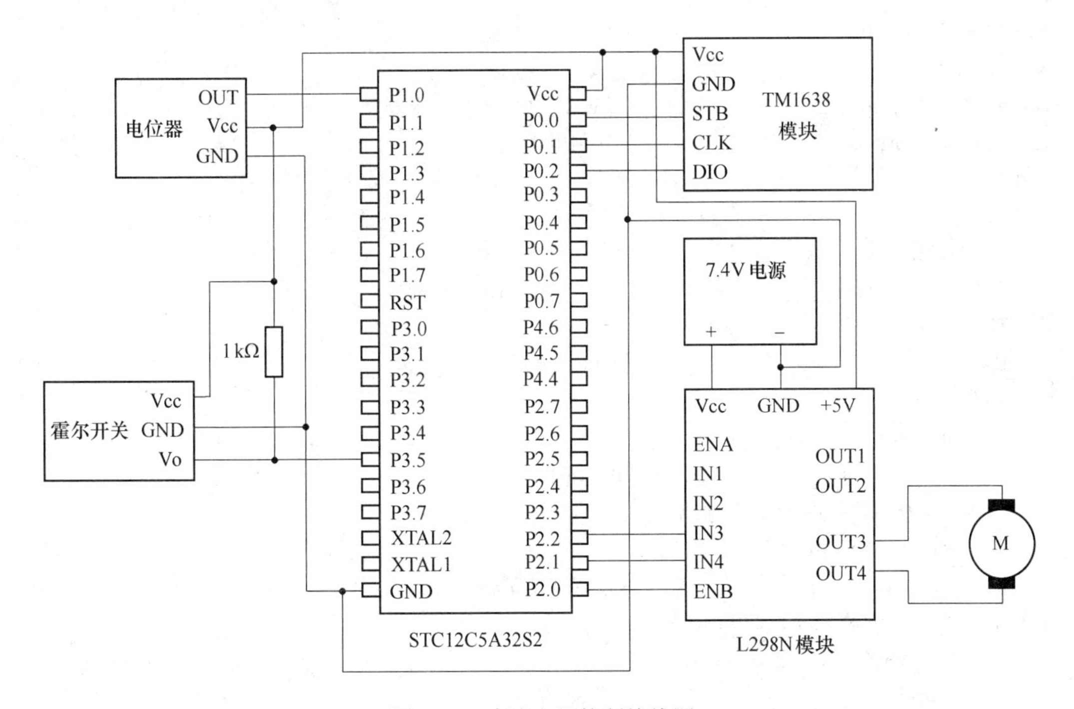

图2-25　直流电机控制接线图

TM1638模块的S1、S2、S3、S4按键用于设定L298N的电机正转、反转、停车和刹车四种运行方式，S5设定数码管显示PWM之高电平对应的T0定时次数，S6对霍尔开关总脉冲数清零，S7设定数码管显示总脉冲数，S8设定数码管显示电机输出轴每分钟转速；LED3和LED4用于显示IN3、IN4的状态。

2.5.5　程序设计

主程序的初始化部分，完成对TM1638模块、ADC通道、T0、T1的初始设置。在主循环部分，完成对S1～S8按键的查询、读取电位器输入、计算电机转速以及数码管和LED的显示。其中，取电位器输出之A/D值的百分之一作为PWM高电平对应的T0中断次数，范围是0～10。电机的转速计算每3s执行一次，方法是计算出3s内的T1计数增量值，该值的10倍就是电机转速。根据按键设定，TM1638的数码管可显示PWM高电平对应的T0中断次数，T1计数值，电机转速值。

T0中断服务函数中，要根据T0的中断次数，向L298N.ENB输出不同的电平，以实现电机的PWM调速。另外，T0还有为电机转速计算提供周期定时的任务，方法是对全局变量nT0int加1，主程序通过判断nT0int的值，确定是否进行电机转速计算。

下面是源程序代码：

```
/* File:P2_5.c */
#include <stc12c5a60s2.H>
#include <TM1638.c>
#include <GETADC.c>
#define L298NENB   P20
#define L298NIN3   P21
#define L298NIN4   P22
void T01Init();
unsigned char PWMup;                    //PWM 高电平的 T0 中断次数
unsigned int nT0int;                    //T0 中断次数
main()
{
    InitTM1638();                       //初始化 TM1638
    P1ASF = 0x01;                       //Set P1.0 Analog Input
    T01Init();
    EA = 1;                             //CPU 开中断
    while(1){
        unsigned char i,SegCase;
        unsigned int nPls,CurPls,LastPls,RPMval;
        /*查询并处理 TM1638 按键输入*/
        switch(i = GetKey()){
            case 0:                     //按 S1 键,正转
            L298NIN3 = 1;L298NIN4 = 0;
            break;
        case 1:                         //按 S2 键,反转
            L298NIN3 = 0;L298NIN4 = 1;
            break;
        case 2:                         //按 S3 键,停车
            L298NIN3 = 0;L298NIN4 = 0;
            break;
        case 3:                         //按 S4 键,刹车
            L298NIN3 = 1;L298NIN4 = 1;
            break;
        case 4:                         //按 S5 键,显示 PWMup
            SegCase = 0;
            break;
        case 5:                         //按 S6 键,T1 脉冲数清零
            TL1 = 0;TH1 = 0;
            break;
```

```
            case 6:                          //按 S7 键,显示 T1 脉冲数
                SegCase = 1;
                break;
            case 7:                          //按 S8 键,显示电机转速
                SegCase = 2;
                break;
            default:
                break;
            }
            /*读取电位器输入*/
            PWMup  =  GetADC(0)/100;
            /*计算电机转速:每 3s 计算一次*/
            if(nT0int > 3600 * 3 - 1){
                nT0int = 0;
                CurPls = TH1 * 256 + TL1;  //取当前脉冲计数
                if(LastPls < CurPls)nPls = CurPls - LastPls;//计算增量
                else nPls = 65536 - LastPls + CurPls;
                LastPls = CurPls;
                RPMval = nPls * 10;          //电机转速 = nPls * 20/2
            }
            /*TM1638 数码管及 LED 显示*/
            switch(SegCase){
                case 0:                      //数码管显示 PWMup 值
                    NumToAllSEG(PWMup);
                    break;
                case 1:                      //数码管显示总脉冲数
                    NumToAllSEG(TH1 * 256 + TL1);
                    break;
                case 2:                      //数码管显示电机转速
                    NumToAllSEG(RPMval);
                    break;
                default:
                break;
            }
            BitToLED(2,P21);                 //LED3 显示 L298N.IN3 状态
            BitToLED(3,P22);                 //LED4 显示 L298N.IN4 状态
        }
}
/*T0、T1 初始化函数
    T0:方式 2 定时器,允许 T0 请求中断
    T1:方式 1 计数器
*/
void T01Init()
{
```

```
    TMOD = 0x52;                        //T1 方式 1 计数器,T0 方式 2 定时器
    TH0  = 0;                           //T0 计数 256 次中断
    TR0  = 1;                           //启动 T0 计数
    ET0  = 1;                           //允许 T0 请求中断
    TR1  = 1;                           //启动 T1 计数
}
/ * T0 中断服务函数
    向 L298N.ENB 输出 PWM 脉冲信号
    为电机转速计算进行周期计数
 * /
void t0_isr( ) interrupt 1              //T0 中断号 = 1
{
    static unsigned char n;             //静态变量 n:T0 中断次数
    L298NENB = (n < PWMup)? 1:0;        //PWM:前次 PWMup 中断输出 1,其后输出 0
    if( ++n == 10) n = 0;               //T0 中断了 10 次,n 清零
     ++nT0int;                          //T0 中断次数加 1
}
```

2.5.6 运行调试

源程序经编译生成 HEX 文件，下载到单片机。

按下 L298N 模块上的按钮为系统上电。可任意进行以下操作：

旋转电位器旋钮，设定 PWM 脉冲的高电平时间；

分别按 S1 ~ S4，观察电机的正转，反转，停止，刹车；

在电机转动过程中，旋转电位器旋钮，观察电机转速的变化；

按 S5 按钮，观察数码管显示的 PWM 高电平数值；按 S6 按钮，对 T1 脉冲数清零；按 S7 按钮，观察数码管显示的 T1 脉冲计数值；按 S8 按钮，观察数码管显示的电机转速值，见图 2-26。

图 2-26 直流电机 PWM 调速运行实况

经试验，可以用电脑 USB 口的 5V 电源代替 7.4V 锂电池电源，接线参见图 2-28。

2.6 T0、T1、ADC、并口应用——步进电机控制

2.6.1 两相步进电机的驱动

步进电机定子通电相序改变一次，转子就转动一个固定的角度，称为步距角。

两相步进电机分单极性和双极性两种。单极性步进电机有两个线圈，但在每个线圈的中间增加了一个抽头，因此有六根引线，见图 2-27(a)；或将两个中间抽头接在一起，得到五根引线。由于在一个线圈的中间有了抽头，电流就可以在一个线圈的一半走不同的流向，但只是用到整个线圈的一半。为使电机沿一个方向连续转动，单极性步进电机的通电相序为：

（1）AB——B$\overline{A}$——$\overline{A}\,\overline{B}$——$\overline{B}$A——AB

（2）A——AB——B——B$\overline{A}$——$\overline{A}$——$\overline{A}\,\overline{B}$——$\overline{B}$——$\overline{B}$A——A

双极性步进电机同样是两个线圈，但只用四根引线，每个线圈都可以两个方向通电，见图 2-27(b)。由于是整个线圈通电，双极性步进电机能够输出更大的力矩。但电机驱动电路应使每个线圈能够双向通电，通常采用 H 桥式驱动电路。为使电机沿一个方向连续转动，双极性步进电机的通电相序为：

（A→$\overline{A}$）——（B→$\overline{B}$）——（$\overline{A}$→A）——（$\overline{B}$→B）——（A→$\overline{A}$）

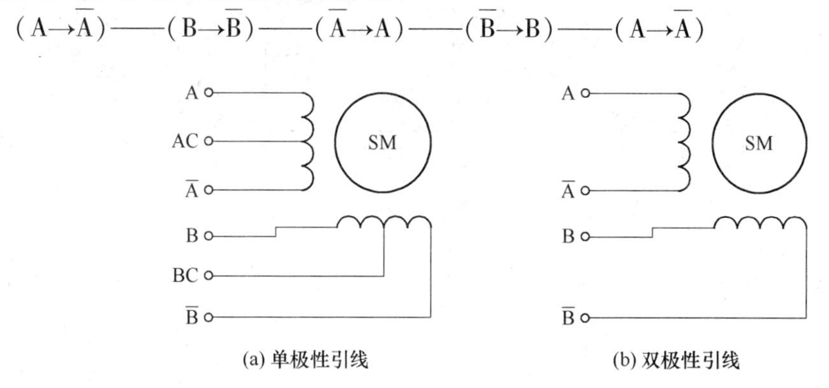

(a) 单极性引线　　(b) 双极性引线

图 2-27　单极性和双极性步进电机的引线

2.6.2 模块配置

步进电机的控制包括方向、频率、运行步数三项内容。本节实践用 L298N 模块驱动步进电机的两组线圈，通过并口输出对步进电机进行相序分配，实现步进电机的正转（滑块前进）、反转（滑块后退），用 T1 的定时中断控制电机的运行频率。在滑台周期往返方式中，实现了对电机运行步数的控制。为方便调试，用两个 ADC 通道接收来自 2 只电位器的输入。

实践器件由 STC12 最小系统、TM1638 模块、2 只电位器模块、L298N 模块、一个由二相步进电机驱动的滑台和 5V 电源组成，器件间的接线如图 2-28 所示。其中，L298N 模块的 IN1、IN2、IN3、IN4 与 P2.3、P2.2、P2.1、P2.0 引脚连接，ENA、ENB 用跳帽连

接板上 +5V，OUTA、OUTB、OUTC、OUTD 分别连接步进电机的 A、$\overline{A}$、B、$\overline{B}$ 端。

电位器 1 用于设定步进电机的运行频率，电位器 2 用作一个三挡开关：左挡使滑台上的滑块向左移动（后退），中挡使滑块停止，右挡使滑块向右移动（前进）。滑台取自 DVD 光驱，步进电机的步距角为 18°，丝杆螺距为 3mm；滑块全程为 36mm，需电机运行 240 步。

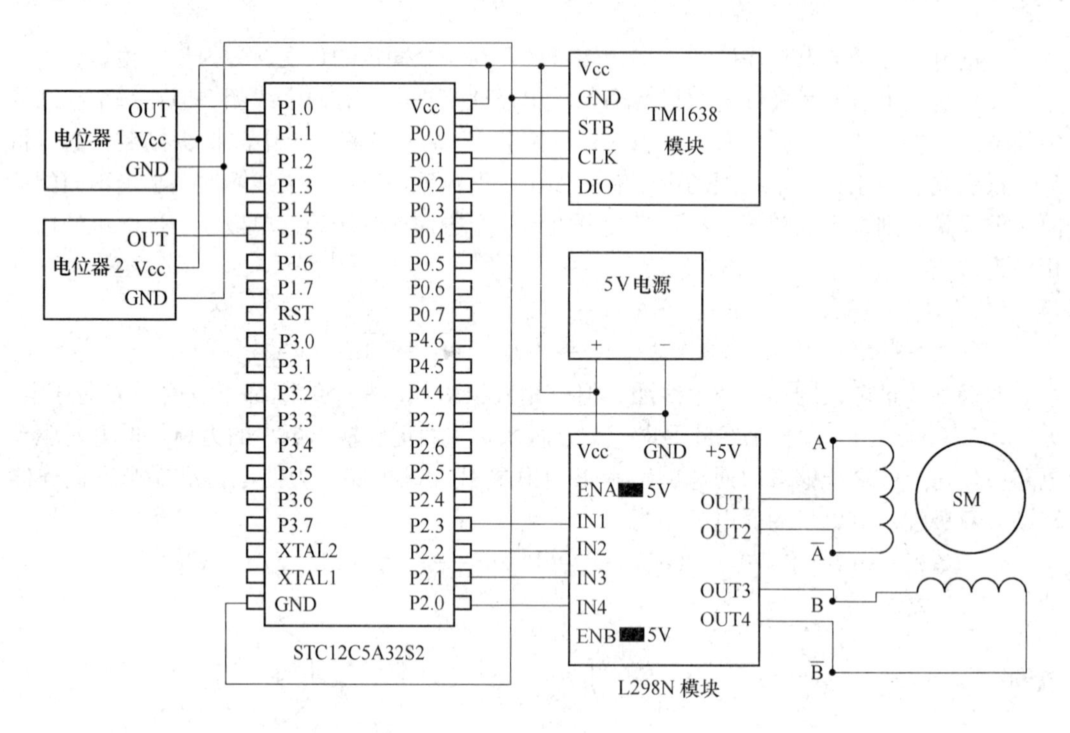

图 2-28　步进电机控制接线图

TM1638 模块的数码管用于显示频率值，LED1 ~ LED4 分别显示 A、$\overline{A}$、B、$\overline{B}$ 的状态，LED5 ~ LED8 分别显示 S5 ~ S8 设定的状态。其中，S5、S6 用于设定步进电机在周期往返方式中的单程步数；S7 用于设定滑台的手动工作方式，即通过旋转电位器 2 进行滑台运动控制；S8 用于滑台的周期往返工作方式，即电机驱动滑块做自动往返运动。

2.6.3　程序设计

主程序的初始化部分，完成对 TM1638 模块、ADC 通道、T0、T1 的初始化。主循环部分，包括扫描 TM1638 模块按键输入并处理，读取电位器 1 输入并处理，读取电位器 2 输入并处理，手动方式、周期循环方式的执行，以及 TM1638 数码管与 LED 的显示工作。

为了得到精准的步进电机运行频率，采用 T1 硬件定时中断进行步进电机相序分配。设步进电机的运行频率为 F_{req}，则 T1 的中断频率也是 F_{req}，若 T1 对机器周期脉冲计数，则 T1 的计数初值为：

$$N = 65536 - \frac{F_{osc}}{12 \times F_{req}}$$

在 T1 中断服务函数中，首先重置 T1 计数初值，这是 T1 方式 1 的要求。之后，如果是周期往返方式，要对当前已运行脉冲数和单程总脉冲数进行比较，以确定电机是否继续转动。接下来根据电机转动方向进行相序序号调整，并通过并口进行相序输出控制。

T0 用于周期往返方式中的定时环节。

下面是源程序代码：

```
/* File:P2_6.c */
#include <stc12c5a60s2.H>
#include <TM1638.c>
#include <GETADC.c>
#define  StepA   P23
#define  StepNA  P22
#define  StepB   P21
#define  StepNB  P20
#define  FREQCHNO   0                      //输入设定频率的 ADC 通道
#define  SWITCHCHNO 4                      //档位开关输入的 ADC 通道
void T01Init();
unsigned char TH1set,TL1set;               //预置 T1 计数初值的变量
char StepDir;                              //电机步进方向变量
bit CycMode;                               //0:手动控制方式,1:周期往返方式
unsigned char CurPls,SumPls;               //当前已运行脉冲数,总脉冲数
unsigned char nT0Int;                      //T0 中断次数
main()
{
        InitTM1638();                      //初始化 TM1638
        P1ASF = 0x11;                      //Set P1.4、P1.0 Analog Input
        T01Init();                         //初始化 T0、T1
        EA = 1;                            //开 CPU 中断
        while(1){                          //主循环
            unsigned int freq,n;           //freq:T1 溢出频率
            unsigned char key,CycStep;     //按键序号,往返运行时的步序
            /*扫描 TM1638 按键输入并处理*/
            switch(key = GetKey()){        //读按键
                case 4:                    //按 S5 键,周期往返的单程 20 步
                    SumPls = 20;break;
                case 5:                    //按 S6 键,周期往返的单程 200 步
                    SumPls = 200;break;
                case 6:                    //按 S7 键,手动方式
                    CycMode = 0;           //置手动运行方式
                    break;
                case 7:                    //按 S8 键,周期往返方式
                    CycMode = 1;           //置周期往返运行方式
                    CurPls = 0;            //当前已运行脉冲数清零
                    StepDir = 1;           //置电机步进方向
```

```
            CycStep = 1;                    //开始周期往返的第一步
            break;
        default:
            break;
    }
    /*读取电位器1输入并处理,其值为电机运行频率,用于手动及周期方式*/
    freq = GetADC(FREQCHNO);                //读频率输入
    if(freq<15)freq=15;                     //最小15Hz
    n = 921600L/freq;                       //计算T1的16位计数次数
    TH1set=(65536 - n)/256;                 //装入TH1set、TL1set
    TL1set=65536 - n;
    /*手动方式处理*/
    if(!CycMode){                           //如果是手动方式
        /*读取电位器2输入并处理,只用于手动方式*/
        n= GetADC(SWITCHCHNO);              //读档位输入
        if(n>800){StepDir=1;}               //滑块前进
        else if(n<200){StepDir= -1;}        //滑块后退
        else {                              //n在200~800之间
            StepDir=0;                      //滑块停止
            StepNB=StepB=StepNA=StepA=1;
        }
    }
    /*周期往返方式处理*/
    else{
        switch(CycStep){                    //按以下步序动作
            case 1:                         //步1,滑块前进
                if(CurPls==SumPls){         //前进到位,转步2
                    StepDir=0;
                    nT0Int=0;
                    CycStep=2;
                }
                break;
            case 2:                         //步2,延时2s
                if(nT0Int>20*2){            //延时到,转步3
                    StepDir=-1;
                    CurPls=0;
                    CycStep=3;
                }
                break;
            case 3:                         //步2,滑块后退
                if(CurPls==SumPls){         //后退到位,转步4
                    StepDir=0;
                    nT0Int=0;
```

```
                    CycStep = 4;
                }
                break;
            case 4:                             //步4,延时2s
                if(nT0Int > 20 * 2){            //延时到,转步1
                    StepDir = 1;
                    CurPls = 0;
                    CycStep = 1;
                }
                break;
            default:
                break;
        }
    }
    /* TM1638 数码管及 LED 显示 */
    key = CycMode? 0x80:0x40;               //LED8 亮:周期方式,LED1 亮:手动方式
    if(SumPls == 20) key |= 0x10;
    if(SumPls == 200) key |= 0x20;
    if(StepA) key |= 0x01;
    if(StepNA) key |= 0x02;
    if(StepB) key |= 0x04;
    if(StepNB) key |= 0x08;
    CharToAllLED(key);                      //LED 显示
    NumToAllSEG(freq);                      //数码管显示步进电机频率
  }
}
/* T0、T1 初始化函数
   T0:方式1定时器,允许T0请求中断;T1:方式1计数器,允许T1请求中断
*/
void T01Init()
{
    TMOD = 0x11;                            //T1 方式1定时器,T0 方式1定时器
    ET0  = 1;                               //允许 T0 请求中断
    ET1  = 1;                               //允许 T1 请求中断
    TR0  = 1;
    TR1  = 1;
}
/* T0 中断服务函数
   为周期往返运行方式定时
*/
void t0_isr() interrupt 1                   //T0 中断号 = 1
{
    TH0 = (65536 - 921600/20)/256;          //50ms 中断
```

```
    TL0 = 65536 - 921600/20;
    ++nT0Int;                                   //T0 中断次数加 1
}
/* T1 中断服务函数
    周期往返方式时,进行脉冲数比较
    根据 StepDir 调整步进电机相序
 */
void t1_isr() interrupt 3   /* T1 中断号 = 3 */
{
    static char i;                              //步进电机相序序号
    TH1 = TH1set;                               //预置 T1 计数初值
    TL1 = TL1set;
    if(CycMode) {                               //周期往返方式
        if(CurPls == SumPls) return;
        CurPls ++;
    }
    i += StepDir;
    if(i == 4) i = 0;
    if(i < 0) i = 3;
    switch(i) {
        case 0://NB
            StepNB = 1;
            StepB = StepNA = StepA = 0;
            break;
        case 1://NA
            StepNA = 1;
            StepNB = StepB = StepA = 0;
            break;
        case 2://B
            StepB = 1;
            StepNB = StepNA = StepA = 0;
            break;
        case 3://A
            StepA = 1;
            StepNB = StepB = StepNA = 0;
            break;
    }
}
```

2.6.4 运行调试

源程序经编译生成 HEX 文件，下载到单片机。因使用 STC 自动编程器的 5V 输出供电，程序下载后系统即运行，见图 2-29。

图2-29 步进电机控制运行实况

旋转电位器1，可改变电机运行频率，其值由TM1638数码管显示。任意旋转电位器2至左、中、右部，电机将带动滑块左行、停止、右行。按S5，设周期往返的单程为20步。按S6，设周期往返的单程为200步。按S7，系统根据电位器2控制电机运动，即手动方式。按S8，系统为周期往返方式，电机带动滑块按S5或S6设定的单程步数，以前进→延时→后退→延时→前进的路线循环动作。此方式下，也可用电位器1即时改变电机运行频率。

3 STC12 PCA、串口、外部中断应用

STC12 片内集成的 PCA，具有定时、计数、捕获、高速脉冲输出、PWM 输出功能。通过与相关 I/O 模块组建应用电路，并进行程序设计和运行调试，本章实践了 STC12 单片机对旋转编码器计数、光电码盘测速、光栅盘测速、直流电机 PWM 调速和步进电机微步驱动控制的应用，用到了其 PCA 模块的诸多功能。本章还用到了串口舵机、超声测距、蓝牙模块等器件，涉及 STC12 串口和外部中断的应用。

3.1 PCA 捕获功能应用——旋转编码器脉冲计数

3.1.1 旋转编码器简介

图 3-1(a)为实践所用旋转编码器模块。该模块的工作电压为 5V，一圈脉冲数为 20。转轴旋转时，模块的 CLK、DT 引脚分别输出相位差为 90°的方波信号 *A*、*B*。通过比较 *A*、*B* 的超前与滞后，能够确定转轴（即码盘）的转向。当 *A* 在上升沿、*B* 为高电平，*A* 在下降沿、*B* 为低电平时，为码盘的一种转向，见图 3-1(b)；当 *A* 在上升沿、*B* 为低电平，*A* 在下降沿、*B* 为高电平时，为码盘的另一种转向，见图 3-1(c)。因此，分别在 *A* 的上升沿和下降沿检测信号 *B*，就能判断码盘转向。模块的 SW 引脚用于输出转轴下按的开关信号：常态时，开关断开；下按时，开关闭合，接通地线。

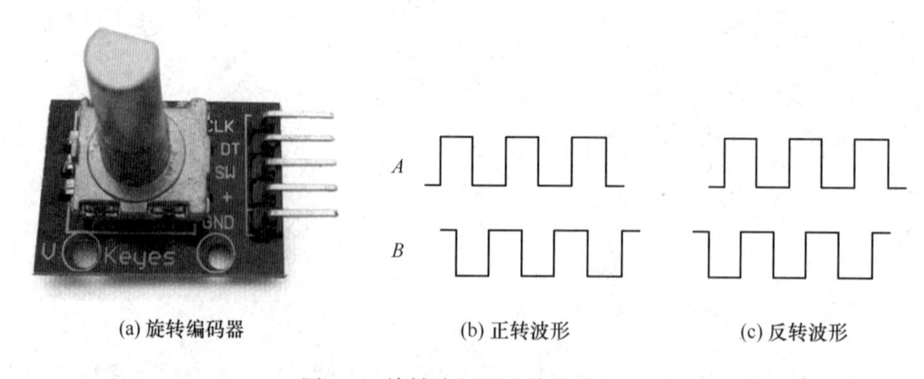

(a) 旋转编码器　　(b) 正转波形　　(c) 反转波形

图 3-1　旋转编码器及输出波形

3.1.2 PCA 的捕获功能

STC12 的 PCA（Programmable Counter Array）有 PCA0、PCA1 两个模块，都具有定时、计数、捕获、高速脉冲输出、PWM 输出功能。PCA 使用 CH、CL 寄存器对计数脉冲源的脉冲信号进行加 1 计数。所谓捕获，就是当一定条件发生时，PCA 能够即刻将 CH、CL 的计数值存入捕获寄存器 CCAP0L、CCAP0H 或 CCAP1L、CCAP1H 中，见图 3-2。例

如，对于 PCA0 模块，若要求 P1.3 引脚出现上升沿和下降沿时 PCA 都产生捕获动作，应把 CCAPM0 寄存器中的 CAPP0、CAPN0 位都置 1。此后，当 P1.3/CCP0 引脚出现上、下跳变时，PCA 就将 CH、CL 的值装载到 CCAP0H、CCAP0L 中，同时自动将中断请求标志位 CCF0 置 1。若对应的中断使能位 ECCF0 = 1，EA = 1，则产生 PCA 中断。STC12 PCA 的中断序号为 7，PCA 的中断优先级由 PPCAH 和 PPCA 设置如下：

PPCAH，PPCA	0，0	0，1	1，0	1，1
PCA 中断优先级	0（最低）	1	2	3（最高）

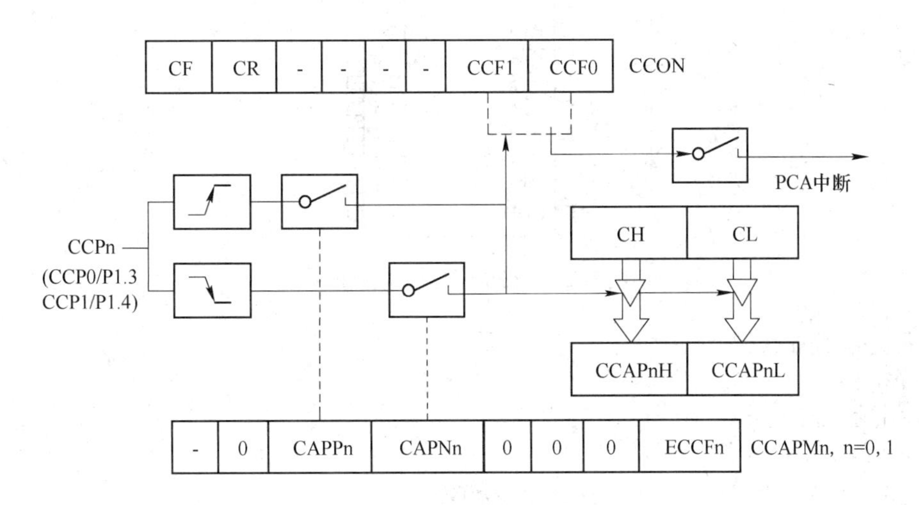

图 3-2　PCA 的捕获功能

旋转编码器的判向和正反向计数，需要在 *A* 脉冲的上升沿和下降沿都对 *B* 脉冲进行检测。STC12 不支持 INT0、INT1 的上升沿中断，但如果把信号 *A* 接入 P1.3/CCP0 引脚，并允许 PCA 捕获中断，则 P1.3 引脚的上跳变或下跳变，都能够触发 PCA 中断。而编码器的判向和正反向计数，就在 PCA 中断服务函数中完成。

3.1.3　模块配置

本节实践用 PCA 发生捕获时的中断功能实现对旋转编码器的正反向计数。

实践器件由 STC12 最小系统、TM1638 模块、旋转编码器模块和 5V 电源组成，模块间的接线如图 3-3 所示。

3.1.4　程序设计

程序由主函数和 PCA 中断服务函数组成。主函数首先对 TM1638 模块和 PCA 进行初始化。主循环部分的内容有查询编码器模块 SW 按钮按下和执行 TM1638 模块的显示。

在 PCA 中断服务函数中，首先要把 CCF0 清零，然后 CPU 检测 P1.3、P1.4 引脚状态并对编码器脉冲进行加/减计数。

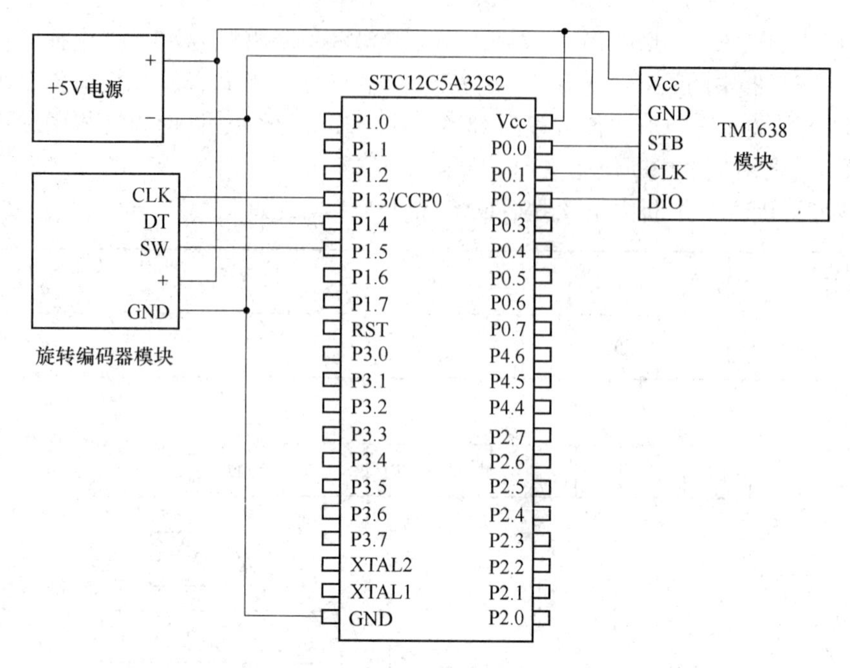

图 3-3　旋转编码器应用接线图

下面是源程序代码：

```
/* File:P3_1.c */
#include <stc12c5a60s2.H>
#include <TM1638.c>
#define A_Sig   P13                        //编码器模块 A 信号
#define B_Sig   P14                        //编码器模块 B 信号
#define SW_Sig   P15                       //编码器模块 SW 信号
int CoderCnt;                              //脉冲计数值,全局变量允许其定义行之后的各函数使用
main()
{
    /*初始化部分*/
    InitTM1638();                          //初始化 TM1638
    CCAPM0 = 0x31;                         //PCA0 对 P1.3 上升沿/下降沿捕获,允许 PCA 中断
    //CCAPM0:[-][ECOM0][CAPP0][CAPN0][MAT0][TOG0][PWM0][ECCF0]
    PPCA = 1;                              //设置 PCA 中断为优先级 1
    EA = 1;                                //开 CPU 中断
    /*主循环部分*/
    while(1){
        /*查询 SW 按钮是否按下*/
        if(SW_Sig==0)CoderCnt=0;           //按下编码器模块的 SW 键,CoderCnt 清零
        /*TM1638 模块数码管和 LED 显示*/
        NumToAllSEG(CoderCnt);             //显示 CoderCnt 数值
        BitToLED(0,A_Sig);                 //显示 A 信号状态
        BitToLED(1,B_Sig);                 //显示 B 信号状态
    }
```

```
}
/ * PCA 中断服务函数
    判断 P1.3/CCP0 引脚(A 信号)的电平,并存储 P1.4 引脚(B 信号)状态
    进行正反向计数
 * /
void PCA_isr( ) interrupt 7                  //PCA 中断序号 =7
{
    static bit b1,b2,b3,b4;                  //定义 4 个静态位变量,静态变量在程序退出后仍保持其值
    CCF0 = 0;                                //PCA0 中断标志 CCF0 用软件清零
    if(A_Sig){                               //A 信号上升沿时
        b1 = B_Sig;                          //存储 B、/B 信号
        b2 = ~B_Sig;
    }
    else{                                    //A 信号下降沿时
        b3 = ~B_Sig;                         //存储 B、/B 信号
        b4 = B_Sig;
    }
    if(b1 & b3){                             //(A 上升沿,B =1)&(A 下降沿,B =0)
        CoderCnt ++ ;                        //正向计数
        b1 = b2 = b3 = b4 =0;                //状态清零
    }
    if(b2 & b4){                             //(A 上升沿,B =0)&(A 下降沿,B =1)
        CoderCnt -- ;                        //反向计数
        b1 = b2 = b3 = b4 =0;                //状态清零
    }
}
```

3.1.5 运行调试

源程序经编译生成 HEX 文件，下载到单片机。

运行时，来回旋转或按下编码器转轴，同时观察数码管和 LED 显示，见图 3-4。

图 3-4 旋转编码器脉冲检测实况

3.2 PWM 输出应用——直流电机调速

3.2.1 PCA 的 PWM 输出

STC12 PCA 的 PCA0、PCA1 两个模块，都具有输出 PWM 脉冲信号的能力。其中 PCA0 通过 P1.3 引脚输出，PCA1 通过 P1.4 引脚输出，见图 3-5。PCA0、PCA1 都是计数器，它们对同一个脉冲源进行计数。其脉冲源可以是单片机晶振脉冲的几种分频，也可以是 T0 溢出脉冲或 P1.2 引脚的输入脉冲，需使用 CMOD 寄存器预先设置。

PCA 的 PWM 输出是 8 位的，也就是说，PCA 对脉冲源计数 256 次完成 1 个 PWM 脉冲输出。因此，PWM 脉冲信号的输出频率 F_{PWM} 是 PCA 计数脉冲源频率 F_{PCA} 的 1/256。若晶振频率 F_{osc} 为 11.0592MHz，当 PCA 选择对机器周期脉冲信号计数时，PWM 的输出频率为：

$$F_{PWM} = F_{PCA}/256 = F_{osc}/12/256 = 3600\text{Hz}$$

当 PCA 选择对 T0 溢出脉冲信号计数时，$F_{PCA} = F_{T0}$，即 T0 溢出频率，则 $F_{PWM} = F_{T0}/256$。当 T0 对机器周期脉冲信号计数，且 T0 计数次数为 n，PWM 的输出频率为：

$$F_{PWM} = F_{PCA}/256 = F_{T0}/256 = F_{osc}/12/n/256\text{Hz}$$

例如，当取 T0 计数次数 n 为 48 时，$F_{PWM} = 3600/48 = 75\text{Hz}$。

对 PCA0，在一个 PWM 输出周期的 256 次 PCA 计数中，前 CCAP0H 次为 PWM 的低电平输出，后（256 - CCAP0H）次为 PWM 的高电平输出，见图 3-6。为得到不同的 PWM 输出，应向 CCAP0H 装入不同的数值。对 PCA1，则使用 CCAP1H 寄存器。

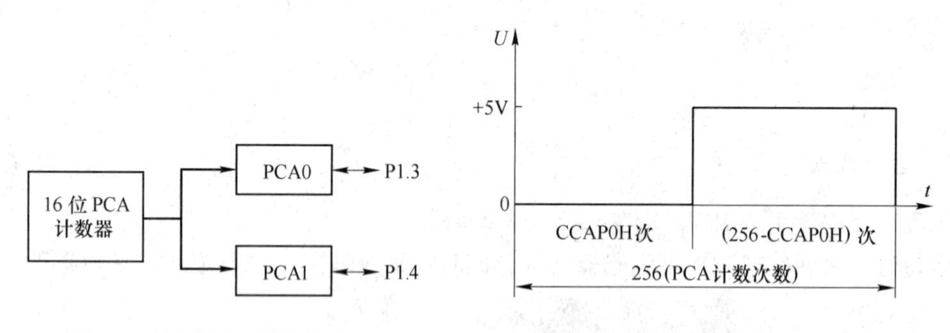

图 3-5 STC12PCA 模块组成

图 3-6 PCA0 输出的 PWM 脉冲

3.2.2 模块配置

本节实践使用 PCA 的 PWM 输出功能进行电机调速，同时使用 T1 的计数功能进行电机转速检测。

实践器件由 STC12 最小系统、TM1638 模块、2 只电位器模块、L298N 模块、带有霍尔开关及测速盘的直流电机和 5V 电源组成，模块间的接线如图 3-7 所示。电路中，L298N 模块的 IN3、IN4 与 P2.2、P2.1 连接，ENB 接 P1.4/PWM1，OUT3、OUT4 连接电机 M。电位器 1 的输出端接入 P1.0，用于对 PWM 高电平数值进行设定。电位器 2 的输出端接入 P1.6，用作一个三挡开关：左挡使电机正转，中挡使电机停止，右挡使电机反转。

霍尔开关电路为集电极开路输出，其输出端接1kΩ的上拉电阻到电源正极，输出信号接入P3.5/T1。TM1638模块的S5、S6、S7、S8按键分别用于设定数码管显示CCAP1H、霍尔开关总脉冲数清零、设定数码管显示当前脉冲数、设定数码管显示电机输出轴每分钟转速。LED3和LED4用于显示IN3、IN4的状态。

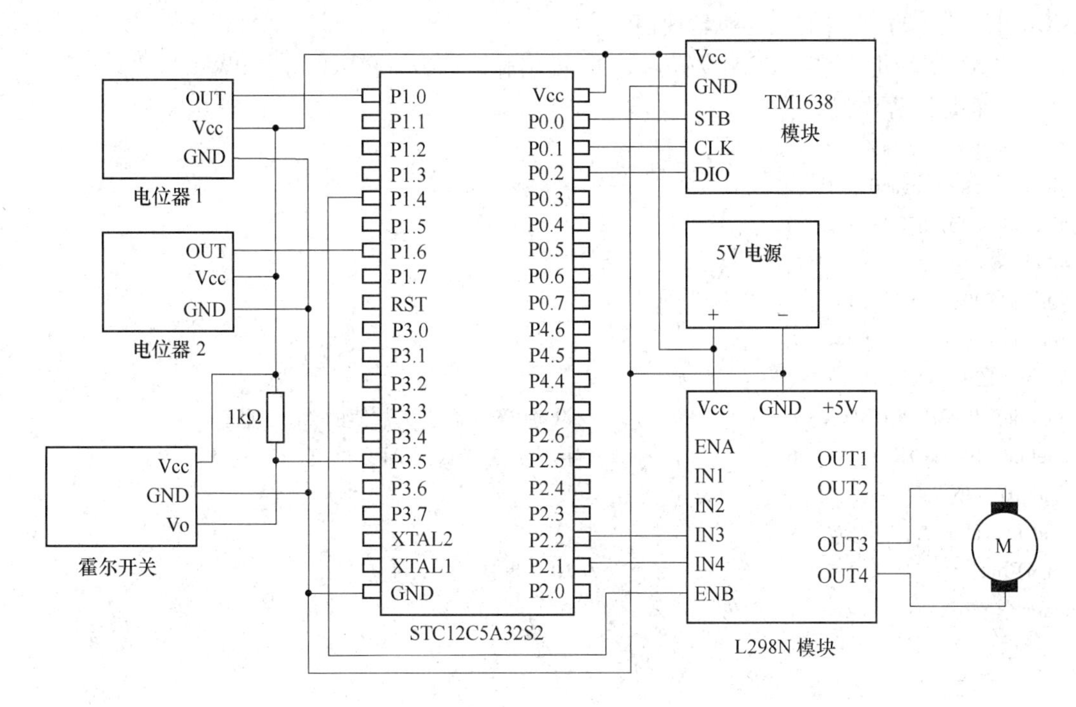

图3-7 直流电机调速与测速接线图

3.2.3 程序设计

由图3-7，L298N模块的B组使能端ENB受控于PCA1的PWM输出。经实践得知该L298N模块A、B使能端的响应速度较低，为得到较低的PWM脉冲频率，采用T0溢出脉冲作为PCA的计数脉冲源。图3-8显示了STC12片内模块的使用情况。

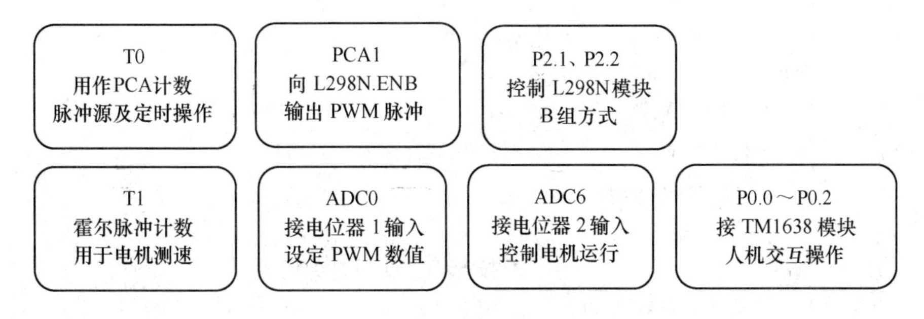

图3-8 STC12片内模块的使用

主函数的初始化部分，完成对TM1638模块、ADC通道、T0、T1、PCA的初始设置。主循环部分，包括查询并处理TM1638模块按键输入，读取电位器1输入并处理，读取电位器2输入并处理，以及执行TM1638模块的数码管与LED显示。其中，读取电位器1之A/D值的四分之一作为PWM1高电平计数值，范围是0~255，注意寄存器CCAP1H中保存的是PWM1低电平计数值。电机的转速计算每3s执行一次，方法是计算出3s内的T1计数增量值，该值的10倍就是电机转速。根据按键设定，TM1638的数码管可显示CCAP1H值、T1计数值、电机转速值。

PCA1初始化函数把PCA设置为对T0溢出脉冲计数，PCA1输出PWM脉冲。

下面是源程序代码：

```
/* File:P3_2.c */
#include <stc12c5a60s2.H>
#include <TM1638.c>
#include <GETADC.c>
#define L298NENB   P14
#define L298NIN3   P21
#define L298NIN4   P22
#define  PWMUPCHNO    0                   //设定PWM高电平数值的ADC通道
#define  SWITCHCHNO   6                   //挡位开关输入的ADC通道
void T01Init();
void PCA1Init();
int nT0int;                               //T0中断次数
main()
{
    /*初始化部分*/
    InitTM1638();                         //初始化TM1638
    P1ASF = 0x41;                         //Set P1.6 and P1.0 Analog Input
    T01Init();                            //初始化T0、T1
    PCA1Init();                           //初始化PCA
    EA = 1;                               //CPU开中断
    /*主循环部分*/
    while(1){
        unsigned char i,SegCase;
        unsigned int n,nPls,CurPls,LastPls,RPMval;
        /*查询并处理TM1638按键输入*/
        switch(i=GetKey()){
            case 4:                       //按S5键,显示CCAP1H
                SegCase=0;
                break;
            case 5:                       //按S6键,T1脉冲数清零
                TL1=0;TH1=0;
                break;
            case 6:                       //按S7键,显示T1脉冲数
                SegCase=1;
                break;
```

```
    case 7:                         //按 S8 键,显示电机转速
        SegCase = 2;
        break;
    default:
        break;
}
/*读取电位器 1 输入,进行电机 PWM 设定*/
CCAP1H = 255 - GetADC(PWMUPCHNO)/4;
/*读取电位器 2 输入,进行电机正转、停止、反转控制*/
n = GetADC(SWITCHCHNO);     //读挡位输入
if(n > 800){                        //电机正转
    L298NIN3 = 1;L298NIN4 = 0;
}
else if(n < 200){                   //电机反转
    L298NIN3 = 0;L298NIN4 = 1;
}
else {                              //电机停止
    L298NIN3 = 1;L298NIN4 = 1;
}
/*计算转速:每 3s 计算一次电机转速*/
if(nT0int > 19200 * 3 - 1){
    nT0int = 0;
    CurPls = TH1 * 256 + TL1;  //取当前脉冲计数
    if(LastPls < CurPls)nPls = CurPls-LastPls;//计算增量
    else nPls = 65536 - LastPls + CurPls;
    LastPls = CurPls;
    RPMval = nPls * 10;             //电机转速 = nPls * 20/2
}
/*执行 TM1638 模块数码管与 LED 显示*/
switch(SegCase){
    case 0:                         //数码管显示 CCAP1H 值
        NumToAllSEG(CCAP1H);
        break;
    case 1:                         //数码管显示 T1 计数值
        NumToAllSEG(TH1 * 256 + TL1);
        break;
    case 2:                         //数码管显示电机转速
        NumToAllSEG(RPMval);
        break;
    default:
        break;
}
BitToLED(2,P21);                    //LED3 显示 L298N. IN3 状态
```

```
        BitToLED(3,P22);                 //LED4 显示 L298N.IN4 状态
    }
}
/* T0、T1 初始化函数
    T0:方式 2,定时器,允许请求中断
    T1:方式 1 计数器
*/
void T01Init()
{
    TMOD = 0x52;                         //T1 方式 1 计数器,T0 方式 2 定时器
    TH0  = 48;                           //T0 计数 48 次中断,19200Hz,PWM 频率:75Hz
    TR0  = 1;                            //启动 T0 计数
    ET0  = 1;                            //允许 T0 请求中断
    TR1  = 1;                            //启动 T1 计数
}
/* T0 中断服务函数
    为电机转速计算进行周期计数
*/
void t0_isr() interrupt 1                //T0 中断号 = 1
{
    ++nT0int;                            //T0 中断次数加 1
}
/* PCA1 初始化函数
    PCA 对 T0 溢出计数
    PCA1 输出 PWM
*/
void PCA1Init()
{
    CMOD  = 0x04;                        //0x04:PCA 对 T0 溢出计数
    CCAP1H  = 0xff;                      //CCAP1H 存 PWM 的低电平次数
    CCAPM1  = 0x42;                      //PCA1 输出 PWM
    CR = 1;                              //启动 PCA 计数
}
```

3.2.4　运行调试

源程序经编译生成 HEX 文件，下载到单片机。

系统运行时，旋转电位器 1 旋钮，可改变 CCAP1H 值，其值越大，电机转速越小。

任意旋转电位器 2 至左、中、右部，电机将正转、停止、反转。

按 S5，数码管显示的是 CCAP1H 值；按 S6，将 T1 脉冲计数值清零；按 S7，数码管显示的是 T1 当前的计数值；按 S8，数码管显示的是电机转速，见图 3-9。

图 3-9　直流电机 PWM 调速与测速实况

3.3　PCA0、PCA1 应用——直流电机滑台控制

3.3.1　AB 编码器简介

在图 3-10(a)所示直流电机的尾部，装有一只与电机轴同轴转动的 30 线金属码盘，并配有编码器电路板。该编码器采用把两个光电开关复合在一起的光耦，能够输出 A、B 两路正交（相位差 90°）脉冲信号，A、B 信号引出端见图 3-10(b)。A、B 相方波不但可以判断转速，还可以判断电机转动的瞬时方向，详见 3.1.1 节。该编码器的供电电源为 3.3V，如果用 5V 供电，需要将 R_1 由原来的 110Ω 改为 200Ω。

(a) 带AB编码器的电机

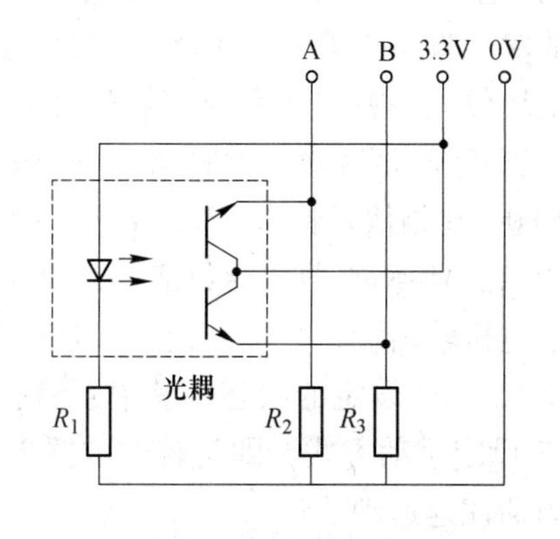

(b) 编码器内部电路

图 3-10　AB 编码器及内部电路

3.3.2　模块配置

本节通过 STC12 对直流电机滑台的控制，实践 PCA0、PCA1 的应用。

实践器件由STC12最小系统，TM1638模块，二只电位器模块，L298N模块，带AB编码器的直流电机及其驱动的滑台组件，5V电源，为AB编码器供电的AMS1117 5V/3.3V变压模块组成，模块间的接线如图3-11所示。

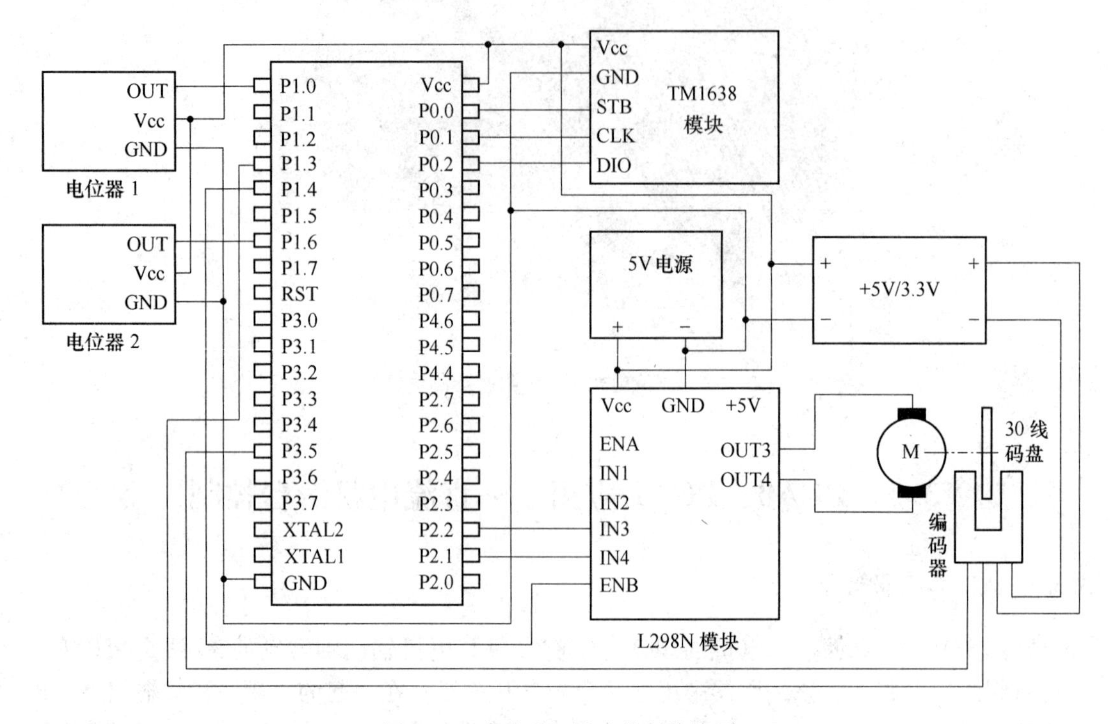

图3-11 直流电机滑台控制接线图

电路中，L298N模块的IN3、IN4与P2.2、P2.1连接，ENB接P1.4/PWM1，OUT3、OUT4连接电机M。电位器1的输出端接入P1.0，用于对PWM高电平数值进行设定。电位器2的输出端接入P1.6，用作一个三挡开关：左挡使滑台上的滑块向左移动（后退），中挡使滑块停止，右挡使滑块向右移动（前进）。滑台取自DVD光驱，并将原步进电机驱动改为直流电机驱动，丝杆螺距为3mm，滑块全程为27mm。编码器A相信号接入P1.3/CCP0，B相信号接入P3.5/T1。TM1638模块的S1～S4按键分别用于设定数码管显示CCAP1H，AB编码器脉冲数清零，设定数码管显示当前AB编码器±脉冲数，设定数码管显示电机输出轴每分钟转速。LED3、LED4用于显示IN3、IN4的状态。LED5～LED8分别显示S5～S8设定的状态。其中，S5、S6用于设定步进电机在周期往返方式中的单程步数，S7设定手动方式，即旋转电位器2进行控制，S8设定周期往返方式，即电机驱动滑块做周期往返运动。

3.3.3 程序设计

根据系统硬件接线情况，并使用T0溢出脉冲作为PCA的计数脉冲源，确定出STC12片内使用的相关模块，如图3-12所示。

在主程序的开始，依然是对各模块的初始化。下面详细说明主循环的即时扫描事件和分步执行任务的程序框架。

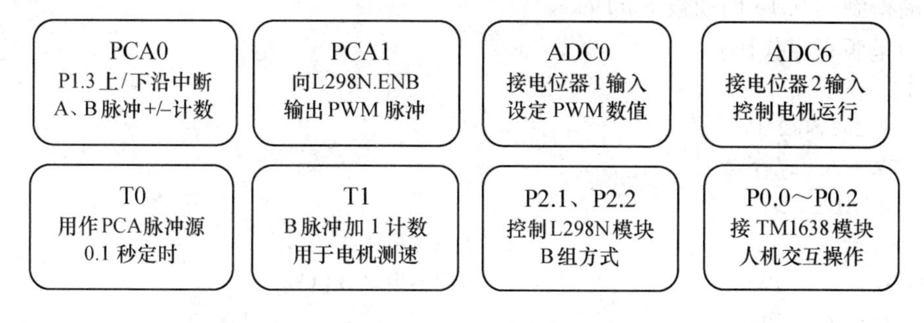

图 3-12　STC12 片内模块的使用

从人机交互的层面上看，首先，旋转电位器旋钮、按动某个按钮，都是随机发生的手动操作事件，需要 CPU 时时查询，即扫描。一旦查询到某一事件发生，便需即时进行相应处理。查询这类事件的时间间隔应远小于手动操作的时间，如在 100ms 期间内至少查询一次。在源程序中，采取的是把对各种事件的查询放在主循环中，而没有采用周期定时查询的方法，这就要求整个主循环的一次运行时间要足够快，如小于 100ms。这其中，按键事件的查询是通过调用 GetKey 函数进行的，该函数（源码参加 1.4 节）没有延时操作，运行时间短。旋转电位器事件，可通过比较一段时间内其相邻两次 A/D 读数的差值来判定该事件是否发生，源程序中采用的是一次读入电位器 A/D 数值的方法，耗时最短。具体的，对电位器 1 输入的处理，是以其 A/D 值的四分之一作为 PWM1 高电平计数值，对电位器 2 输入的处理，是把它的 A/D 值分为三个区域，分别控制 L298N 的工作状态。其次，人机交互中的信息显示，是一个需要即时或周期执行的任务。由于 TM1638 模块可以很快地执行数码管及 LED 的显示操作，该任务同样被放在主循环中进行，无须设置单独的显示周期。

从机器动作的层面上看，滑台的前进、后退、停止属于一次性动作，源程序采取在手动操作事件处理中直接完成方法。滑台的周期往返方式即命令滑块按前进→延时停留→后退→延时停留的顺序循环动作，在源程序中把它当作需要分步执行的任务来处理。具体来说，就是为该任务设置一个步序变量 CycStep，在开始执行该任务前，CPU 预先命令滑块前进，并置 CycStep 为 1。当 CycStep 为 1 时，若滑块前进到位，即变量 AB_Pls 与 CycSetPos 相等，这时在 PCA 中断服务函数中 L298N 被置为刹车，CPU 在主循环中对 CycTicks 赋值并置 CycStep 为 2。当 CycStep 为 2 时，如果 CPU 在主循环中扫描到 CurTicks 达到 CycTicks，即延时停留完成，则命令滑块后退并置 CycStep 为 3。此步中，为实现 2s 的延时操作，CPU 需要进入 switch(CycStep)语句体中的 case 2 分支，并执行 if(CurTicks > = CycTicks)语句。这也可以说是 CPU 扫描 CurTicks > = CycTicks 这一事件，可以看出完成这种扫描也就需要 CPU 执行几条指令，这就保证了整个主循环的快速执行。当 CycStep 为 3 时，若滑块后退到位，即变量 AB_ Pls 与 CycSetPos 相等，这时 L298N 被 PCA 中断服务函数置为刹车，CPU 在主循环中对 CycTicks 赋值并置 CycStep 为 4。当 CycStep 为 4 时，如果 CPU 扫描到 CurTicks 达到 CycTicks，即延时停留完成，则命令滑块前进并置 CycStep 为 1，开始下一个循环动作。这就是分步执行一个任务的全过程。

电机转速计算，按每 2s 执行一次的周期性任务处理，该 2s 的定时仍然借助于由 T0

定时中断得到的0.1s周期数CurTicks。

下面是源程序代码：

```
/* File:P3_3.c */
#include <stc12c5a60s2.H>
#include <TM1638.c>
#include <GETADC.c>
#define A_Sig          P13                 //编码器模块A信号
#define B_Sig          P35                 //编码器模块B信号
#define L298NENB       P14
#define L298NIN3 P21
#define L298NIN4 P22
#define   PWMUPCHNO   0                   //输入设定PWM高电平数值
#define   SWITCHCHNO   6                  //挡位开关输入的ADC通道
void T01Init();
void PCA01Init();
int CurTicks;                              //当前0.1s周期数
volatile int AB_Pls,CycSetPos;             //AB编码器脉冲数,周期往返设定位置(单位:脉冲数)
bit CycMode;                               //0:手动控制方式,1:周期往返方式
main()
{
InitTM1638();                              //初始化TM1638
P1ASF = 0x41;                              //Set P1.6 and P1.0 Analog Input
T01Init();
PCA01Init();
EA = 1;                                    //CPU开中断
while(1){
     unsigned char i,CycStep,SegCase;
     unsigned int n,nPls,CurPls,LastPls,RPMval;
     unsigned int CycOrgPos,CycDisp,CycTicks,CalTicks;
     /*查询并处理TM1638按键输入事件*/
     switch(i=GetKey()){
          case 0:                          //按S1键,显示CCAP1H
               SegCase=0;
               break;
          case 1:                          //按S2键,显示电机转速
               SegCase=1;
               break;
          case 2:                          //按S3键,显示AB脉冲数
               SegCase=2;
               break;
          case 3:                          //按S4键,AB脉冲数清零
               AB_Pls=0;
               break;
```

```
        case 4:                             //按 S5 键,周期往返的单程为 30 个 AB 脉冲
            CycDisp = 30;break;
        case 5:                             //按 S6 键,周期往返的单程为 240 个 AB 脉冲
            CycDisp = 240;break;
        case 6:                             //按 S7 键,手动方式
            CycMode = 0;
            break;
        case 7:                             //按 S8 键,周期往返方式
            CycOrgPos  =  AB_Pls;
            CycSetPos  =  CycOrgPos + CycDisp;
            L298NIN3 = 1;L298NIN4 = 0;//滑块前进
            CycStep =  1;
            CycMode =  1;
            break;
        default:
            break;
}
/ * 电位器 1 输入事件,电机 PWM 设定 * /
CCAP1H  =  255  -  GetADC(PWMUPCHNO)/4;
/ * 手动方式处理 * /
if(! CycMode){
        / * 电位器 2 输入事件,电机正反转、停止控制 * /
        n =  GetADC(SWITCHCHNO);            //读挡位输入
        if(n > 800){                        //电机正转,滑块前进
            L298NIN3 = 1;L298NIN4 = 0;
        }
        else if(n < 200){                   //电机反转,滑块后退
            L298NIN3 = 0;L298NIN4 = 1;
        }
        else {                              //电机停止,滑块停止
            L298NIN3 = 1;L298NIN4 = 1;
        }
}
/ * 周期往返方式,按分步执行的任务处理 * /
else{
        switch(CycStep){                    //按以下步序动作
            case 1:                         //1. 滑块前进
                if(L298NIN3&L298NIN4){//前进到位,转步 2
                        CycTicks = CurTicks + 20;
                        CycStep = 2;
                }
                break;
            case 2:                         //2. 延时停留 2s
```

```
            if( CurTicks > = CycTicks) {  //延时到,转步 3
                CycSetPos  =  CycOrgPos;
                L298NIN3 = 0;L298NIN4 = 1;
                CycStep = 3;
            }
            break;
        case 3:                          //3. 滑块后退
            if( L298NIN3&L298NIN4) {  //后退到位,转步 4
                CycTicks = CurTicks + 20;
                CycStep = 4;
            }
            break;
        case 4:                          //4. 延时停留 2s
            if( CurTicks > = CycTicks) {  //延时到,转步 1
                CycSetPos  =  CycOrgPos + CycDisp;
                L298NIN3 = 1;L298NIN4 = 0;//滑块前进
                CycStep = 1;
            }
            break;
        default:
            break;
    }
}
/ * 计算转速任务:每 2s 计算一次电机转速 * /
if( CurTicks > = CalTicks) {
    CalTicks = CurTicks + 20;
    CurPls = TH1 * 256 + TL1;           //取当前脉冲计数
    if( LastPls < CurPls) nPls = CurPls - LastPls;//计算增量
    else nPls = 65536 - LastPls + CurPls;
    LastPls = CurPls;
    RPMval = nPls;                      //电机转速 = nPls/30 * 60sec/2sec
}
/ * 信息显示任务 * /
switch( SegCase) {
    case 0:                             //数码管显示 CCAP1H 值
        NumToAllSEG( CCAP1H);
        break;
    case 1:                             //数码管显示电机转速
        NumToAllSEG( RPMval);
        break;
    case 2:                             //数码管显示 AB 脉冲数
        NumToAllSEG( AB_Pls);
        break;
```

```
            default:
                break;
        }
        BitToLED(2,P21);                        //LED3 显示 L298N. IN3 状态
        BitToLED(3,P22);                        //LED4 显示 L298N. IN4 状态
        BitToLED(4,CycDisp == 30);              //LED5 显示 S5 状态
        BitToLED(5,CycDisp == 240);             //LED6 显示 S6 状态
        BitToLED(6,! CycMode);                  //LED7 显示 S7 状态
        BitToLED(7,CycMode);                    //LED8 显示 S8 状态
    }
}
/ * T0、T1 初始化函数
    T0:方式 2 定时器,允许 T0 请求中断
    T1:方式 1 计数器
 */
void T01Init()
{
    TMOD = 0x52;                                //T1 方式 1 计数器,T0 方式 2 定时器
    TH0  =  0;                                  //T0 计数 256 次中断,3600Hz,Fpwm≈14Hz
    TR0  =  1;                                  //启动 T0 计数
    ET0  =  1;                                  //允许 T0 请求中断
    TR1  =  1;                                  //启动 T1 计数
}
/ * T0 中断服务函数
    为电机转速计算进行周期计数
 */
void t0_isr() interrupt 1                       //T0 中断号 = 1
{
    unsigned int n;
    if( ++n > 359) {                            //T0 中断次数 +1,中断 360 次耗时 0.1s
            n = 0;
            ++CurTicks;                         //0.1s 周期数 +1
    }
}
/ * PCA0、PCA1 初始化函数
    PCA 对 T0 溢出计数
    PCA0 捕获方式,允许 PCA 中断
    PCA1 输出 PWM
 */
void PCA01Init()
{
    CMOD  =  0x04;                              //0x04:PCA 对 T0 溢出计数
    CCAPM0  =  0x31;                            //PCA0 对 P1.3 上升沿/下降沿捕获,允许 PCA 中断
```

```
    PPCA = 1;                              //设置 PCA 中断为优先级 1
    CCAP1H = 0xff;                         //PCA1:PWM 比较值备份寄存器
    CCAPM1 = 0x42;                         //PCA1 输出 PWM
    CR = 1;                                //启动 PCA 计数
}
/ * PCA 中断服务函数
  AB 编码器正反向计数
  周期往返方式中的终点判断和处理
 */
void PCA_isr() interrupt 7                 //PCA 中断序号 =7
{
    static bit b1,b2,b3,b4;                //定义 4 个静态位变量
    CCF0 = 0;                              //PCA0 中断标志 CCF0 用软件清零
    if(A_Sig){                             //A 上升沿时
            b1 = B_Sig;
            b2 = ~B_Sig;
    }
    else{                                  //下降沿时
            b3 = ~B_Sig;
            b4 = B_Sig;
    }
    if(b1 & b3){                           //(A 上升沿,B =1)&(A 下降沿,B =0)
            AB_Pls ++ ;                    //正向计数
            b1 =b2 =b3 =b4 =0;             //状态清零
    }
    if(b2 & b4){                           //(A 上升沿,B =0)&(A 下降沿,B =1)
            AB_Pls -- ;                    //反向计数
            b1 =b2 =b3 =b4 =0;             //状态清零
    }
    if(CycMode){                           //周期往返方式
            if(AB_Pls == CycSetPos){
                    L298NIN3 =1;L298NIN4 =1;//L298N 刹车
            }
        }
    }
```

3.3.4 运行调试

系统实际组成见图 3-13。源程序经编译生成 HEX 文件，下载到单片机。

运行时，旋转电位器 1 旋钮，可改变电机运行频率。按 S1 后，TM1638 数码管显示的是 CCAP1H 值，该值越大，电机转速越小。按 S2 键，TM1638 数码管显示的是电机转速。

任意旋转电位器 2 至左、中、右部，电机将带动滑块左行、停止、右行。按 S3 键后，

图 3-13 直流电机滑台控制运行实况

TM1638 数码管显示的是 AB 脉冲数。在电机停止时，手动正反向旋转丝杆，观察 AB 脉冲数的变化，验证其与滑块移动量的关系。按 S4 键，可将 AB 脉冲数清零。

按 S5，设周期往返的单程为 30 个 AB 脉冲，即 3mm；按 S6，设周期往返的单程为 240 个 AB 脉冲，即 24mm；按 S7，系统根据电位器 2 控制电机运动，即手动方式；按 S8，系统为周期往返方式，电机带动滑块按 S5 或 S6 设定的单程 AB 脉冲数，以前进→延时→后退→延时→前进的路线循环动作，此方式下，也可用电位器 1 改变电机运行频率。

3.4 PCA 脉冲输出应用——步进电机微步控制

3.4.1 A4988 模块简介

微步也称为细分，就是把步进电机原来的一整步再细分为更多的步，细分后的每一步就是一个微步。A4988 是一款步进电机微步驱动模块，模块的核心是 A4988 芯片。该芯片可在整步、半步、1/4、1/8 及 1/16 步模式时驱动两相步进电机，输出驱动性能可达 35V 及 ±2A，只要向 STEP 引脚输入一个脉冲，即可驱动电机产生微步，无须进行相序轮换控制。模块上的可调电位器可以调节最大电流输出，从而获得更高的步进率。A4988 模块及其微步模式如图 3-14 所示，模块的引脚如下：

EN：A4988 使能端，低电平有效。

MS1、MS2、MS3：微步模式选择端。

STEP：步进脉冲输入端，在该端输入一个大于 1μs 脉冲，即可驱动电机步进一次。

DIR：方向控制端，用于设定电机旋转方向。

RST：复位端。

SLP：休眠端，与 RST 短接。

1A、2A、1B、2B：接两相步进电机线圈的四个引出端。

V_{MOT}步进电机电源线。

V_{DD}：数字电路电源线。

GND：地线，共引出二个引脚，模块上已经接在一起。

(a) A4988 模块

MS1	MS2	MS3	模式
0	0	0	整步
1	0	0	1/2 步
0	1	0	1/4 步
1	1	0	1/8 步
1	1	1	1/16 步

(b) A4988 微步模式

图 3-14 A4988 模块及微步模式

3.4.2 PCA 计数值的比较和匹配

PCA 的计数值存储于 CH、CL 中，PCA0、PCA1 都可以对 CH、CL 进行比较和匹配。下面以 PCA0 来说明，PCA1 情况类同。

PCA0 模式寄存器 CCAPM0 的格式为：

—	ECOM0	CAPP0	CAPN0	MAT0	TOG0	PWM0	ECCF0

其中的 MAT0 位称为匹配位，“匹配”的含义是：CH、CL 中的计数值与寄存器 CCAP0H、CCAP0L 中的值相等。如果两者相等，即为匹配，则硬件自动将中断请求标志位 CCF0 置 1；否则，即为不匹配，硬件不对 CCF0 操作。

为了进行匹配，需要使用 PCA0 的比较功能。ECOM0 是 PCA0 比较功能使能位。当 ECOM0 = 1 时，PCA0 进行比较；当 ECOMn = 0 时，PCA0 停止比较。通常是把目标计数值装入 CCAP0L、CCAP0H 之后，再置 ECOM0 为 1。

当 CH、CL 中的计数值增加到等于 CCAP0H、CCAP0L 中的值，即两者匹配时，CCF0 = 1，产生中断请求，这时 PCA 计数器仍然继续加 1 计数。如果 CPU 在中断服务程序中什么都不做，则 CH、CL 在经过 65536 次加 1 后还会与 CCAP0H、CCAP0L 匹配。但如果每当 PCA 中断后，在中断服务程序中给 CCAP0H、CCAP0L 增加一个相同的数值，那么下次中断来临的间隔时间也是相同的，从而能够实现周期定时功能。这种需要软件（即中断服务程序）配合的定时，称为 PCA 的软件定时功能，也称为 16 位比较器模式。

通过对 CCAPM0 寄存器的 ECOM0（D6）位、MAT0（D3）位和 TOG0 位（D2）置 1，其他位清零，可使 PCA0 工作于脉冲输出模式。这种模式与 PCA 软件定时器模式的差别，就是当匹配发生时，由于 TOG0 位置 1，又增加了使 CCP0/P1.3 引脚输出翻转的功能。当 PCA 选择了高频率的计数脉冲源且计数步长较小时，CCP0 引脚将得到高频率的脉冲输出，称为 PCA 高速脉冲输出模式。

3.4.3 模块配置

本节实践 PCA 的高速脉冲输出功能。

实践器件由 STC12 最小系统、TM1638 模块、2 只电位器模块、A4988 模块、二相步进电机驱动的滑台和 5V 电源组成，器件间的接线如图 3-15 所示。电路中，A4988 模块的 EN、MS1、MS2、MS3 引脚依次与 P2.0、P2.1、P2.2、P2.3 连接，RST 与 SLP 短接，DIR 与 P1.2 连接，STEP 与 P1.3/CCP0 连接，即用 CCP0 向 A4988 的 STEP 发送脉冲信号。A4988 模块的 1A、1B 连接步进电机的一个绕组，2A、2B 连接另一个绕组；步进电机电源端 V_{MOT}与数字电路电源端 V_{DD}都接到 +5V 电源。电位器 1 用于设定步进电机的运行频率，在手动和周期往返方式都可以操作。电位器 2 用作在手动方式下操作的一个三挡开关：左挡使滑台上的滑块向左移动（后退），中挡使滑块停止，右挡使滑块向右移动（前进）。滑台取自 DVD 光驱，步进电机的步距角为 18°，丝杆螺距为 3mm，滑块全程为 36mm，需电机运行 240 步。TM1638 模块的 S1 ~ S5 按键用于设定 A4988 模块的 5 种微步模式，S6 设定数码管显示电机频率设定值，S7 设定手动操作方式，S8 设定周期往返方式。LED1 ~ LED5 显示对应于 S1 ~ S6 的设定，S7 为手动方式指示灯，S8 为周期往返方式指示灯。

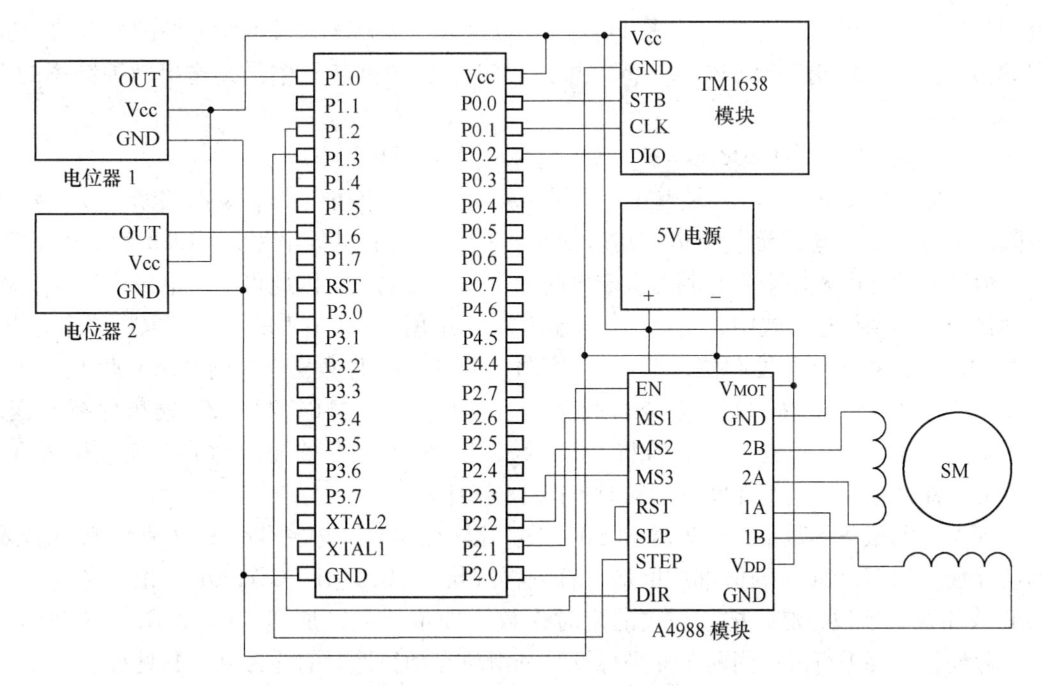

图 3-15 步进电机微步控制接线图

3.4.4 程序设计

本节实践是用 A4988 模块驱动二相步进电机，用 PCA0 的脉冲输出控制电机运行频率和运行步数，用并口输出控制 A4988 的使能、方向和微步模式，从而实现步进电机在各种微步模式下的运行。系统具有手动和周期往返方式两种运行方式。STC12 片内使用的相关模块如图 3-16 所示。

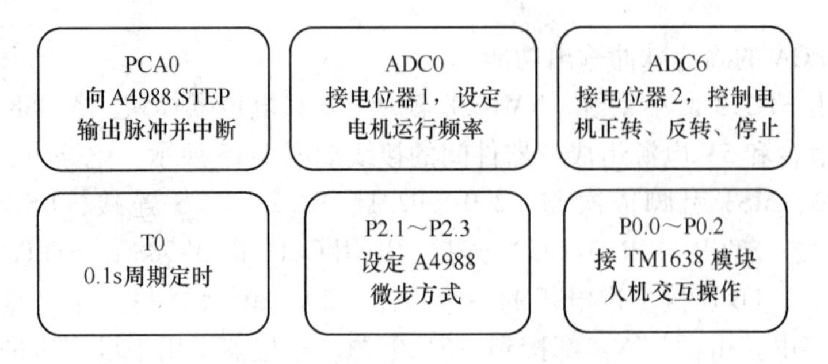

图 3-16 STC12 片内模块的使用

本节程序仍然采用 3.3.3 节的即时扫描事件与分步执行任务的程序框架。主循环部分，包括对 TM1638 按键输入事件、电位器 1 输入事件、电位器 2 输入事件的处理，手动方式、周期循环方式的执行，以及 TM1638 显示任务的执行。其中，字符型变量 TM1638LED 用于保存 TM1638 模块 8 只 LED 的状态。以步进电机运行脉冲为单位的滑块当前位置变量 CurPls，在微步模式设定和周期往返方式设定时都被清零。周期往返方式的单程移动量设为 24mm，对应于 160 个整步。ADC0 的输入用作步进电机的运行频率 F_{req}，范围是 8 ~ 1023Hz，与 F_{req} 对应的是 PCA 的计数次数，即 PCA 对计数脉冲源的分频数，也即 PCA0 软件定时的步长值 PCA0disp。由于 P1.3 引脚的翻转频率是其输出脉冲频率的 2 倍，所以：

$$PCA0disp = F_{osc}/12/(2 \times F_{req}) = 921600/2/F_{req}$$

通过向 A4988 模块的 EN 端输出高电平，可使 A4988 停止工作，从而关断了步进电机线圈的电源，步进电机断电停车。其后如果再向 EN 端输出低电平，A4988 就又开始工作，但其初始通电相序未必与其上次断电时通电相序相同，且因此可能使电机产生一个初始动作。在周期往返方式中，当电机运动到位时，采用将 CR 清零的方法使电机停止。CR 是 CCON 中的 PCA 运行控制位，把 CR 清零将使 PCA 停止计数操作，则 PCA0 就停止了脉冲输出，即 A4988 模块的 DIR 状态保持不变，模块的 1A、1B、2A、2B 输出保持不变，步进电机为通电停车状态。其后若将 CR 置位，PCA0 就又开始输出脉冲而使电机运行。这种方法保证了步进电机在间歇运动时不产生误动作。

PCA 中断服务函数中，首先对 CCF0 清零，以便请求下一次中断。PCA 在中断时仍然继续计数，[CH，CL] 的值继续增加，直到再次与 [CCAP0H，CCAP0L] 相等时，又请求 PCA 中断。所以，必须把下一次的定时次数（即步长值）加到 [CCAP0H，CCAP0L] 中。此外，还要进行滑块当前脉冲坐标计算和滑块自动往返时的终点判定和处理。

下面是源程序代码：

```
/* File:P3_4.c */
#include <stc12c5a60s2.H>
#include <TM1638.c>
#include <GETADC.c>
#define A4988EN         P20
#define A4988MS1        P21
```

```
#define A4988MS2          P22
#define A4988MS3          P23
#define A4988DIR          P12
#define A4988STEP         P13
#define PCA0OUT           P13
#define  FREQCHNO  0                        //电机频率输入的 ADC 通道
#define  SWITCHCHNO  6                      //挡位开关输入的 ADC 通道
#define SlideFore         0                 //滑台前进方向
#define SlideBack         1                 //滑台后退方向
#define A4988ON           0
#define A4988OFF          1
void T0Init();
void PCA0Init();
void SetA4988Mode(unsigned char mode);
int CurTicks;                               //当前 0.1s 周期数
int CurPls;                                 //滑台当前脉冲坐标
int CycSetPls;                              //滑台周期往返方式的设定脉冲坐标
unsigned int PCA0disp;                      //PCA0 的计数步长
bit CycMode;                                //0:手动控制方式,1:周期往返方式
main()
{
    InitTM1638();                           //初始化 TM1638
    P1ASF = 0x41;                           //Set P1.6 and P1.0 Analog Input
    T0Init();                               //初始化 T0
    PCA0Init();                             //初始化 PCA
    SetA4988Mode(1);                        //A4988:整步
    EA =1;                                  //CPU 开中断
    while(1){
        unsigned char i,CycStep,TM1638LED;
        int n,freq,CycDisp;
        unsigned int CycTicks;
        /*查询并处理 TM1638 按键输入事件*/
        switch(i = GetKey()){
            case 0:                         //按 S1 键,整步
            case 1:                         //按 S2 键,1/2 步
            case 2:                         //按 S3 键,1/4 步
            case 3:                         //按 S4 键,1/8 步
            case 4:                         //按 S5 键,1/16 步
                SetA4988Mode(1 << i);
                CycDisp = 160 << i;         //设定自动往返时的单程步数
                CurPls = 0;                 //当前步数清零
                TM1638LED& = 0xC0;          //按 S1 ~ S5 键,数码管显示当前步数
                TM1638LED| = 1 << i;
```

```
            CharToAllLED(TM1638LED);
            break;
        case 5:                              //按 S6 键,数码管显示电机运行频率
            TM1638LED& = ~0x20;
            TM1638LED| = 0x20;
            BitToLED(5,1);
            break;
        case 6:                              //按 S7 键,手动方式
            CycMode = 0;
            TM1638LED& = 0x7F;
            TM1638LED| = 0x40;
            BitToLED(6,1);
            BitToLED(7,0);
            break;
        case 7:                              //按 S8 键,周期往返方式
            CycMode = 1;
            CurPls = 0;                      //当前步数清零
            CycSetPls = CycDisp;             //设定脉冲坐标值
            A4988DIR = SlideFore;            //滑块前进
            A4988EN = A4988ON;               //A4988 enable
            CR = 1;                          //PCA run
            CycStep = 1;
            TM1638LED& = 0xBF;
            TM1638LED| = 0x80;
            BitToLED(6,0);
            BitToLED(7,1);
            break;
        default:
            break;
    }
    /*电位器 1 输入事件,电机频率设定*/
    freq = GetADC(FREQCHNO);
    if(freq<8)freq = 8;                      //最小频率 = 8Hz
        PCA0disp = 921600/2/freq;            //计数步长 = 计数脉冲源频率/(2×电机频率)
    /*手动方式处理*/
    if(! CycMode){
        /*电位器 2 输入事件,电机正反转、停止控制*/
        n = GetADC(SWITCHCHNO);              //读挡位输入
        if(n>800){                           //电机正转,滑块前进
            A4988EN = A4988ON;
            A4988DIR = SlideFore;
            CR = 1;
        }
```

```
        else if(n<200){                    //电机反转,滑块后退
            A4988EN = A4988ON;
            A4988DIR = SlideBack;
            CR = 1;                        //PCA 开始计数
        }
        else {                             //电机停止,滑块停止
            A4988EN = A4988OFF;
            CR = 0;                        //PCA 停止计数
        }
    }
    /*周期往返方式,按分步执行的任务处理*/
    else{
        switch(CycStep){                   //按以下步序动作
            case 1:                        //步 1,滑块前进
                if(! CR){                  //前进到位,转步 2
                        CycTicks = CurTicks + 20;
                        CycStep = 2;
                }
                break;
            case 2:                        //步 2,延时 2s
                if(CurTicks >= CycTicks){  //延时到,转步 3
                        CycSetPls = 0;  //设定脉冲坐标
                        A4988DIR = SlideBack;  //滑块后退
                        CR = 1;
                        CycStep = 3;
                }
                break;
            case 3:                        //步 3,滑块后退
                if(! CR){                  //后退到位,转步 4
                        CycTicks = CurTicks + 20;
                        CycStep = 4;
                }
                break;
            case 4:                        //步 4,延时 2s
                if(CurTicks >= CycTicks){  //延时到,转步 1
                        CycSetPls = CycDisp;
                        A4988DIR = SlideFore;  //滑块前进
                        CR = 1;
                        CycStep = 1;
                }
                break;
            default:
                break;
```

```
            }
        }
        /*TM1638 数码管显示*/
        NumToAllSEG(TM1638LED&0x20? freq/2:CurPls);
        }
}
/*设置 A4988 微步方式函数
        mode:1,2,4,8,16 之一,微步方式
*/
void SetA4988Mode(unsigned char mode)
{
        switch(mode){
            case 1:A4988MS1 =0;A4988MS2 =0;A4988MS3 =0;break;//整步
            case 2:A4988MS1 =1;A4988MS2 =0;A4988MS3 =0;break;//1/2
            case 4:A4988MS1 =0;A4988MS2 =1;A4988MS3 =0;break;//1/4
            case 8:A4988MS1 =1;A4988MS2 =1;A4988MS3 =0;break;//1/8
            case 16:A4988MS1 =1;A4988MS2 =1;A4988MS3 =1;break;//1/16
        }
}
/*T0 初始化函数
        T0:方式 2 定时器,允许 T0 请求中断
*/
void T0Init()
{
        TMOD =0x02;                     //T0 方式 2 定时器
        TH0  = 0;                       //T0 计数 256 次中断,3600Hz,Fpwm≈14Hz
        TR0  = 1;                       //启动 T0 计数
        ET0  = 1;                       //允许 T0 请求中断
}
/*T0 中断服务函数
        0.1s 周期计数
*/
void t0_isr()interrupt 1                //T0 中断号 =1
{
        unsigned int n;
        if( ++n >359){                  //T0 中断次数 +1
            n =0;
            ++CurTicks;                 //0.1s 周期数 +1
        }
}
/*PCA0 初始化函数
        PCA 模块 0:比较 + 匹配 + 翻转 + 允许中断
*/
```

```
void PCA0Init()
{
        CMOD = 0x00;            //PCA 对 fosc/12 计数,禁止 PCA 计数溢出中断
        CCAPM0 = 0x4D;          //PCA 模块 0:比较 + 匹配 + 翻转 + 允许中断
        CR = 1;                 //启动 PCA 计数
        //CCAPM0:[ - ][ECOM0][CAPP0][CAPN0][MAT0][TOG0][PWM0][ECCF0]
}
/* PCA 中断服务函数
        写入目标计数值
        刷新滑块当前脉冲坐标
        滑块自动往返时的终点判定和处理
*/
void PCA_Isr() interrupt 7
{
        static unsigned int destcnt;
        CCF0 = 0;               //中断标志清零
        destcnt += PCA0disp;    //计数目标值(destcnt)等步长(disp)增加
        CCAP0L = destcnt;       //写入目标计数值低字节
        CCAP0H = destcnt/256;   //写入目标计数值高字节
        if(PCA0OUT==0){         //P1.3/CCP0 输出低电平,则已经向 A4988.STEP 输出一个完整脉冲
            if(! A4988EN){      //如果 A4988 使能,则根据电机方向调整脉冲坐标
                A4988DIR==SlideFore? CurPls++:CurPls--;
            }
            if(CycMode){        //周期循环方式时,如果达到设定坐标,CCP 停止计数
            if(CurPls==CycSetPls)CR=0;
                }
        }
}
```

3.4.5 运行调试

源程序经编译生成 HEX 文件，下载到单片机。

系统运行时，按 S1 ~ S5 键，可设定 A4988 的整步、1/2 步、1/4 步、1/8 步、1/16 步驱动模式，可观察 LED1 ~ LED5 的状态进行确认。按 S6 键，点亮 LED6，这时数码管显示的是步进电机频率设定值；LED6 熄灭时，数码管显示的是步进电机运行步数。

按 S7 键，系统为手动方式。这时，任意旋转电位器 2 至左、中、右部，电机将带动滑块以设定的频率和微步模式左行、停止、右行。

按 S8 键，系统为周期往返方式，电机带动滑块按 24mm 的单程，以前进→延时→后退→延时→前进的路线循环动作。此方式下，也可用电位器 1 即时改变电机运行频率，且可在滑块到达行程终点后的延时期间，用 S1 ~ S5 重新设定微步模式。整步模式下的单程为 160 步，16 细分模式下的单程为 2560 步。图 3-17 显示的是在 16 细分模式下的运行实况。

图 3-17 步进电机微步控制运行实况

3.5 串口应用——串口舵机控制

3.5.1 串口舵机简介

串口舵机通过串口接收主机命令，并应答主机。这类舵机有三根引出线，其中两根为电源线，一根为串行通信线。每个串口舵机都有一个 ID 号，当舵机接收信息中的 ID 号与其自身的 ID 号相同时，就对信息进行响应，否则，便不响应，如同不存在一样。一根串行通信线可以连接几十台甚至上百台舵机。本节实践采用的是 UBTECH（优必选）串口舵机，其串口通信参数为：波特率为 115200bps，8 个数据位，1 个起始位，1 个停止位，无奇偶校验。通信协议格式如下：

帧头(2 字节) ID(1 字节) 命令(1 字节) 参数(4 字节) SUM(1 字节) 帧尾(1 字节)

其中，帧头为 FA AF，帧尾为 ED，SUM 等于 ID + 命令 + 参数，取最低位 1 字节。

修改舵机的 ID 命令如下：

FA AF ID CD 0 newID 0 0 SUM ED

其中，ID、newID 的范围是 0 ~ 240，0 为广播模式。

舵机运动（写舵机）命令如下：

FA AF ID 01 角度 运动时间 00 SUM ED

其中，‘角度’即舵机转动的终止角度，范围是 0° ~ 240°；‘运动时间’即舵机从开始转动到停止的时间，范围是 0 ~ 255，单位约为 20ms。

3.5.2 模块配置

本节实践用 STC12 单片机的串口控制串口舵机。

实践器件由 STC12 最小系统、TM1638 模块、2 只电位器模块、2 只 UBTECH 串口舵机和 5V 及 7.4V 锂电池电源组成，器件间的接线如图 3-18 所示。舵机的工作电压范围是

6~8.5V。电路中，由7.4V电源为舵机供电。舵机的信号线SIG接至单片机串口1的接收引脚P3.0/RXD和发送引脚P3.1/TXD。电位器1用于设定舵机转动的终止角度，电位器2用于设定舵机的运动时间。TM1638模块的S1、S2按键分别用于设定舵机1、舵机2的摆动运动，LED1、LED2显示舵机1、舵机2的运动状态，数码管用于显示舵机的当前角度。

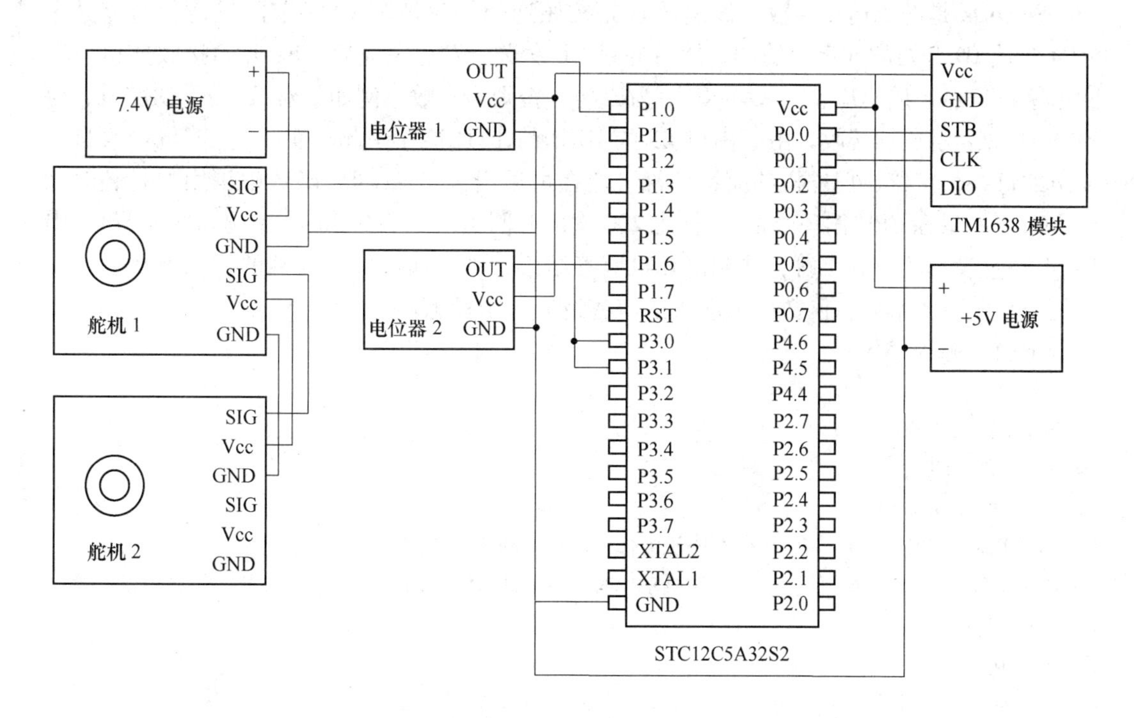

图3-18 串口舵机控制接线图

3.5.3 程序设计

主函数在开始部分，完成对TM1638模块、ADC通道、T0、S1串口的初始化。

主循环部分，采用即时扫描事件与分步执行任务的程序框架。当CPU扫描到S1键被按下，就激活舵机1摆动任务；当扫描到S2键被按下，就激活舵机2摆动任务。主循环中共有舵机1摆动、舵机2摆动、数码管显示三个任务，每个任务又由若干步组成。以舵机1的摆动为例，第一步，是读取电位器1、电位器2的输入，作为舵机1的终止角度和运动时间，然后向舵机1发送运动命令，如果命令被舵机1接收成功，则舵机1开始运动，LED1被点亮；然后为数码管显示任务，进行参数计算。第二步，是依据舵机动作时间判断舵机是否运动到位，待舵机运动到位后，再置2s的延时间隔。第三步，在判断2s延时结束后，就向舵机1发送运动命令，使舵机回转到0°。如果命令被舵机1接收成功，则舵机1开始运动，LED1被点亮。该步也要为数码管显示任务进行参数计算。第四步，是延时等待舵机1回到0°。待舵机回到0°后，再置2s的延时间隔。第五步，在判断2s延时结束后，转入第一步，实现舵机的循环摆动。数码管显示任务，第一步是根据SegA0（初始角度）、SegA1（终止角度）、SegA2（舵机运动时间）、SegN（显示次数）

计算出本次的显示值并显示；第二步，当判断出显示周期到，就把步序置为0，即返回到第一步。

STC12C5A32S2可以使用BRT（独立波特率发生器）作为串口S1的波特率发生器。在S1初始化函数S1Init中，设置BRT为1T计数，波特率为115200bps，S1为方式1，允许接收。

ServoDo是舵机运动函数。该函数首先按照通信协议填写10字节的发送信息，其中SUM是从ID开始的6字节的和，然后通过S1发送。发送完成后，S1开始接收舵机应答的单字符信息，舵机应答‘AA+ID’为成功，否则为失败。例如，对ID为1的舵机，应答‘AB’表示成功接收。由于串口S1的RXD与TXD接在一起，实际上S1也接收自己发出的每一个字符，但舵机的应答字符一定在最后出现。ServoDo函数中采用的是超时判定方法：如果在CPU循环查询RI标志200次的时间里（约为0.3ms，参见3.6.3节），串口S1一直没有接收到字符，便判定舵机应答结束，则此前最后接收到的字符就是舵机发送的应答字符。最后，函数根据舵机的应答返回一个标志。

下面是源程序代码：

```
/* File:P3_5c */
#include <stc12c5a60s2.H>
#include <TM1638.c>
#include <GETADC.c>
#define  DEGCHNO    0          //舵机动作角度输入的ADC通道
#define  TIMECHNO   6          //舵机动作时间输入的ADC通道
void T0Init();
void S1Init();
bit ServoDo(unsigned char id,unsigned char deg,unsigned chart);
unsigned char ServoDeg(unsigned char id);
volatile unsigned int CurTicks;      //当前定时周期数
unsigned char SendBuf[10];           //S1发送信息缓冲区
main()
{
    InitTM1638();                    //初始化TM1638
    P1ASF = 0x41;                    //Set P1.6 and P1.0 Analog Input
    T0Init();                        //初始化T0
    S1Init();                        //初始化串口1
    EA = 1;                          //CPU开中断
    while(1){
        unsigned char i,ServoMode;
        unsigned char Servo1Step,Servo2Step,SegStep;
        unsigned char Servo1To,Servo1Time;
        unsigned char Servo2To,Servo2Time;
        unsigned int Servo1Ticks,Servo2Ticks,SegTicks;
        int deg,SegA0,SegA1,SegA2,SegN;
        bit stat,SegDo;
```

```
/ * TM1638 按键输入事件 * /
switch(i = GetKey()){
    case 0:              //S1 键,舵机 1 摆动
        ServoMode = 1;
          break;
    case 1:              //S2 键,舵机 2 摆动
        ServoMode = 2;
        break;
}
/ * TM1638 数码管显示任务 * /
if(SegDo){
    switch(SegStep){
    case 0:              //显示角度
        if( ++SegN >= SegA2/10){
            deg = SegA1;
            SegDo = 0;
        }
        else{
            deg = SegA0 + (SegA1-SegA0) * 10/SegA2 * SegN;
        }
        NumToAllSEG(deg);
        SegTicks = CurTicks + 2;  //0.2s
        SegStep = 1;
        break;
    case 1:              //延时
        if(CurTicks >= SegTicks)SegStep = 0;
        break;
    }
}
if(ServoMode == 1){
/ * 舵机 1 摆动任务 * /
switch(Servo1Step){
    case 0:              //步 1,命令舵机 1 动作
        Servo1To = GetADC(DEGCHNO)/4;  //读取舵机目标位置
        if(Servo1To > 240)Servo1To = 240;
        Servo1Time = GetADC(TIMECHNO)/4;  //读取舵机运动时间
        stat = ServoDo(1,Servo1To,Servo1Time);  //发送舵机运动命令并得到舵机应答
        BitToLED(0,stat);  //如果成功,点亮 LED1
        SegA0 = 0,SegA1 = Servo1To,SegA2 = Servo1Time + 1;//为数码管显示任务进行计算
        SegN = 0;SegDo = 1;
        Servo1Ticks = CurTicks + Servo1Time/5;
        Servo1Step = 1;//转到步 2
        break;
```

```
        case 1:             //步2,延时等待舵机1运动到位
            if(CurTicks >= Servo1Ticks){        //延时完成
                BitToLED(0,0);                  //熄灭LED1
                Servo1Ticks = CurTicks + 20;//置延时数据
                Servo1Step = 2;                 //转到步3
            }
            break;
        case 2:                                 //步3,延时2s后,命令舵机1反向动作到0°
            if(CurTicks >= Servo1Ticks){        //延时完成
                stat = ServoDo(1,0,Servo1Time);  //发送舵机回零命令并得到舵机应答
                BitToLED(0,stat);               //如果成功,点亮LED1
                SegA0 = Servo1To,SegA1 = 0,SegA2 = Servo1Time + 1; //为数码管显示任
务进行计算
                SegN = 0;SegDo = 1;
                Servo1Ticks = CurTicks + Servo1Time/5;
                Servo1Step = 3;                 //转到步4
            }
            break;
        case 3:                                 //步4,延时等待舵机1回到0°
            if(CurTicks >= Servo1Ticks){        //延时完成
                BitToLED(0,0);                  //熄灭LED1
                Servo1Ticks = CurTicks + 20;//置延时数据
                Servo1Step = 4;                 //转到步5
            }
            break;
        case 4:                                 //步5,延时2s后返回步1
            if(CurTicks >= Servo1Ticks){        //延时完成
                Servo1Step = 0;                 //转到步1
            }
            break;
    }
    }
    if(ServoMode == 2){
    /*舵机2摆动任务*/
    switch(Servo2Step){
        case 0:                                 //步1,命令舵机2动作
            Servo2To = GetADC(DEGCHNO)/4; //读取舵机目标位置
            if(Servo2To > 240)Servo2To = 240;
            Servo2Time = GetADC(TIMECHNO)/4;  //读取舵机运动时间
            stat = ServoDo(2,Servo2To,Servo2Time); //发送舵机运动命令并得到舵机应答
            BitToLED(1,stat);                   //如果成功,点亮LED2
            SegA0 = 0,SegA1 = Servo2To,SegA2 = Servo2Time + 1; //为数码管显示任务进行计算
            SegN = 0;SegDo = 1;
```

```
                Servo2Ticks = CurTicks + Servo2Time/5;
                Servo2Step = 1;                     //转到步 2
                break;
            case 1:                                 //步 2,延时等待舵机 2 运动到位
                if( CurTicks >= Servo2Ticks) {      //延时完成
                    BitToLED(1,0);                  //熄灭 LED2
                    Servo2Ticks = CurTicks + 20;//置延时数据
                    Servo2Step = 2;                 //转到步 3
                }
                break;
            case 2:                                 //步 3,延时 2s 后,命令舵机 2 反向动作到 0°
                if( CurTicks >= Servo2Ticks) {      //延时完成
                    stat = ServoDo(2,0,Servo2Time);  //发送舵机回零命令并得到舵机应答
                    BitToLED(1,stat);               //如果成功,点亮 LED2
                    SegA0 = Servo2To, SegA1 = 0, SegA2 = Servo2Time + 1; //为数码管显示任务
进行计算
                    SegN = 0;SegDo = 1;
                    Servo2Ticks = CurTicks + Servo2Time/5;
                    Servo2Step = 3;                 //转到步 4
                }
                break;
            case 3:                                 //步 4,延时等待舵机 2 回到 0°
                if( CurTicks >= Servo2Ticks) {      //延时完成
                    BitToLED(1,0);                  //熄灭 LED2
                    Servo2Ticks = CurTicks + 20;//置延时数据
                    Servo2Step = 4;                 //转到步 5
                }
                break;
            case 4:                                 //步 5,延时 2s 后返回步 1
                if( CurTicks >= Servo2Ticks) {      //延时完成
                    Servo2Step = 0;                 //转到步 1
                }
                break;
        }
        }
    }
}
/* T0 初始化函数
    T0:方式 2 定时器,允许 T0 请求中断
*/
void T0Init( )
{
    TMOD = 0x01;                                    //T0 方式 1 定时器,计数初值为 0
```

```
    TR0 = 1;                                        //启动 T0 计数
    ET0 = 1;                                        //允许 T0 请求中断
}
/*T0 中断服务函数
    提供 0.1s 定时基准
*/
void t0_isr( ) interrupt 1                          //T0 中断号 = 1
{
    static bit flag;
    TL0 = 65536 - 921600/20;                        //20Hz,50ms
    TH0 = (65536 - 921600/20)/256;
    if( flag) ++CurTicks;                           //T0 二次溢出(100ms),CurTicks + 1
    flag = ~flag;
}
/*S1 初始化函数
    S1 方式 1,使用 BRT,115200bps
*/
void S1Init( )
{
    AUXR |= 0x15;//00010101:BRTR = 1,BRT×12 = 1,S1BRS = 1
    BRT = 256 - 3;                                  //设置波特率 = 11059200/32/3 = 115200bps
    SM0 = 0,SM1 = 1;                                //S1 方式 1:8 位,无奇偶校验
    REN = 1;                                        //允许 S1 接收
}
/*舵机运动函数
    功能:向舵机发送运动命令,接收舵机应答信息
    id:舵机 ID,deg:舵机终止角度,t:舵机运动时间
    返回,0:失败,1:成功
*/
bit ServoDo( unsigned char id,unsigned char deg,unsigned chart)
{
    unsigned char i,c;
    /*按通讯协议填写发送信息*/
    SendBuf[0] = 0xFA;
    SendBuf[1] = 0xAF;
    SendBuf[2] = id;
    SendBuf[3] = 0x01;                              //写舵机命令
    SendBuf[4] = deg;                               //舵机角度
    SendBuf[5] = t;                                 //运动时间
    SendBuf[6] = 0;                                 //填 0
    SendBuf[7] = 0;                                 //填 0
    SendBuf[8] = id + 1 + deg + t;                  //填 SUM
    SendBuf[9] = 0xED;
```

```
    /*向舵机发送命令*/
    for(i=0;i<10;i++){
            SBUF=SendBuf[i];
            while(TI==0);                        //wait TI=1
            TI=0;                                //clr TI
    }
    /*接收舵机应答字符*/
    for(c=0xAA,i=0;i<200;i++){                   //循环200次仍未收到字符,超时*/
            if(!RI)continue;
            RI=0;                                //clr RI
            c = SBUF;                            //循环结束,c为最后接收的字符
    }
    /*返回:0=未成功,1=成功*/
    return(c==0xAA+id);
}
```

3.5.4 运行调试

首先，为舵机设定ID并进行运动命令测试。

取一只舵机，把它的信号线与STC自动编程器的RXD、TXD连在一起，舵机用7.4V锂电池电源供电，电源的负极与STC自动编程器的GND连接。自动编程器插到PC的USB口，PC运行STC-ISP软件，进入其‘串口助手’界面，设定串口参数（波特率：115200，校验位：无校验；停止位：1），打开串口。在发送缓冲区输入：

FAAF00CD00010000CEED

此命令是以广播模式发送修改舵机ID为01。点击‘发送数据’，在接收缓冲区收到舵机应答信息：

FAAF01AA000F0000BAED

其中，‘01’是舵机ID，‘AA’表示修改成功，‘0F’为舵机原ID，见图3-19(a)。

在发送缓冲区输入：

FAAF01010000000002ED

其中，第一个‘01’为舵机ID，第二个‘01’为舵机运动命令，其后为舵机终止角度、运动时间等字节。点击‘发送数据’,在接收缓冲区收到舵机应答字符‘AB’,见图3-19(b)。

在发送缓冲区输入：

FAAF0101E0FF0000E1ED

指令中，舵机终止角度为‘E0’（224°）、运动时间为‘FF’（约5s）。点击‘发送数据’，在接收缓冲区收到舵机应答字符‘AB’（见图3-19b）。观察舵机运动。

同样方法，把另一只舵机的ID设为2，并进行运动命令测试。

源程序经编译后下载到单片机，之后把舵机的信号线接到单片机的P3.0和P3.1引脚。

系统重新上电后，按下TM1638模块的S1键，舵机1进行间歇摆动运动，舵机2停止运动，LED1显示舵机1的运动状态，数码管显示舵机1的当前角度。按下S2键，舵机

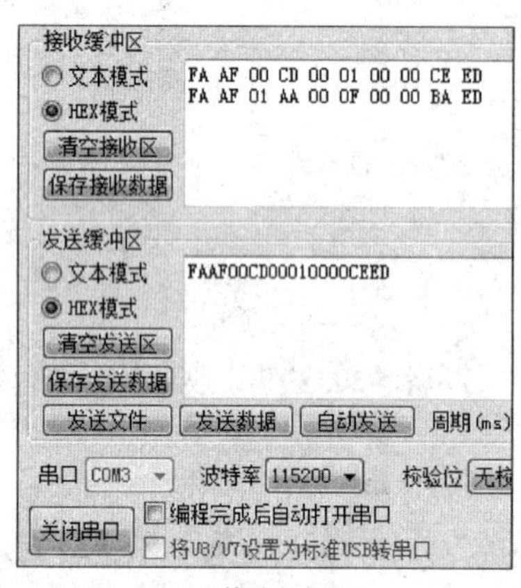

(a) 修改舵机 ID

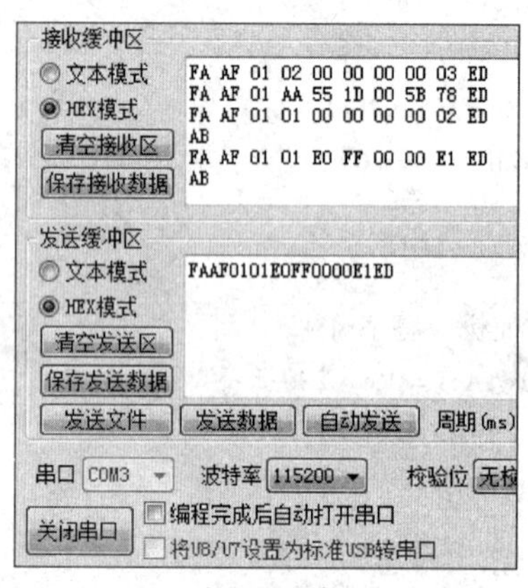

(b) 舵机运动命令测试

图 3-19　串口舵机的设定与测试

1 停止运动，舵机 2 进行间歇摆动运动，LED2 显示舵机 2 的运动状态，数码管显示舵机 2 的当前角度。任意旋转电位器 1 和电位器 2 的旋钮，可分别改变正在运动的舵机的终止角度和运动时间。图 3-20 显示的是舵机 1 进行间歇摆动的状况。

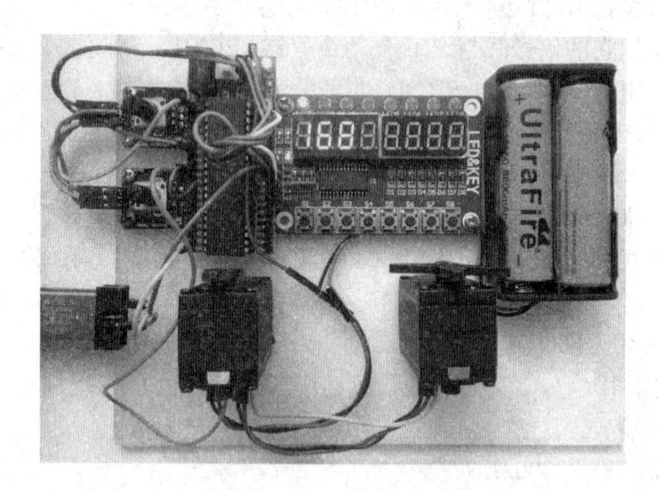

图 3-20　串口舵机控制实况

3.6　串口应用——蓝牙传输超声测距值

3.6.1　HC-SR04 超声测距模块简介

HC-SR04 超声测距模块的实物和信号波形如图 3-21 所示。该模块的探测距离为 2 ~ 450cm，感应角度不大于 15°。模块有 4 个引脚：Vcc 接 +5V，GND 接 0V，Trig 为触发引脚，Echo 为接收引脚。超声测距的工作过程如下：

（1）单片机向模块的 Trig 端发送 10μs 以上的高电平信号。

（2）模块自动发出 8 个 40kHz 的方波，自动检测是否有回声信号。

（3）如果有回声信号，模块通过Echo输出高电平，高电平持续的时间就是超声波从发射到返回的时间，所以：

测试距离 =（高电平时间 × 声速）/2

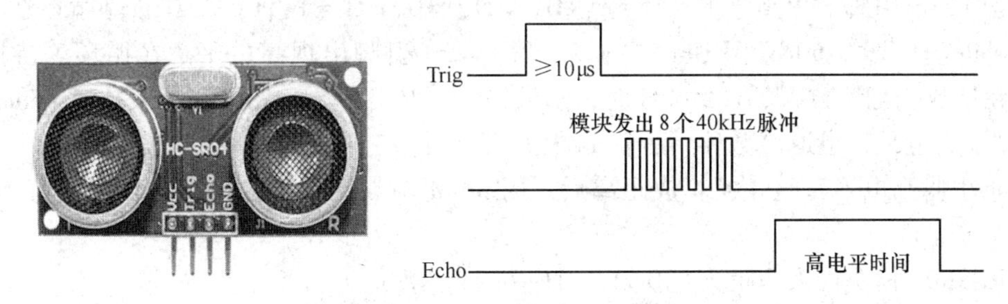

图 3-21 HC-SR04 模块及信号时序

3.6.2 模块配置

实践器件由STC12最小系统、HC-SR04超声测距模块、HC-05主从机一体蓝牙串口模块和5V电源组成。模块间的连线如图3-22所示。

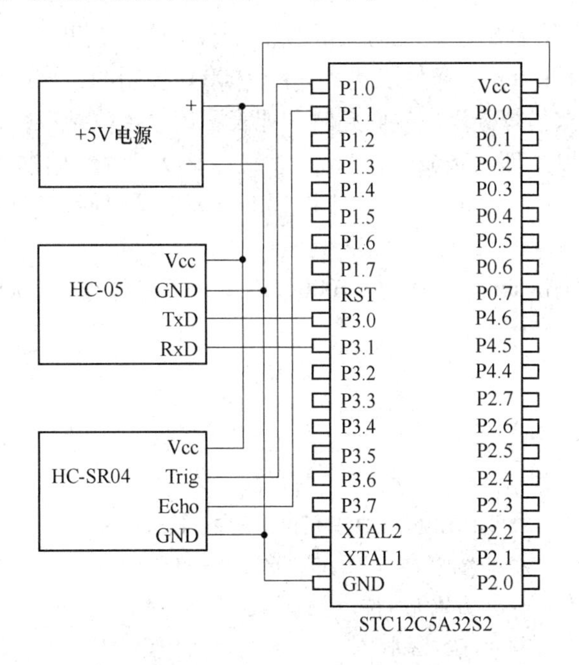

图 3-22 超声测距应用接线图

HC-05模块既可以配置为主机，也可以配置为从机。它可以与电脑、手机的蓝牙设备配对，或主从蓝牙模块配对，使用方法与串口一样。电路中，HC-05模块的TXD、RXD与STC12串口S1的RXD、TXD连接，使得单片机可以与其他蓝牙设备通信。

3.6.3 程序设计

本节实践用STC12C5A32S2控制HC-SR04模块进行测距操作，并通过HC-05模块向安卓手机发送测距结果，接收手机发出的操作命令。

主程序的初始化部分完成对 T0、T1、S1 的初始化。主循环部分处理的是周期测距操作和串口接收事件。当 CPU 查询到测距周期标志 TickFlag 被置位，便执行一次测距操作。首先是向 Trig 引脚输出高电平，经 for(TH1 = TL1 = 0,TR1 = 1;TL1 < usTrig;)循环延时后，再用 while(TH1 < 0x60&&! EchoPin)循环等待 Echo 引脚出现高电平。在循环等待期间，T1 仍在计数。当计数到 TH1≥60H 时，测量超时，退出循环。如果测量未超时 Echo 引脚就出现了高电平，也退出循环，然后 T1 从 0 开始计数，直至 Echo 引脚出现低电平。在测出 Echo 引脚高电平时间并换算成距离后，用 printf 函数把相关数值格式化为字符串，通过 S1 发送。

HC-SR04 模块最大测距为 450cm，对应的 T1 计数值为：

$$n = 450(\text{cm})/34000(\text{cm/s}) \times 2/12 \times F_{\text{OSC}} = 24395 = 5\text{F4BH}$$

当 CPU 查询到 RI 被置位，即 S1 已经成功接收了一个字符，便进行串口接收事件的处理。来自安卓手机的一条信息由一个命令字符和若干个数字组成，程序中使用串口接收超时的方法来判断信息接收完成。具体过程为：CPU 在查询到串口成功接收了第一个字符后，用 for(n = 1,i = 0;i < 1000;i ++)循环体接收后续字符。如果该循环体循环了 1000 次还没有接收到字符，便判定串口接收超时。当波特率为 115200bps 时，串口传输一个字符（共 10 位）的时间约为 87μs，此时间的 3 倍左右可作为判断串口接收超时的时间值。程序中，超时的时间是由 for 的条件表达式（i < 1000）控制的，该超时时间可通过定时器计时或程序仿真的方法估算。串口接收超时，即表明信息接收结束，这时就进入判断和执行命令阶段。程序可以处理两条命令，'n' 命令用于设置测距周期，其后的数值用于设置 T0 定时中断次数 nT0int，'u' 命令用于设置 Trig 高电平时间，其后的数值存入变量 usTrig。

下面的程序用于测试 for（i = 0；i < 1000；i ++ ）循环体循环 1000 次所用的时间：

```
#include <stc12c5a60s2.H>
#include <stdio.h>
main()
{
TMOD = 0x01;                 //T0 方式 1
AUXR |=0x15;                 //00010101:BRTR = 1,BRT×12 = 1,S1BRS = 1
BRT = 256 -3;                //设置波特率 = 11059200/32/3 = 115200bps
SM0 =0,SM1 =1;               //S1 方式 1:8 位,无奇偶校验
REN = 1;                     //允许 S1 接收
TI = 1;
while(1){
      unsigned int i;
      TH0 = TL0 =0;
      TR0 =1;
      for(i =0;i <1000;i ++){   /* 循环 1000 次后退出 */
      if(! RI)continue;         //没有收到字符,继续循环
      }
```

```
    TR0 =0;
    printf("%d:",TH0 * 256 + TL0); //串口发送循环消耗的时间
  }
}
```

程序经编译、下载后运行，得到的 T0 计数值为 1088，约为 1.2ms。把循环次数改为 200 后再进行测试，得到的 T0 计数值为 284，约为 0.3ms。

下面是源程序代码：

```
/* File:P3_6.c */
#include <stc12c5a60s2.H>
#include <stdio.h>/* for printf */
#include <stdlib.h>/* for atoi */
#define TrigPin  P10
#define EchoPin  P11
#define FOSC 11059200L                        //系统频率
void T01S1Init();
unsigned int nT0int =3600;                    //3600 次为 1s
unsigned int usTrig =20;                      //20us
bit TickFlag =1;
main()
{
    TrigPin = 0;                              //Trig 引脚低电平
    T01S1Init();
    EA = 1;                                   //开 CPU 中断
    while(1){                                 //主循环
        unsigned int i,n;
        float d;                              //距离值
        char RcvBuf[10];                      //串口接收缓冲区
        if(TickFlag){                         //测距周期到,执行测距操作
            TickFlag = 0;
            TrigPin = 1;                      //Trig 引脚高电平
            for(TH1 =TL1 =0,TR1 =1;TL1 <usTrig;);  //延时约 usTrig us
            TrigPin = 0;                      //Trig 引脚低电平
            while(TH1 <0x60&&! EchoPin); //等待 Echo 高电平,TH1≥60H,超时
            TH1 =TL1 =0;                      //检测到 Echo 高电平,T1 从 0 计数
            while(EchoPin);                   //Echo 高电平期间,等待
            TR1 = 0;                          //Echo 变为低电平,T1 停止计数
            n = TH1 * 256 + TL1;              //取 T1 计数值
            d = n * 0.0184;                   //计算距离(cm),声速 340M/S,n * 17000/(FOSC/12)
            printf("%3d %3.1fcm\n",n,d);  //S1 格式化输出 T1 计数值,距离值
        }
        if(RI){                               //如果 S1 已经接收到字符,处理串口接收事件
```

```
            RI = 0;                         //RI 清零
            RcvBuf[0] = SBUF;               //存入接收第一个字符
            for(n=1,i=0;i<1000;i++){  /*接收后续字符,若超时则结束接收*/
                if(!RI)continue;            //接收没有完成,继续循环
                RI = 0;                     //接收完成,RI 清零
                i = 0;                      //超时次数清零
                RcvBuf[n++] = SBUF;         //存入接收字符
                if(n>8)break;               //接收字符数超限,退出接收
            }
            RcvBuf[n] = '\0';               //形成 C 字符串
            switch(RcvBuf[0]){              //判断命令字符
                case 'n':                   //'n'命令:设置测距周期
                    n = atoi(RcvBuf+1);  //读取 S1 接收的数据
                    if(n<600)n = 600;//下限:1/6s
                    if(n>3600*5)n=3600*5;  //上限:5s
                    nT0int = n;             //存入
                    break;
                case 'u':                   //'u'命令:设置 Trig 高电平时间
                    n = atoi(RcvBuf+1);  //读取 S1 接收的数据
                    if(n<10)n = 10;      //下限:10μs
                    if(n>100)n=100;      //上限:100μs
                    usTrig = n;             //存入
                    break;
            }
        }
    }
}
/*T0、T1、S1 初始化函数*/
void T01S1Init()
{
    TMOD = 0x12;                            //T1 方式 1,T0 方式 2,对机器周期计数;
    TR0 = 1;                                //启动 T0 计数
    ET0 = 1;                                //允许 T0 中断
    /*S1 初始化:波特率=115200bps,使用 BRT*/
    AUXR |=0x15;                            //00010101:BRTR=1,BRT×12=1,S1BRS=1
    //AUXR:[T0×12][T1×12][UARTM0×6][BRTR][S2SMOD][BRT×12][EXTRAM][S1BRS]
    //BRTR=1,BRT 运行; BRT×12=1,BRT 以 1T 方式计数,波特率=FOSC/(256-BRT)/32
    //S1BRS=1,S1 使用 BRT 作为波特率发生器
    BRT = 256-3;                            //BaudRate=115200bps
    SM0=0,SM1=1;                            //串口方式 1:8 位,无奇偶校验
    REN = 1;                                //允许串口接收
    TI=1;                                   //TI 置 1,for printf
```

```
}
/ * T0 中断服务函数 * /
void T0_isr( )interrupt 1                     //T0 中断号 = 1
    {
    static unsigned int n;                    //n:T0 中断次数
    if( ++n == nT0int) {                      //T0 中断了 nT0int 次
        n = 0;
        TickFlag = 1;
    }
  }
```

3.6.4 运行调试

首先，在 PC 上设置蓝牙串口模块。

下载一款支持蓝牙的串口调试软件并运行，见图 3-23。把 HC-05 模块与 STC 编程器连接，编程器插入 PC 的 USB（此时须按住蓝牙串口上的红色按钮），按软件提示设置 HC-05。图 3-23 中，置 HC-05 为从机，波特率为 115200bps，数据位为 8 位，停止位为 1 位，无奇偶校验，模块名称为 demo1。

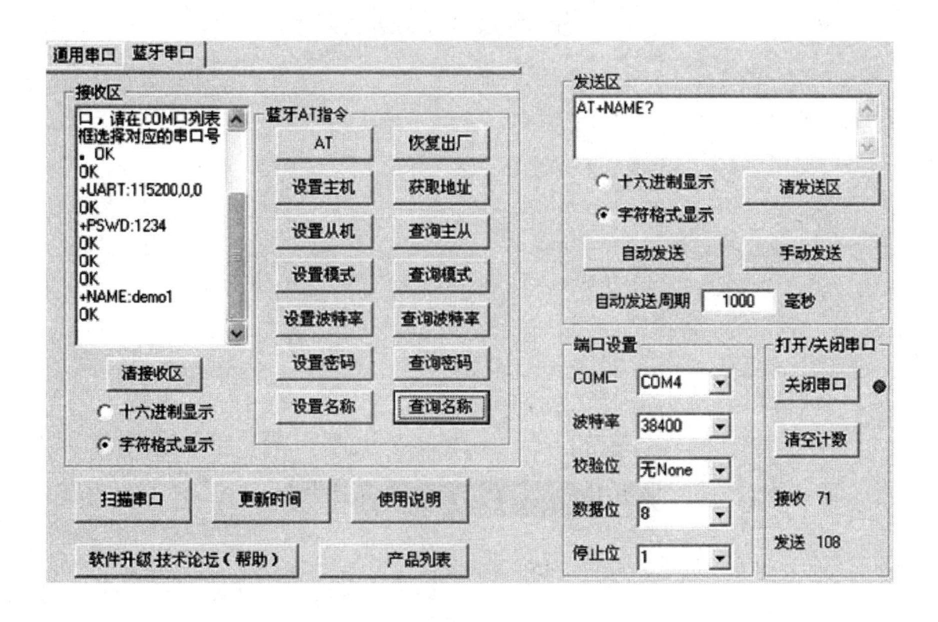

图 3-23 HC-05 蓝牙串口模块的设置

超声测距应用的硬件布置在一台小车的台面上，如图 3-24 所示。图中，7.4V 锂电池的右侧是 L298N 模块，这里只用到了该模块的 +5V 输出作为供电电源。L298N 模块内含 7805 稳压器。

源程序经编译生成 HEX 文件，下载到单片机。

手机安装并运行蓝牙串口通信助手（Bluetooth SPP）。单片机上电后，完成手机蓝牙与 HC-05 的配对。此后，就可在 Bluetooth SPP 的窗口上查看 STC12 发来的数据，也可以向 STC12 发送命令信息，如：“u30”，见图 3-25。移动小车或障碍物，通过手机查看距离值，并可实际测量，对两者进行比较。

图 3-24 超声测距应用硬件组成

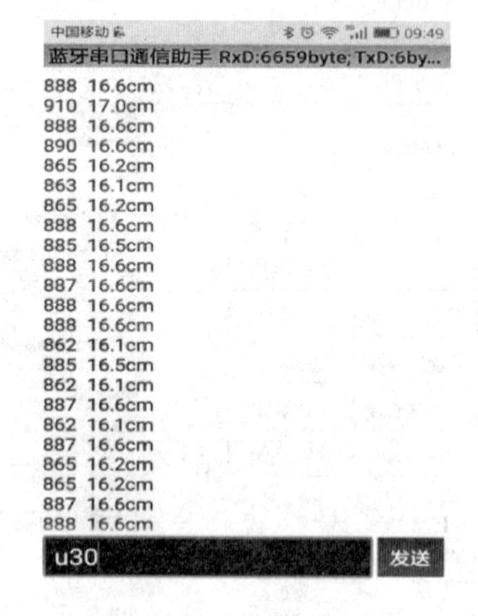

图 3-25 手机接收与发送

4 STC12 时序信号处理应用

本章是用 STC12 的 I/O 接口应对那些具有严格时序要求的信号，如红外遥控器发出的信号，单总线信号。具体到实践项目，有红外遥控器键码检测，红外遥控器遥控步进电机运行，DS1302 模块的日期时钟操作，DHT11 模块的湿度、温度检测。

4.1 红外遥控器键码检测

4.1.1 红外发射/接收简介

红外遥控系统由发射和接收两个部分组成，应用编码/解码专用集成电路芯片进行控制操作。图 4-1 为某型红外遥控器及 38kHz 红外接收头实物图。红外遥控器的内部由遥控编码电路、键盘电路、放大器以及红外发光二极管等部分组成。当键盘有键按下时，遥控编码电路通过键盘行列扫描获得所按键的键值，键值通过编码得到一串键值代码，用编码脉冲调制成 38 ~ 50kHz 的载波信号，放大后通过发光二极管发射出去。红外接收头包括光/电转换放大器和载波信号解调电路。

(a) 红外遥控器

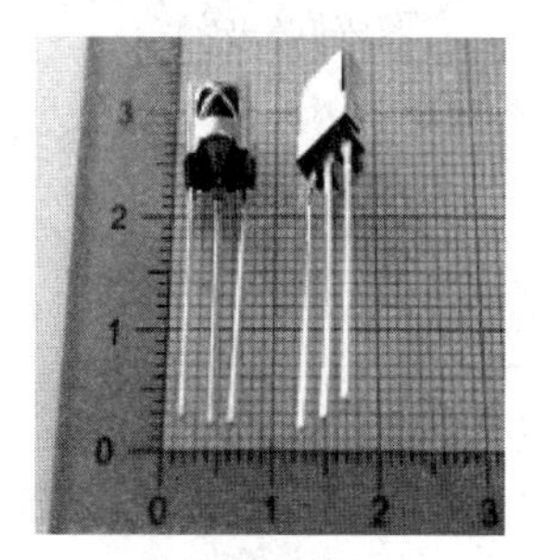
(b) 红外接收头

图 4-1　红外遥控器及红外接收头

NEC 标准遥控载波的频率为 38KHz。当某键被按下时，系统首先发射一个完整的全码，如果键按下超过 108ms 仍未松开，接下来发射的代码（连发代码）将仅由引导码（9ms）和结束码（2.5ms）组成。一个完整的全码由“引导码 + 用户码 + 用户码 + 数据码 + 数据反码”组成，如图 4-2 所示。其中，引导码高电平 4.5ms，低电平 4.5ms；用户码 8 位，数据码 8 位，共 32 位。这 32 位的前 16 位为用户识别码，能区别不同的红外遥控设备，防止不同机种遥控码互相干扰。后 16 位为 8 位的操作码和 8 位的操作反码，用于核对数据是否接收准确。

NEC 标准中，发射时数据 0 用“0.56ms 高电平 + 0.565ms 低电平”表示；数据 1 用“0.56ms 高电平 + 1.69ms 低电平”表示。即发射码‘0’表示发射 38khz 的红外线

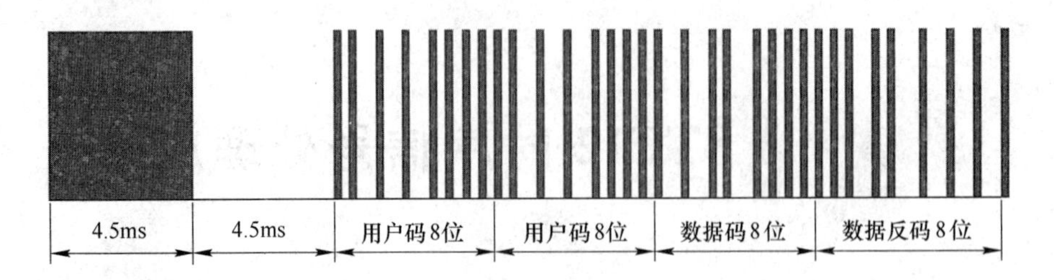

图 4-2　NEC 标准的红外发射码

0.56ms，停止发射 0.565ms；发射码‘1’表示发射 38khz 的红外线 0.56ms，停止发射 1.69ms。需要注意的是：当红外接收头收到 38kHz 红外信号时，输出端输出低电平，否则为高电平。所以，红外接收头输出的波形与遥控器发射的波形是反向的，见图 4-3。

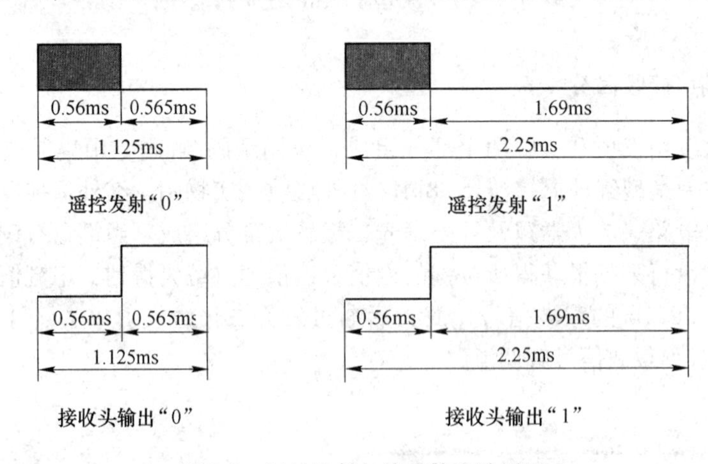

图 4-3　红外发射与接收输出波形图

4.1.2　模块配置

本节实践是用 STC12 单片机通过红外接收头对图 4-1(a)所示红外遥控器发出的按键键码进行检测。实践器件由 STC12C5A32S2、STC 自动编程器、红外接收头 IR、红外遥控器组成，模块间的接线如图 4-4 所示。电路中，红外接收头 IR 接收来自红外遥控器的按键信号，其信号输出端连接到 STC12 的 P3.2/$\overline{INT0}$，STC 自动编程器的 RXD、TXD 端分别连接到 STC12 的 P3.1/TXD、P3.0/RXD，自动编程器的 USB 插到 PC 的 USB 口，实现 STC12 单片机与 PC 的串行通信。

4.1.3　程序设计

由于红外遥控器发射数据 0、1 的格式是固定的，则经红外接收头接收后输出的脉冲信号的宽度也是固定的，所以测出其输出脉冲的高电平和低电平时间，就可以判定发射的数据是 0 还是 1。对于图 4-3 所示的接收头输出波形，程序中所用的方法，是把 INT0 设置为下降沿触发中断，并测量两个相邻下降沿之间的时间，即数据 0 或数据 1 的整个波形的时间，然后进行判断。时间测定的方法，是用 T0 定时中断产生 3600Hz 的基本时间单位，而在 INT0 中断时，读取 T0 中断次数并进行存储。当对某一按键的红外接收全部完成后，

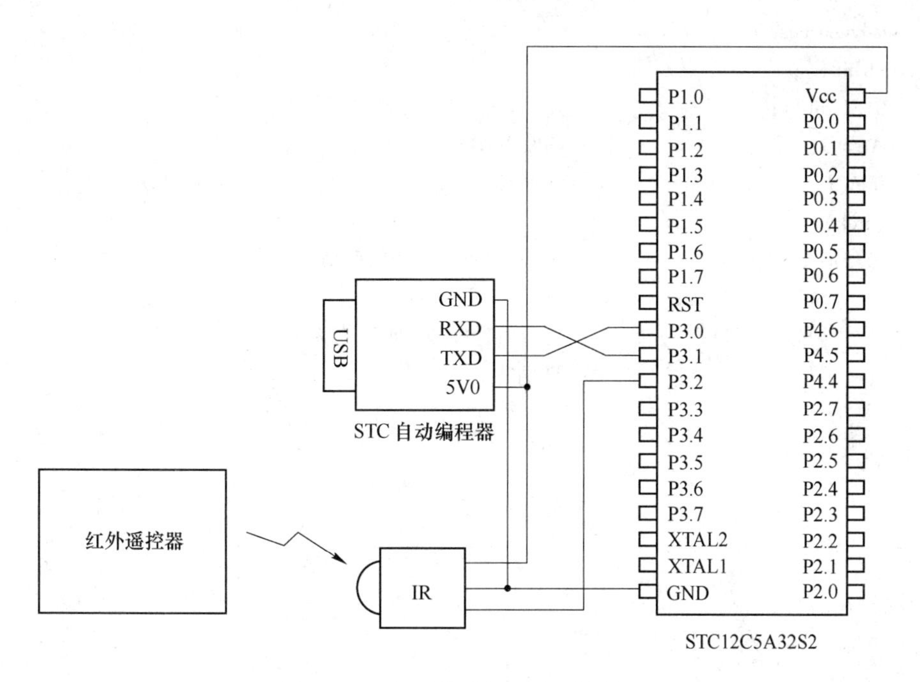

图 4-4　红外遥控器键码检测接线图

就通过串口把所有的时间间隔值发送给 PC。

在程序的开头，定义了全局变量 nT0，用于存储 T0 中断次数；nT0Array 数组，用于存储遥控器一个按键的 33 个 nT0 数值，包括一个引导码和 32 个发射码。主函数首先初始化 INT0、T0、T1、S1。在主循环中，CPU 不断查询红外接收是否完成，如果接收完成，就通过串口发送 33 个 nT0 的数值。

T0 中断服务函数 t0_isr 执行 nT0 的数值自加 1 的操作。

INT0 中断服务函数 int0_isr 检测红外接收是否已经开始，如果已经开始，就把当前的 nT0 值存入 nT0Array 数组，随后把 nT0 清零，以继续对下一个红外脉冲计数，直到接收了 33 个红外发射码。如果红外接收没有开始，就把 nT0 清零，并置红外接收开始标志。

下面是源程序代码：

```
/* File:P4_1.c */
#include <stc12c5a60s2.h>
/*
接线:IR 的左引脚(DO)接 P3.2;中间引脚接 GND;右引脚接 Vcc
*/
    void Int0Init();
    void T01S1Init();
    unsigned char nT0;                //T0 中断次数,即 1/3600s 的倍数
    unsigned char nT0Array[33];       //编码时间数组
    bit irok;                         //红外接收完成标志
    main(void)
    {
```

```
        unsigned char k;
        Int0Init();
        T01S1Init();
        EA = 1;                         //CPU 开中断
        while(1){                       //主循环
        if(irok){                       //如果红外接收完成,进行处理
            for(k=0;k<33;k++){          //由串口发送 33 个时间值
                SBUF=nT0Array[k];
                while(! TI);            //等待发送完成,即 TI 变为 1
                TI=0;                   //TI 清零
            }
        irok=0;
            }
        }
}
/* INT0 初始化函数
        INT0 下降沿触发中断
 */
void Int0Init()
{
        IT0 = 1;                        //设定 INT0 下降沿触发
        EX0 = 1;                        //允许 INT0 中断
}
/* T0,T1,S1 初始化函数
        T0 方式 2,中断频率 3600Hz
        T1:S1 波特率发生器,9600bps
        S1:方式 1
 */
void T01S1Init()
{
        TMOD=0x02;                      //设置 T0 工作方式 2
        TH0=TL0=0x00;                   //TH0 是重装值,TL0 是初值,T0 中断频率=921500/256=3600Hz
        ET0=1;                          //允许 T0 中断
        TR0=1;                          //T0 开始计数
        TMOD |= 0x20;                   //设置 T1 工作方式 2
        TH1 = 0xFD;                     //9600bps,fosc=11.0592MHz
        TR1=1;                          //T1 开始计数
        SM0=0;SM1=1;                    //设置 S1 方式 1
        REN=1;                          //允许 S1 接收
}
/* T0 中断服务函数 */
void t0_isr (void) interrupt 1
{
```

```
    nT0 ++;                              //用于计数 2 个下降沿之间的时间
}
/* INT0 中断服务函数 */
void int0_isr(void) interrupt 0 //P3.2 <---IR_OUT
{
    static unsigned char i;              //接收红外编码的序号
    static bit startflag;                //红外信号开始标志位
    if(startflag) //如果红外信号已经开始
      {/* 时间间隔 = nT0 * 1000/3600(ms) */
      if(nT0 <63&&nT0 >=33)i =0;//引导码长度:9 ~13.5ms
      nT0Array[i] =nT0;                  //存储每个 nT0,用于以后判断是 0 还是 1
      nT0 =0;                            //下一个发射码的 nT0 置零
      i ++;
      if(i ==33){                        //引导码 +4 组 8 位码,共 33 个发射码
        irok =1;                         //红外接收完成
        i =0;
      }
    }
      else{                              //如果红外信号在此之前还没有开始
            nT0 =0;                      //nT0 置零
            startflag =1;                //置红外信号开始标志
      }
}
```

4.1.4　运行调试

本节实践的硬件组成如图 4-5 所示。

源程序经编译生成 HEX 文件，下载到单片机。由于 STC 编程器已与 PC 连接，单片机运行后，其串口便可以与 PC 通信。

PC 的 STC-ISP 软件中，通过其串口助手窗口设置好串口通信参数，打开串口。此后，按下遥控器的某个键，其 33 个定时间隔数就会显示在接收缓冲区中，见图 4-6。

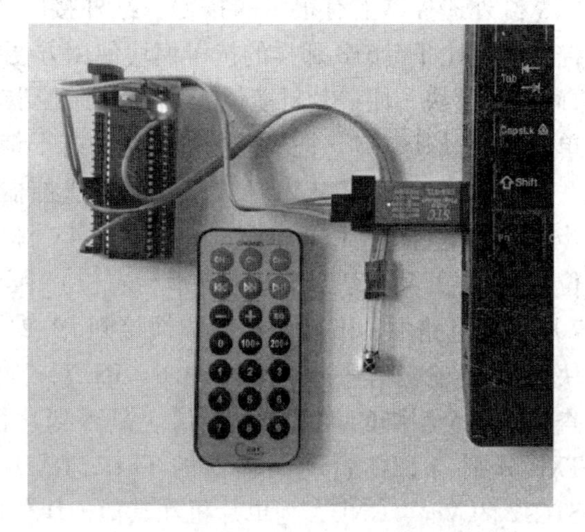

图 4-5　红外遥控器键码测试硬件组成

接下来就是根据定时间隔数判定接收码的类型。如果定时间隔数大于 32（33000/3600 >9ms），可以判定它是引导码。图 4-6 中第一个数是 31H，即十进制的 49，定时间隔为 49000/3600 = 13.6ms，为引导码。如果定时间隔数大于 6（6000/3600 = 1.67ms ≈（1.125 + 2.25）/2），可以判定它是码“1”；如果定时间隔数小于等于 6，可以判定它是码“0”。用这种判定方法，就能够还原

出红外遥控器发出来的 32 位发射码。例如，若 nT0Array 中的某数值为 4，则该位脉冲的宽度就是 4000/3600 = 1.11ms，可以判定该发射码为“0”。同样，若某数为 8，可以判定该发射码为“1”。

在串口的接收缓冲区中，显示的是接收遥控器‘1’、‘2’、‘3’、‘4’按键的数据。以按键‘1’为例，第一个数 31，判定为引导码；第 18 到第 25 个（从第 2 行第 2 个开始）为 8 个数据码，数值为：04 04 08 08 04 04 04 04，判定为数码 0 0 1 1 0 0 0 0。红外遥控器发射的数据位是从 D0 ~ D7 排列，所以应把各时间值的数据码倒序，排列成 D7 ~ D0，就是：00001100，即按键‘1’的键值为 0CH。

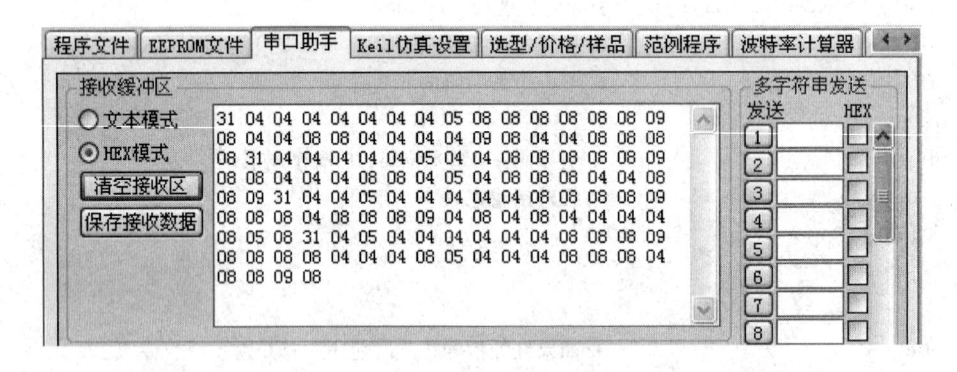

图 4-6 PC 串口接收的红外遥控器按键数据

4.2 红外遥控器遥控步进电机运行

4.2.1 模块配置

红外遥控器上有很多的按键，红外接收头与单片机接线简单，同时又实现了无限遥控，这是比 TM1638 那样的按键模块使用方便的地方。本节实践是用红外遥控代替原来的 TM1638 模块，使单片机能够根据红外遥控器的按键信号，控制步进电机的运行。同时，单片机通过其串口，把步进电机运行的若干信息发送给 PC。

实践器件由 STC12C5A32S2、红外遥控器、红外接收头、电位器模块、A4988 模块、步进电机滑台、+12V 电源（也可用 7.4V 锂电池电源）、光电开关模块 1（安装在滑台左位）、光电开关模块 2（安装在滑台右位）和 STC 自动编程器组成，模块间的接线如图 4-7 所示。电路中，IR 的信号输出端接到 P3.2，其下降沿能够触发 INT0 中断。光电开关模块 1、2 的输出信号分别接到 P3.6、P3.7，因此不能触发 STC12 的中断，单片机需要通过查询这两个引脚的状态来判断滑块是否到达行程极限位置。STC12 的 P3.0/RXD、P3.1/TXD 分别与 STC 自动编程器的 TXD、RXD 连接，STC 自动编程器的 5V0、GND 接到 STC12 的 Vcc、GND，为单片机和其他模块供电，单片机不再需要 +5V 电源模块。A4988 模块的 EN1、MS1、MS2、MS3 引脚依次与 P2.7、P2.6、P2.5、P2.4 连接，RST 与 SLP 短接，DIR 与 P2.0 连接，STEP 与 P1.3/CCP0 连接，1A、1B 连接步进电机的一个绕组，2A、2B 连接另一个绕组，V_{MOT}接步进电机电源，V_{DD}接 +5V 电源。

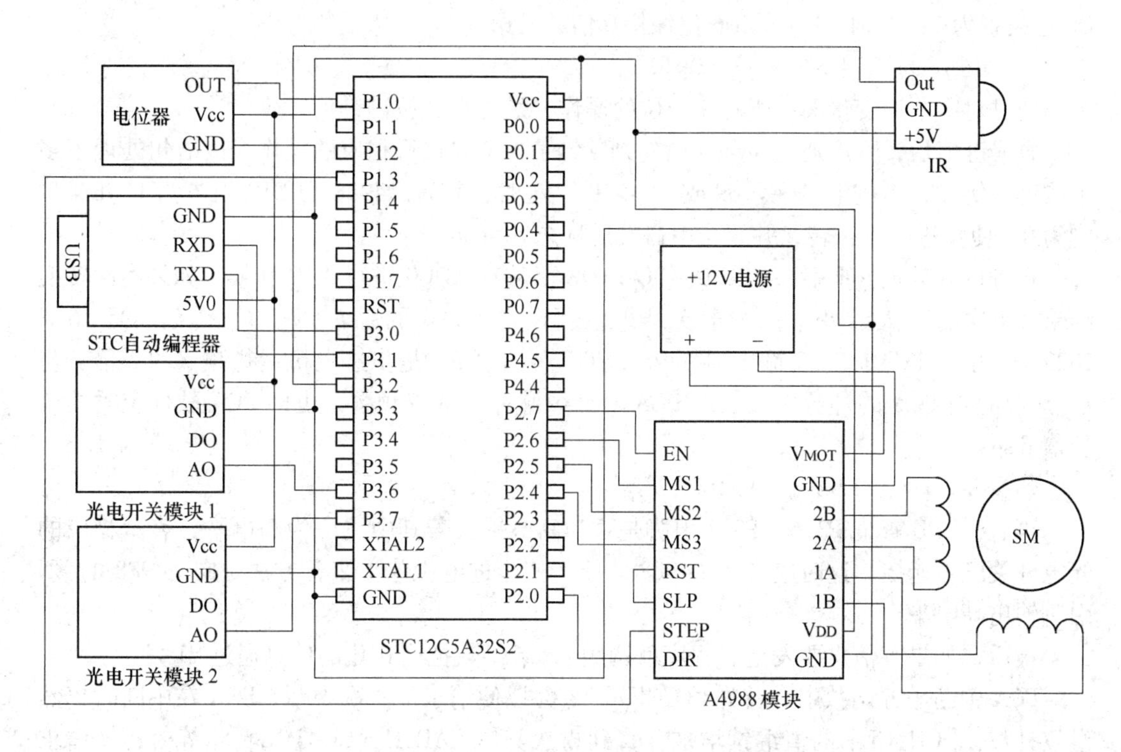

图 4-7 配有 IR 和 A4988 的单片机控制接线图

4.2.2 程序设计

本节实践使用的 STC12 片内模块有 INT0，T0，T1，S1，PCA0，ADC0，如图 4-8 所示。主函数首先是对这些模块进行初始化。在主循环部分，分别对红外接收状态、ADC 输入状况、滑台左右光电开关状态进行查询并处理。

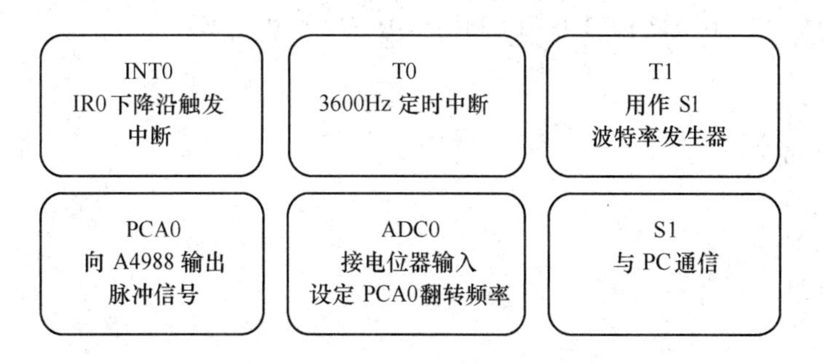

图 4-8 STC12 片内模块的使用

当红外接收完成标志 irok 等于 1 后，STC12 接收的 32 位红外发射码，就已经被保存于 nT0Array 数组中，这时就要进行合成键值操作。根据红外遥控器发射码序，接收数组中的第 18 个数到第 25 个数，对应于发射数据（即按键值）的 D0 ~ D7 位，因此通过按位或的逻辑操作就能还原出遥控器按键的键值。例如，红外发送数据的 D6 位的时间值存储于 nT0Array[23] 中，若 nT0Array [23] >6，键值 key 与 01000000B 按位或，则 key 的

D6 位被置为 1；否则，key 的 D6 位保持 0 值，其语句为：

```
if(irdata[23] >6)key| =0x40
```

通过对字节型变量 key 所有 8 个位的操作，最终得到按键键值。

合成键值后，程序通过 switch 语句判断键值 key 并执行相应的操作，该语句处理了多个按键。例如，当按下‘+’键或‘>>|’键时，就置 A4988 的 DIR 引脚为 1、EN 引脚为 0，使步进电机正转，并置位串口发送标志 S1send。

在查询并处理 irok 后，CPU 调用 GetADC 函数对 ADC0 进行 A/D 转换。如果本次转换结果较上次有较大改变，就按本次结果重新设定 PCA0 的翻转频率 F_{req}，范围是 16 ~ 1023Hz。由于 PCA0/P1.3 输出到 A4988. STEP，所以 F_{req}是步进电机运行频率的 2 倍。与 F_{req}对应的是 PCA 的计数次数，即 PCA 对计数脉冲源的分频数，也即 PCA 软件定时的步长值 disp：

$$disp = F_{osc}/12/F_{req} = 921600/F_{req}$$

再后，CPU 查询 P3.6、P3.7 引脚是否为高电平：若其中之一为高电平，表示相应的光电开关已被遮挡。这时应禁止 A4988 使能，使步进电机停下来，方法是向 A4988 的 EN 引脚输出高电平。

最后，如果有信息要发送，程序就调用 printf 函数把格式化的信息通过 S1 发送。

PCA 中断服务函数中，首先对 CCF0 清零，以便请求下一次中断。PCA 在中断时仍然继续计数，[CH,CL] 的值继续增加，直到再次与[CCAP0H，CCAP0L] 相等时，又请求 PCA 中断。所以，必须把下一次的定时次数(即步长值 disp)加到[CCAP0H,CCAP0L]中。

下面是源程序代码：

```
/* File:P4_2.c */
#include <stc12c5a60s2.h>
#include <stdio.h>
#include <math.h>
#include <GETADC.c>
/* IR 接线:IR 的左引脚(DO)接 P3.2;中间引脚接 GND;右引脚接 VCC */
/* A4988 接线 */
#define ENpin    P27
#define MS1pin   P26
#define MS2pin   P25
#define MS3pin   P24
#define DIRpin   P20
void Int0Init();
void T01S1Init();
void PCA0Init();
unsigned char nT0;                        //T0 中断次数,即 1/3600s 的倍数
unsigned char nT0Array[33];               //编码时间数组
bit irok;                                 //红外接收完成标志
unsigned int destcnt = 9216,disp =9216;   //PCA0 目标计数值
unsigned int disp =9216;                  //PCA0 计数步长值
main(void)
```

```
{
    P1ASF = 0x01;                   //P1.0 为 ADC 输入
    Int0Init();
    T01S1Init();
    PCA0Init();
    EA = 1;                         //CPU 开中断
    while(1){                       //主循环
      unsigned char key;
      unsigned int adc,lastadc;
      unsigned int freq;            //步进电机运行频率
      bit S1send;                   //标志:需要串口 1 发送信息
      if(irok){                     //接收完成,将第三组红外编码转换为键值
        key =0;
        if(nT0Array[17] >6)key| =0x01;//形成 key 的 D0
        if(nT0Array[18] >6)key| =0x02;//形成 key 的 D1
        if(nT0Array[19] >6)key| =0x04;//形成 key 的 D2
        if(nT0Array[20] >6)key| =0x08;//形成 key 的 D3
        if(nT0Array[21] >6)key| =0x10;//形成 key 的 D4
        if(nT0Array[22] >6)key| =0x20;//形成 key 的 D5
        if(nT0Array[23] >6)key| =0x40;//形成 key 的 D6
        if(nT0Array[24] >6)key| =0x80;//形成 key 的 D7
        switch(key){  /* 根据键码进行相应的操作 */
            case 0x15:  /* key '+':A4988.DIR =1,A4988.EN =0, */
            case 0x40:  /* key '>>|' */
                DIRpin =1;
                ENpin = 0; //A4988 Enable
                S1send = 1;
                break;
            case 0x07:  /* key '-':A4988.DIR =0,A4988.EN =0, */
            case 0x44:  /* key '<<|' */
                DIRpin =0;
                ENpin = 0; //A4988 Enable
                S1send = 1;
                break;
            case 0x09:  /* key 'EQ':A4988.EN =0, motor stop */
            case 0x16:  /* key '0': */
            case 0x43:  /* key '> ‖' */
                ENpin = 1; //A4988 Disable
                S1send = 1;
                break;
            case 0x0c:  /* key '1',整步 */
                MS1pin =0;MS2pin =0;MS3pin =0;
                S1send = 1;
```

```
                break;
            case 0x18:  /* key '2',1/2 步 */
                MS1pin = 1;MS2pin = 0;MS3pin = 0;
                S1send  =  1;
                break;
            case 0x5e:  /* key '3',1/4 步 */
                MS1pin = 0;MS2pin = 1;MS3pin = 0;
                S1send  =  1;
                break;
            case 0x08:  /* key '4',1/8 步 */
                MS1pin = 1;MS2pin = 1;MS3pin = 0;
                S1send  =  1;
                break;
            case 0x1c:  /* key '5',1/16 步 */
                MS1pin = 1;MS2pin = 1;MS3pin = 1;
                S1send  =  1;
                break;
            default:  /* 其他按键 */
                break;
        }
        irok = 0;
    }
    adc  =  GetADC(0);                    //read ADC0:p1.0
    if(abs(adc  -  lastadc) > 19){         //如果 adc 本次值与上次值差值较大
        lastadc  =  adc;                  //上次值 = 本次值
        freq  =  adc;                     //重装 freq
        if(freq < 16)freq = 16;           //最小频率 = 16Hz
        disp  =  921600/freq;             //计数步长 =  PCA0 计数脉冲源频率/目标频率
        S1send  =  1;
    }
    if(P36 | P37 )ENpin = 1;               //到达行程极限区域,A4988 Disable
    if(S1send){
        S1send  =  0;
        printf("MS1 = %c MS2 = %c MS3 = %c DIR = %c EN = %c ",MS1pin? '1':'0',
            MS2pin? '1':'0',MS3pin? '1':'0',DIRpin? '1':'0',ENpin? '1':'0');
        printf("FREQ = %dHz P36 = %c P37 = %c\n",freq,P36? '1':'0',P37? '1':'0');
    }
  }
}
/* INT0 初始化函数
    INT0 下降沿触发中断
 */
void Int0Init()
```

```
{
    IT0  =  1;                        //设定 INT0 下降沿触发
    EX0  =  1;                        //允许 INT0 中断
}
/*T0,T1,S1 初始化函数
    T0 方式 2,中断频率 3600Hz
    T1:S1 波特率发生器,9600bps
    S1:方式 1
*/
void T01S1Init( )
{
    TMOD =0x02;                       //设置 T0 工作方式 2
    TH0 =TL0 =0x00;                   //TH0 是重装值,TL0 是初值,T0 中断频率 =921500/256 =3600Hz
    ET0 =1;                           //允许 T0 中断
    TR0 =1;                           //T0 开始计数
    TMOD |= 0x20;                     //设置 T1 工作方式 2
    TH1  = 0xFD;                      //9600bps,fosc =11.0592MHz
    TR1 =1;                           //T1 开始计数
    SM0 =0;SM1 =1;                    //设置 S1 方式 1
    REN =1;                           //允许 S1 接收
}
/*PCA0 初始化函数
    PCA 模块 0:比较 + 匹配 + 翻转 + 允许中断,具有 CCP0/P1.3 引脚输出翻转的功能
*/
void PCA0Init( )
{
    CCAP0L  =  destcnt;               //写入目标值低字节
    CCAP0H  =  destcnt/256;           //写入目标值高字节
    CCAPM0  =  0x4D;                  //PCA 模块 0:比较 + 匹配 + 翻转 + 允许中断
    CR  =  1;                         //PCA 运行
}
/*T0 中断服务函数
    与 INT0 中断配合,实现红外接收信号 2 个下降沿之间的时间计数
*/
void t0_isr (void) interrupt 1
{
    nT0 ++; //用于计数 2 个下降沿之间的时间
}
/*INT0 中断服务函数
    存储红外接收信的时间计数,判定红外接收是否完成
*/
void int0_isr (void) interrupt 0 //P3.2 <---IR_OUT - pin
{
```

```
    static unsigned char i;              //接收红外编码的序号
    static bit startflag;                //红外信号开始标志位
    if(startflag)                        //如果红外信号已经开始
     {/*时间间隔=nT0*1000/3600(ms)*/
     if(nT0<63&&nT0>=33)i=0;             //引导码长度:9~13.5ms
     nT0Array[i]=nT0;                    //存储每个 nT0,用于以后判断是0还是1
     nT0=0;                              //下一个发射码的 nT0 置零
     i++;
     if(i==33){                          //引导码+4组8位码,共33个发射码
      irok=1;                            //红外接收完成
      i=0;
     }
    }
   else{                                 //如果红外信号还没有开始
          nT0=0;                         //nT0 置零
          startflag=1;                   //红外信号开始标志置位
     }
}
/*PCA 中断服务函数
     根据设定的频率进行软件定时,并输出脉冲信号
*/
void PCA_Isr() interrupt 7
{
     CCF0 = 0;                           //中断标志清零
     destcnt += disp;                    //目标值等步长增加
     CCAP0L = destcnt;                   //写入目标值低字节
     CCAP0H = destcnt/256;               //写入目标值高字节
}
```

4.2.3　运行调试

本节实践的硬件组成如图 4-9 所示。

源程序经编译生成 HEX 文件，下载到单片机。下载后，单片机就自动运行程序，再接通 +12V 电源，为 A4988 供电。

在 STC-ISP 串口助手窗口，对 PC 串口进行设置：串口的端口号与 STC 自动编程器的端口号一致；串口通信参数与源程序中对 STC12 串口的设置一致：波特率为 9600bps，数据位为 8 位，停止位为 1 位，无校验。接收缓冲区设置为文本模式，即显示 ASCII 字符。

运行时，按红外遥控器的‘1’～‘5’键，可设定 A4988 的整步、1/2 步、1/4 步、1/8 步、1/16 步共 5 个驱动模式。按‘+’、‘>>|’键，设定电机正向（滑块向右）运行。按‘-’、‘|<<’键，设定电机反向（滑块向左）运行。按‘0’、‘EQ’、‘>‖’键，设定电机停止运行。

在每个驱动模式下，都可以旋转电位器旋钮，改变电机运行频率。

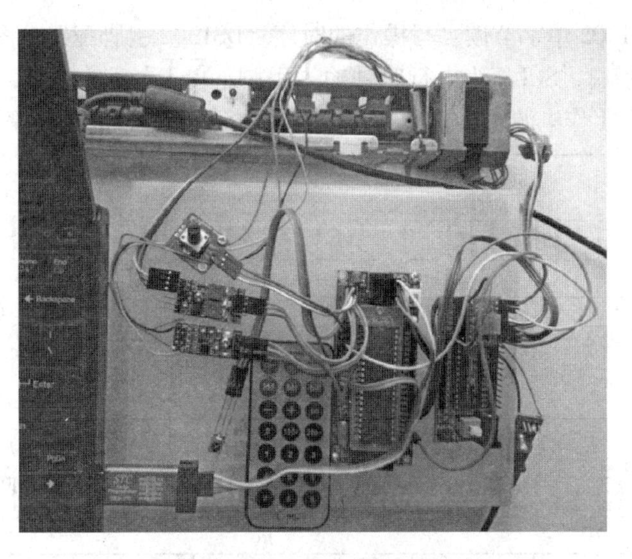

图 4-9 红外遥控器遥控步进电机硬件组成

当滑块运行至左、右行程极限位置时，需手动改变滑块位置，然后再用遥控器操作。

对于上述每一按键操作，都可在按键后观察电机及滑块的实际运动，并观察串口助手接收缓冲区中的信息，见图 4-10。

图 4-10 PC 串口设置及信息接收

4.3 SPI 总线应用——DS1302 模块测试

4.3.1 DS1302 简介

DS1302 是美国 DALLAS 公司推出的一种高性能、低功耗、带 RAM 的实时时钟电路。它可以对年、月、日、周日、时、分、秒进行计时，具有闰年补偿功能，工作电压为 2.5 ~ 5.5V。DS1302 采用 SPI 三线接口与 CPU 进行同步通信，并可采用突发方式一次传送多个字节的时钟信号或 RAM 数据。

图 4-11 为 DS1302 单字节读、写操作的时序。DS1302 引脚配置见图 4-12。其中，I/O 为数据输入/输出引脚，SCLK 为串行时钟输入引脚，$\overline{RST}$为复位引脚，GND 接地，Vcc1、Vcc2 为备份电源、工作电源引脚，X1、X2 为晶振接入管脚，晶振频率为 32768Hz。

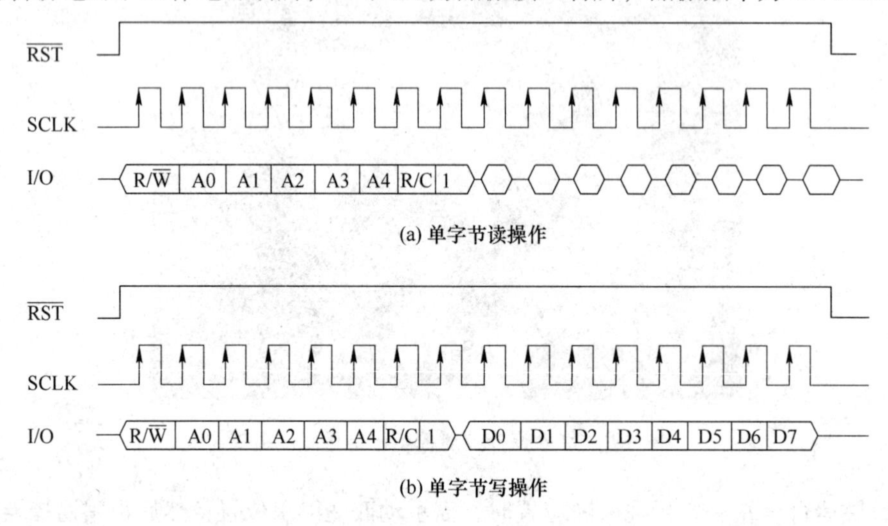

图 4-11　DS1302 单字节读/写操作的时序

4.3.2　模块配置

本节实践是通过 PC 串口与 STC12 的通信，对 DS1302 模块进行时间设定和读取操作。

实践器件由 STC12C5A32S2、DS1302 模块和 STC 自动编程器组成，如图 4-12 所示。电路中，DS1302 模块的 Vcc、GND 端与单片机的 Vcc、GND 引脚连接，RST、I/O、SCLK 端依次与 P1.0、P1.1、P1.2 连接。

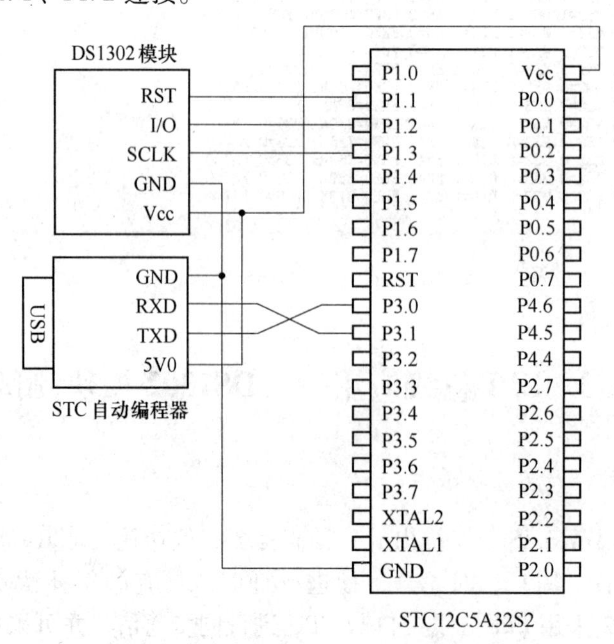

图 4-12　DS1302 应用接线图

4.3.3 程序设计

实现DS1302读写及串口通信的源程序如下：

```
/* File:P4_3.c */
#include <stc12c5a60s2.h>
#include <stdio.h>
#include <math.h>
#define RST P10
#define S_IO P11
#define SCK P12
#define RST_CLR   RST =0/*电平置低*/
#define RST_SET   RST =1/*电平置高*/
//双向数据
#define IO_CLR   S_IO =0/*电平置低*/
#define IO_SET   S_IO =1/*电平置高*/
#define IO_R     S_IO /*电平读取*/
//时钟信号
#define SCK_CLR   SCK =0/*时钟信号*/
#define SCK_SET   SCK =1/*电平置高*/
#define ds1302_seC_add          0x80  /*秒数据地址*/
#define ds1302_min_add          0x82  /*分数据地址*/
#define ds1302_hr_add           0x84  /*时数据地址*/
#define ds1302_date_add         0x86  /*日数据地址*/
#define ds1302_month_add        0x88  /*月数据地址*/
#define ds1302_day_add          0x8a  /*星期数据地址*/
#define ds1302_year_add         0x8c  /*年数据地址*/
#define ds1302_control_add      0x8e  /*控制数据地址*/
#define ds1302_charger_add      0x90
#define ds1302_clkburst_add     0xbe
unsigned char time_buf[8];     //空年月日时分秒星期
void Ds1302_Write_Byte(unsigned char addr, unsigned char d);
unsigned char Ds1302_Read_Byte(unsigned char addr) ;
void Ds1302_Write_Time(void);
void Ds1302_Read_Time(void);
void Ds1302_Init(void);
void T1S1Init();
main()
{
    Ds1302_Init();
    void T1S1Init();
    /*T1初始化*/
    TMOD = 0x20;          //设置T1工作方式2
```

```
    TH1  = 0xFD;              //9600baudrate,fosc = 11.0592MHz
    TR1 =1;                   //T1 开始计数
    /*串口 S1 初始化*/
    SM0 =0;SM1 =1;            //设置串口方式 1
    REN =1;                   //允许串口接收
    TI =1;                    //发送完成置位
    while(1){//主循环
      char n;
      if(! RI)continue;
      RI =0;
      switch(SBUF){
        case 'w':/*'w':将年月日时分秒星期写入 DS1302 */
        case 'W':
              printf("Input:Year Month Date Hour Min Sec Week\n");
              for(n =1;n< =7;n ++){
                    while(! RI);
                    RI =0;
                    time_buf[n] =SBUF;
              }
              Ds1302_Write_Time();
              break;
        case 'r':/*'r':读 DS1302 并发送时钟值到 PC 电脑 */
        case 'R':
              Ds1302_Read_Time();
              printf("CLOCK:%bx %bx %bx %bx %bx %bx %bx\n",time_buf[1],
    time_buf[2],time_buf[3],time_buf[4],time_buf[5],time_buf[6],time_buf[7]);
              break;
    }
  }
}
/*T1、S1 初始化函数*/
void T1S1Init()
{
    TMOD  = 0x20; //设置 T1 工作方式 2
    TH1  = 0xFD;              //9600baudrate,fosc = 11.0592MHz
    TR1 =1;                   //T1 开始计数
    SM0 =0;SM1 =1;//设置串口方式 1
    REN =1;                   //允许串口接收
    TI =1;                    //发送完成置位
}
/* Ds1302 写字节数据函数
    addr:目标地址
    d:字节数据
```

```
*/
void Ds1302_Write_Byte(unsigned char addr, unsigned char d)
{
    unsigned char i;
    RST_SET;
    //写入目标地址:addr
    addr = addr & 0xFE;    //最低位置零
    for (i = 0; i < 8; i ++) {
        if (addr & 0x01) {IO_SET;}
        else {IO_CLR;}
        SCK_SET;
        SCK_CLR;
        addr = addr >>1;
    }
    //写入数据:d
    for (i = 0; i < 8; i ++) {
        if (d & 0x01) {IO_SET;   }
        else {IO_CLR;}
        SCK_SET;
        SCK_CLR;
        d = d >>1;
    }
    RST_CLR;                //停止 DS1302 总线
}
/* Ds1302 读字节数据函数
    addr:目标地址
    返回:读出的字节数据
*/
unsigned char Ds1302_Read_Byte(unsigned char addr)
{
    unsigned char i;
    unsigned char temp;
    RST_SET;
    //写入目标地址:addr
    addr = addr | 0x01;//最低位置高
    for (i = 0; i < 8; i ++) {
        if (addr & 0x01)IO_SET;
        else            IO_CLR;
        SCK_SET;
        SCK_CLR;
        addr = addr >>1;
    }
    //输出数据:temp
```

```
    for (i = 0; i < 8; i ++){
        temp = temp >> 1;
        if (IO_R)   temp |= 0x80;
        else        temp &= 0x7F;
        SCK_SET;
        SCK_CLR;
    }
    RST_CLR;                                    //停止 DS1302 总线
    return temp;
}
/* Ds1302 写时间函数
    将 time_buf 中的数据写入 Ds1302
*/
void Ds1302_Write_Time(void)
{
    Ds1302_Write_Byte(ds1302_control_add,0x00);     //关闭写保护
    Ds1302_Write_Byte(ds1302_seC_add,0x80);         //暂停
    //Ds1302_Write_Byte(ds1302_charger_add,0xa9);   //涓流充电
    Ds1302_Write_Byte(ds1302_year_add,time_buf[1]); //年
    Ds1302_Write_Byte(ds1302_month_add,time_buf[2]); //月
    Ds1302_Write_Byte(ds1302_date_add,time_buf[3]); //日
    Ds1302_Write_Byte(ds1302_hr_add,time_buf[4]);   //时
    Ds1302_Write_Byte(ds1302_min_add,time_buf[5]);  //分
    Ds1302_Write_Byte(ds1302_seC_add,time_buf[6]);  //秒
    Ds1302_Write_Byte(ds1302_day_add,time_buf[7]);  //星期
    Ds1302_Write_Byte(ds1302_control_add,0x80);     //打开写保护
}
/* Ds1302 读时间函数
    读出日期、时间并写入 time_buf
*/
void Ds1302_Read_Time(void)
{
    time_buf[1] = Ds1302_Read_Byte(ds1302_year_add);   //年
    time_buf[2] = Ds1302_Read_Byte(ds1302_month_add);  //月
    time_buf[3] = Ds1302_Read_Byte(ds1302_date_add);   //日
    time_buf[4] = Ds1302_Read_Byte(ds1302_hr_add);     //时
    time_buf[5] = Ds1302_Read_Byte(ds1302_min_add);    //分
    time_buf[6] = (Ds1302_Read_Byte(ds1302_seC_add))&0x7F; //秒
    time_buf[7] = Ds1302_Read_Byte(ds1302_day_add);    //星期
}
/*Ds1302 初始化函数*/
void Ds1302_Init(void)
{
```

```
    RST_CLR;                                        //RST 脚置低
    SCK_CLR;                                        //SCK 脚置低
    Ds1302_Write_Byte(ds1302_sec_add,0x00);
}
```

4.3.4　运行调试

本节实践的硬件组成如图 4-13 所示。

源程序经编译生成 HEX 文件，下载到单片机运行。

在 STC-ISP 的串口助手窗口，对 PC 串口进行设置。

先在串口助手中用文本模式发送字符‘w’，然后以 HEX 模式发送时间设定值，如：16041408590004，即：2019 年 4 月 11 日 8 时 59 分 0 秒，星期四。

然后用文本模式发送字符‘r’，选择自动发送方式，发送周期为 1000ms。这时在串口助手的接收缓冲区会显示出 PC 接收的时间值，见图 4-14。

图 4-13　DS1302 测试硬件组成

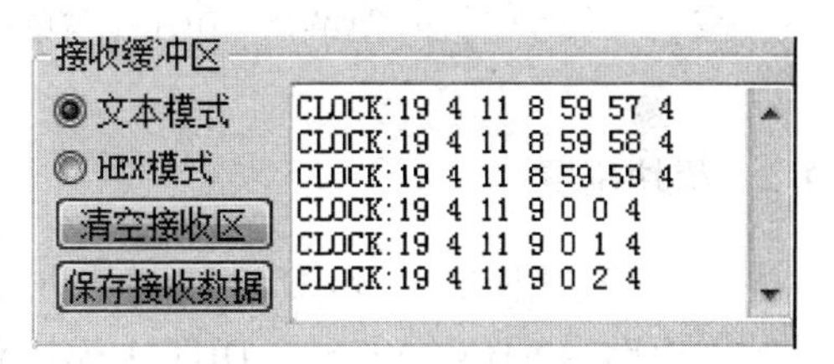

图 4-14　串口接收的时钟数据

4.4　单总线应用——DHT11 模块测试

4.4.1　DHT11 温湿度传感器简介

DHT11 温湿度传感器是一款含有已校准数字信号输出的温湿度复合传感器。传感器内部包括一个电阻式感湿元件和一个 NTC 测温元件。每个 DHT11 传感器出厂前都进行过校准，校准系数以程序的形式储存在 OTP 内存中。传感器内部在检测信号的处理过程中要调用这些校准系数。DHT11 采用单线制串行接口，与单片机的连接如图 4-15 所示。Data 线用于 DHT11 与 MCU 之间的通讯和同步，一次完整的数据传输为 40bit，高位先出。具体格式为：

8bit 湿度整数 + 8bit 湿度小数 + 8bit 温度整数 + 8bit 温度小数 + 8bit 校验和

数据传送正确时校验和数据等于“8bit 湿度整数 + 8bit 湿度小数 + 8bit 温度整数 + 8bit 温度小数”所得结果的末 8 位。

主机读取 DHT11 数据的过程如下：

（1）主机发出开始信号，即把 Data 线拉低 18ms 以上，然后再拉高。

（2）DHT11 发出响应信号。DHT11 在判断出主机的开始信号后（约耗时 20～40μs），通过 Data 线发送 80μs 低电平响应信号，如果这期间主机读到的是高电平信号，表示 DHT11 没有响应。随后，DHT11 再把 Data 线拉高 80μs。

（3）DHT11 发送数据：数据 0 为前 50μs 低电平后 26～28μs 高电平的脉冲信号，数据 1 为前 50μs 低电平后 70μs 高电平的脉冲信号，见图 4-15。

（4）当最后一 bit 数据传送完毕后，DHT11 拉低总线 50μs，随后总线由上拉电阻拉高进入空闲状态。

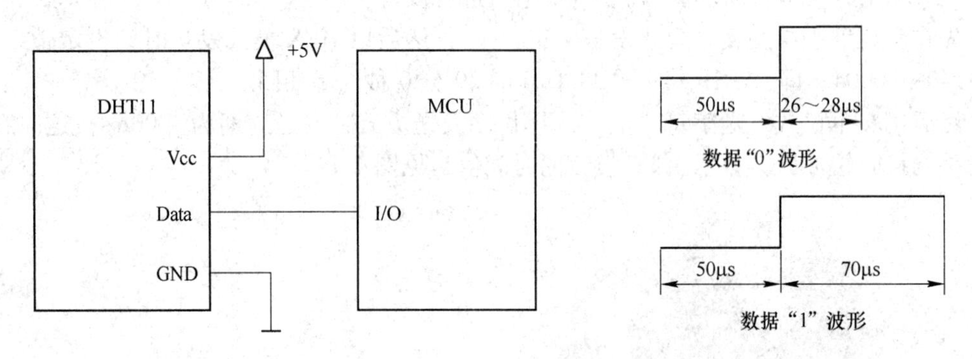

图 4-15　DHT11 与单片机接口电路及数据波形

4.4.2　模块配置

本节实践是用 STC12 对 DHT11 模块进行测试。

实践电路由 STCC5A32S2、DHT11 模块和 STC 自动编程器组成，如图 4-16 所示。

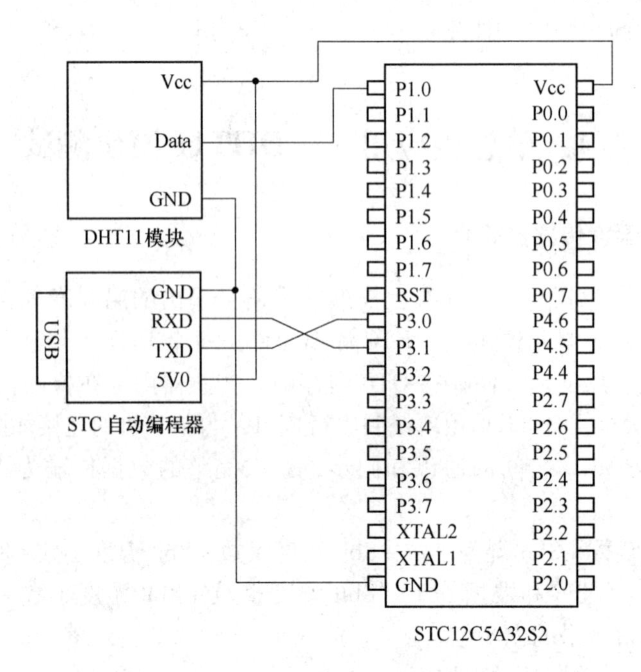

图 4-16　DHT11 模块测试接线图

4.4.3 程序设计

DHT11 对数据通信时序的要求较高，程序采用硬件定时的方法来满足。T0DelayuS 为使用定时器 T0 进行硬件延时的函数。该函数首先将 T0 计数器清零，然后启动 T0 计数，直至达到预定的计数次数返回，从而达到精确延时的目的。

ReadByte 是读 DHT11 一字节数据的函数。由于 DHT11 发出的数据是高位在前，函数中采取了逐位读取、逐位左移的方法。ReadAll 是读 DHT11 所有 40 位数据的函数。在读取数据前，主机要根据 DHT11 的时序要求与之建立通信，然后 5 次调用 ReadByte 读取其 40 位数据，最后对数据进行校验。主循环中，如果单片机接收到 'd' 或 'D'，就向 PC 发送湿度、温度数值；如果接收到 'h' 或 'H'，就发送 40 位原始数据。

实现 DHT11 读写及串口通信的源程序如下：

```
/* File:P4_4.c */
#include <stc12c5a60s2.h>
#include <stdio.h>
#define Data P10                      //DHT 数据线
unsigned char d[5];                   //DHT 的 40 位数据
void T0DelayuS(unsigned char us);
unsigned char ReadByte() ;
bit ReadAll();
void T01S1Init();
main()
{
     T01S1Init();
     while(1){                        //主循环
       if(! RI)continue;              //串口没有接收字符,直接跳到循环开头
       RI =0;                         //串口接收到字符,RI 清零
       switch(SBUF){                  //读接收的字符并判断
         case 'd': /* 发送十进制数据 */
         case 'D':
              if(ReadAll())
                   printf("湿度 = %bd.%-bd\t 温度 = %bd.%-bd\n",d[0],d[1],d[2],d[3]);
              else
                   printf("DHT11 没有响应,请检查接线! \n");
              break;
         case 'h': /* 发送 40 位原始数据 */
         case 'H':
              printf("DHT11 DATA:%bx %bx %bx %bx %bx\n",d[0],d[1],d[2],d[3],d[4]);
              break;
       }
     }
}
/* T0、T1、S1 初始化函数 */
```

```
void T01S1Init()
{
    TMOD = 0x21; //设置 T1 方式 2,T0 方式 1
    TH1 = 0xFD;              //9600baudrate,fosc = 11.0592MHz
    TR1 = 1;                 //T1 开始计数
    SM0 = 0;SM1 = 1;//设置串口 S1 方式 1
    REN = 1;                 //允许串口 S1 接收
    TI = 1;                  //发送完成置位
}
/* 使用 T0 的延时函数
    us:延时的微秒数( <255)
*/
void T0DelayuS(unsigned char us)
{
    //T0 定时间隔 = T0 计数次数/T0 计数脉冲源频率
    //T0 计数次数 = T0 定时间隔 * T0 计数脉冲源频率 = μs * 11.0592/12 ≈ 1μs
    TR0 = 0;                 //停止 T0 计数
    TH0 = 0;                 //向 TH0、TL0 装入计数初值
    TL0 = 0;
    TR0 = 1;                 //启动 T0 计数
    while(TL0 < us);
    TR0 = 0;
}
/* 读 DHT11 一字节数据的函数
    返回:读出的字节数据
*/
unsigned char ReadByte()
{
    unsigned char i,c;
    for(i = 0;i < 8;i ++){       //1 字节共 8 位
    c <<= 1;                     //字节左移 1 位,末位(数据位)为 0(默认值)
    while(! Data);               //等待 Data 出现高电平
    T0DelayuS(40);               //延时大约 40μs
        if(Data)c ++;            //若测得 Data = 1,数据位改为 1
        while(Data);             //等待 Data 出现低电平,即下一位的到来
    }
    return(c);
}
/* 读 DHT11 所有 40 位数据的函数
    返回 0:DHT11 没有响应;
    返回 1:读取成功,数据存入全局数组变量 d
    */
bit ReadAll()
{
```

```
    do{
        Data = 0;                     //主机拉低 Data 线
        TR0 =0;                       //停止 T0 计数
        TH0 =0;                       //向 TH0、TL0 装入计数初值
        TL0 =0;
        TR0 =1;                       //启动 T0 计数
        while(TH0 <78);               //延时约 20ms,78 * 256 * 12/11.0592≈21.7ms
        TR0 =0;
        Data = 1;                     //主机拉高 Data 线
        T0DelayuS(60);                //延时 60μs
        if(Data ==1)return(0);        //检测 Data 线,低电平表示 DHT11 响应
        while(! Data);                //等待 DHT11 发出的低电平结束
        while(Data);                  //DHT11 随即发出高电平,此句等待该高电平结束
        d[0] = ReadByte();            //读 40 位原始数据
        d[1] = ReadByte();
        d[2] = ReadByte();
        d[3] = ReadByte();
        d[4] = ReadByte();
    }while((d[0] +d[1] +d[2] +d[3]) ! = d[4]);//如果校验错误,重新读
    return(Data = 1);
}
```

4.4.4 运行调试

本节实践的硬件组成如图 4-17 所示。

源程序经编译生成 HEX 文件，下载到单片机运行。

在 STC-ISP 的串口助手窗口，对 PC 串口进行设置。

把 DHT11 的 OUT 端拔下，在串口助手中发送字符‘d’或‘D’，点击‘发送数据’，则 PC 会接收到“DHT11 没有响应，请检查接线!”。把 DHT11 的 OUT 端与 P1.0 连接，点击‘发送数据’，则 PC 会接收到湿度、温度数据；在串口助手中发送字符‘h’或‘H’，点击‘发送数据’，则 PC 会接收到十六进制形式的湿度、温度数据，见图 4-18。

图 4-17 DHT11 测试硬件组成

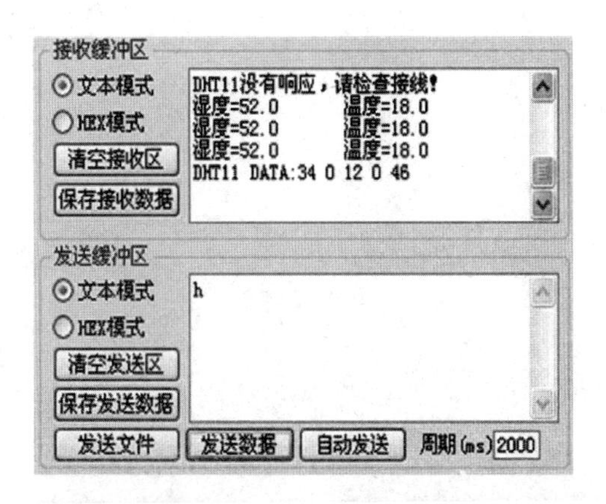

图 4-18 PC 串口的接收与发送

在 DHT11 模块塑料外罩中部滴一滴水，然后用电吹风向 DHT11 模块吹热风，在串口助手中用‘自动发送’方式发送‘d’或‘D’，可得到湿度、温度数据，见图 4-19。吹干后，再滴一滴水，可得到更低的湿度值，而温度值也会下降。由测试数据可知，该 DHT11 模块的最大测温值为 60℃，且湿度和温度都是整数值。

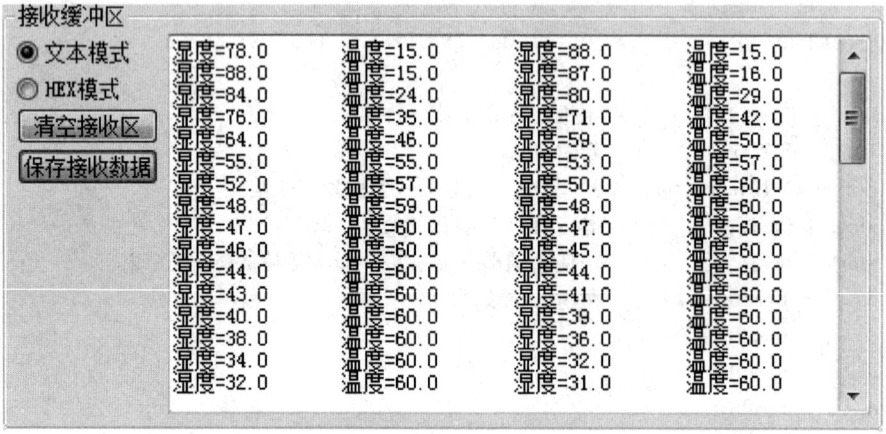

接收缓冲区

文本模式　HEX模式　清空接收区　保存接收数据

湿度=78.0	温度=15.0	湿度=88.0	温度=15.0
湿度=88.0	温度=15.0	湿度=87.0	温度=16.0
湿度=84.0	温度=24.0	湿度=80.0	温度=29.0
湿度=76.0	温度=35.0	湿度=71.0	温度=42.0
湿度=64.0	温度=46.0	湿度=59.0	温度=50.0
湿度=55.0	温度=55.0	湿度=53.0	温度=57.0
湿度=52.0	温度=57.0	湿度=50.0	温度=60.0
湿度=48.0	温度=59.0	湿度=48.0	温度=60.0
湿度=47.0	温度=60.0	湿度=47.0	温度=60.0
湿度=46.0	温度=60.0	湿度=45.0	温度=60.0
湿度=44.0	温度=60.0	湿度=44.0	温度=60.0
湿度=43.0	温度=60.0	湿度=41.0	温度=60.0
湿度=40.0	温度=60.0	湿度=39.0	温度=60.0
湿度=38.0	温度=60.0	湿度=36.0	温度=60.0
湿度=34.0	温度=60.0	湿度=32.0	温度=60.0
湿度=32.0	温度=60.0	湿度=31.0	温度=60.0

图 4-19　DHT11 模块外罩滴水实测数据

5 STC15 片内资源应用

STC15 是较 STC12 更新一代的单片机，在相同的时钟频率下，速度比 STC12 更快，片内资源更加丰富。实践所用 STC15W4K32S4 是 STC15 的一个子系列，工作电压为 2.5 ~ 5.5V，内置 4KB 大容量 SRAM，16K ~ 63.5KB 的片内 Flash 程序存储器，4 组独立的高速异步串行通信端口，1 组高速同步串行通信端口 SPI，6 通道 15 位高精度的 PWM 和 2 通道的 PCA，5 个 16 位可重装载定时器/计数器，8 路 10 位 A/D 转换通道，以及一个模拟比较器。本章通过把 STC15 与相关 I/O 模块、器件的结合进行实践。

5.1 增强型 PWM 输出测试

5.1.1 STC15W4K32S4 引脚配置

STC15W4K32S4（下文亦简称为 STC15）的管脚排列如图 5-1 所示，其不再与 MCS-51 引脚兼容，51 单片机最小板也不适合此类芯片。但如果把 51 最小板简单处理一下，即除去最小板上的晶振电路和复位电路，并把 Vcc 引到 18 脚，也可以把 40DIP 的 STC15 芯片插在板上。这时，51 最小板只相当于一个具有端子排的插座，STC15 使用片内时钟和复位电路工作。

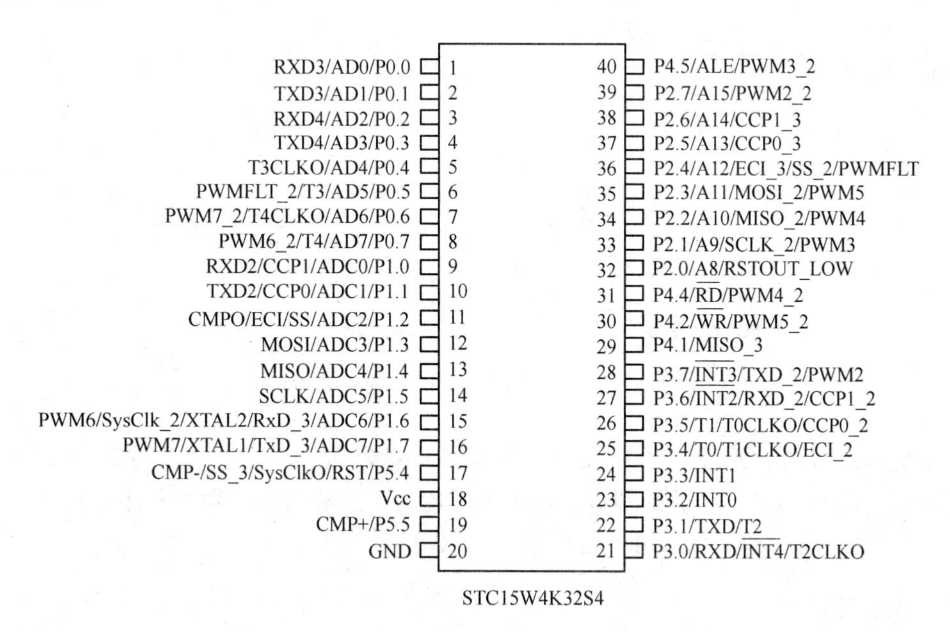

图 5-1 STC15W4K32S4 引脚配置

5.1.2 STC15 增强型 PWM 波形发生器

STC15 集成了一组各自独立的 6 路增强型 PWM 波形发生器。PWM 波形发生器内部有 1 个 15 位的 PWM 计数器，供 6 路 PWM（PWM2 ~ PWM7）使用，可以程序设置每路 PWM 的初始电平。另外，PWM 波形发生器为每路 PWM 又设计了两个用于控制波形翻转的计数器 T1、T2，可以设置每路 PWM 的高低电平宽度，达到对 PWM 占空比以及 PWM 输出延迟进行控制的目的。增强型 PWM 波形发生器还设计了对外部异常事件（包括外部端口 P2.4 的电平异常、比较器比较结果异常）进行监控的功能，可用于紧急关闭 PWM 输出。PWM 波形发生器还可在 15 位的 PWM 计数器归零时触发外部事件（ADC 转换）。

STC15 片内增强型 PWM 波形发生器的结构如图 5-2 所示。其中，PWM 时钟可以指定为 T2 溢出脉冲或单片机系统时钟的 1 ~ 16 分频信号，PWMCH、PWMCL 合起来是 15 位寄存器 PWMC。工作时，PWM 计数器对 PWM 时钟信号进行加 1 计数。一方面，PWM 计数器的计数值与[PWMCH,PWMCL]比较，如果两者相等，表示一个 PWM 周期结束，要对 PWM 计数器进行清零操作。另一方面，PWM 计数器的计数值要与每个 PWM 通道的[T1H,T1L]、[T2H,T2L]进行比较：当其与某通道的[T1H,T1L]相等时，该通道的 PWM 输出发生第一次翻转；当其与某通道的[T2H,T2L]相等时，该通道的 PWM 输出发生第二次翻转。

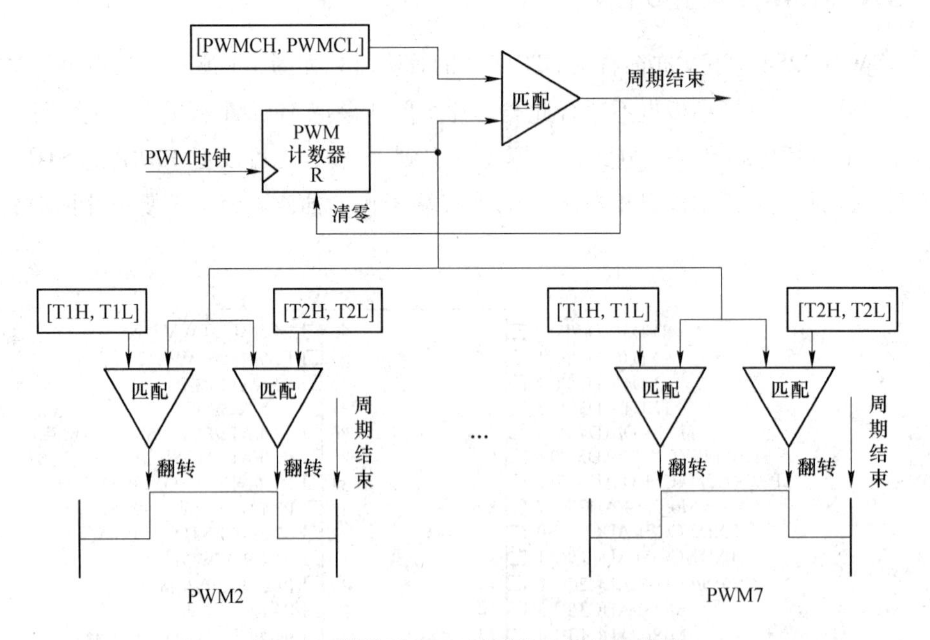

图 5-2 增强型 PWM 波形发生器结构框图

与增强型 PWM 波形发生器相关的特殊功能寄存器较多，在具体程序设计时将会用到。另外，所有与 PWM 相关的端口，在上电后均为高阻输入态，须在程序中将这些口设置为双向口或强推挽模式，才可正常输出波形。

5.1.3 模块配置

本节实践用 STC15 自身资源测试其增强型 PWM 波形发生器的输出。

应用电路由 STC15W4K48S4，51 最小板（去掉了晶振与复位电路）和 STC 自动编程器组成，如图 5-3 所示。STC15 的 P2.1/PWM3 引脚（板上标为 P0.6）与其 P1.0 引脚（板上标为 RST）连接。串口 S1 重新配置在 P3.6/RXD、P3.7/TXD 引脚。STC 自动编程器在编程时接 STC15 的 P3.0、P3.1，在单片机上电工作时接 STC15 的 P3.6、P3.7。

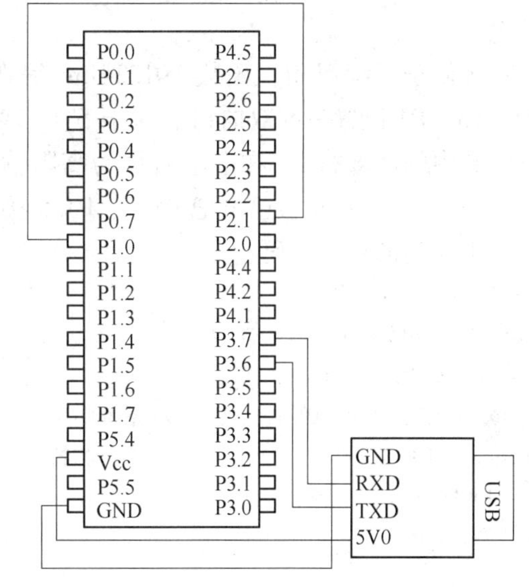

图 5-3 增强型 PWM 测试接线图

具体测试方法是：设置 15 位 PWM 对 T2 的溢出脉冲进行计数，并设置 PWM3 的 T1、T2，使 P2.1/PWM3 引脚发生翻转，从而使 P1.0 引脚的状态也随之变化。当 T2 溢出中断时，读取 P1.0 引脚的状态并通过 S1 发送：高电平发送字符‘1’，低电平发送字符‘0’。由于串口已与 PC 连接，通过串口助手，就能够查看到 PC 所接收的信息，并对 PWM 输出进行判定。

5.1.4 程序设计

本节实践使用的 STC15 片内模块有 15 位 PWM、T1、T2 和串口 S1，如图 5-4 所示。主函数在初始化以上各模块后，就通过 S1 发送字符‘A’，作为串口发送信息的开始，此后便进入主循环，等待 T2 中断的到来。

图 5-4 STC15 片内模块的使用

函数 PWM3Init 的功能是配置增强型 PWM 及其 PWM3 通道。首先，增强型 PWM 的相关寄存器位于 XSFR 区，即 XRAM 中的 SFR 区。CPU 要访问 XSFR，需将 P_SW2 寄存器的 D7 位置位。在 CPU 访问一般 XRAM 前，要禁止 CPU 访问 XSFR，需将该位清零。其后，设置 PWM 输出初始电平为低电平（也可设为高电平），指定 PWM 时钟源为 T2 溢出脉冲；T2 溢出 10 次为一个 PWM 周期。对 PWM3 通道的设置，包括对 PWM3T1、PWM3T2 赋值，配置 PWM3 输出的引脚。最后，通过对 PWMCR 赋值使能 PWM 波形发生器和 PWM3 信号输出。此后，PWM 计数器就开始计数，PWM3 开始输出脉冲信号。

函数 T1S1Init 的功能是初始化定时器 T1 和串口 S1。T1 选择 12 倍计数，即对系统时钟计数，T1 的方式 0 是 16 位自动重装方式。与 STC12 不同的是，STC15 的 S1 可配置在 P3.0、P3.1，P3.6、P3.7，P1.6、P1.7 之一。函数 T2Init 的功能是初始化定时器 T2，T2 ~ T4 只有方式 0。STC15 之 T0 ~ T4 的方式 0，都是 16 位自动重装方式。T2isr 为 T2 中断服务函数，功能是通过 S1 发送 P1.0 也即 PWM3 输出的状态：‘1’为高电平，‘0’为低电平。

为便于后续引用，函数 P01234Init 编在 P01234Init.c 文件中，其功能是把 P0、P1、P2、P3、P4 设置为准双向口。对于 STC15W4K32S4，与 PWM 输出相关的引脚（具体参见函数中的注释行），在上电后均为高阻输入态。如果要作为一般 I/O 使用，需重新设置。但由于 51 最小板已经把 P4.4、P4.5 接在 +5V 电源线上，所以仍设它们为高阻输入。

下面是源程序代码：

```
/* File:P5_1.c */
#include <stc15.h>
#include <P01234Init.c>
#define FOSC 11059200L              //系统频率
#define BAUD 19200                  //串口波特率
void PWM3Init();
void T1S1Init();
void T2Init();
void main() {
    P01234Init();                   //设置准双向口
    PWM3Init();
    T1S1Init();
    T2Init();
    EA = 1;
    SBUF = 'A';                     //S1 发送字符'A'
    while(1){
    }
}
/*PWM3 初始化函数
    PWM 时钟源为定时器 T2 的溢出脉冲
    PWM 周期为 T2 溢出 10 次
*/
void PWM3Init()
{
    P_SW2 |= 0x80;                  //使能访问 XSFR
    PWMCFG = 0x00;                  //配置 PWM 的输出初始电平为低电平
    PWMCKS = 0x10;                  //PWM 时钟源为定时器 T2 的溢出脉冲
    PWMC = 10;                      //设置 PWM 周期为 T2 溢出 10 次
    PWM3T1 = 0;                     //设置 PWM3 第 1 次反转的 PWM 计数
    PWM3T2 = 5;                     //设置 PWM3 第 2 次反转的 PWM 计数
    PWM3CR = 0x00;                  //PWM3 输出到 P2.1,不使能 PWM3 中断
    PWMCR = 0x82;                   //使能 PWM 波形发生器&PWM3 信号输出
    P_SW2 &= ~0x80;                 //禁止访问 XSFR
    //P_SW2:[EAXSFR][ ][ ][ ][ ][ ][ ][ ]
    //PWMCFG:[ - ][CBTADC][C7INI][C6INI][C5INI][C4INI][C3INI][C2INI]
```

```
    //PWMCKS:[ - ][ - ][ - ][SELT2][PS3 PS2 PS1 PS0]
    //PWM3CR:[ - ][ - ][ - ][ - ][PWM3_PS][EPWM3I][EC3T2SI][EC3T1SI]
    //PWMCR:[ENPWM][ECBI][ENC7O][ENC6O][ENC5O][ENC4O][ENC3O][ENC2O]
}
/ * T1、S1 初始化函数
    S1 方式 1,配置在 P3.6、P3.7
    T1 为 S1 波特率发生器,19200bps
 * /
void T1S1Init( )
{
    AUXR1 | = 0x40;              //S1 配置在 P3.6/RXD、P3.7/TXD
    AUXR = 0x40;                 //T1 1T 模式
    TMOD = 0x00;                 //T1 方式 0(16 位自动重装)
    TL1 = (65536 -144);          //(FOSC/4/BAUD) =144,设置波特率重装值
    TH1 = (65536 -144) >>8;
    TR1 = 1;                     //启动 T1
    SM0 =0;SM1 =1;               //串口方式 1
    //AUXR1(P_SW1):[S1_S1S1_S0][CCP_S1 CCP_S0][SPI_S1 SPI_S0][0][DPS]
    //AUXR:[T0x12][T1x12][UART_M0x6][T2R][T2_C/T][T2x12][EXTRAM][S1ST2]
}
/ * T2 初始化函数
      T2 每 50ms 中断一次
 * /
void T2Init( )
{
    T2L = (65536 -9216 * 5)%256;  //T2 计数次数 =9216 * 5(50ms )
    T2H = (65536 -9216 * 5)/256;
    IE2 | = 0x04;                //ET2 =1,允许 T2 中断
    AUXR | = 0x10;               //T2R =1,启动 T2 计数
    //IE2:[ - ][ET4][ET3][ES4][ES3][ET2][ESPI][ES2]
}
/ * T2 中断服务函数
    每当 T2 中断,就通过 S1 发送 P2.1/PWM3 的状态
 * /
void T2isr( ) interrupt 12       //T2 中断号 =12
{
    SBUF = P10 ? '1':'0';        //向串口发送 P1.0 引脚(即 P2.1/PWM3)状态
}
/ * File:P01234Init.c * /
void P01234Init( )
{
/ * STC15W4K32S4 15 位 PWM 输出端口:
P0.6,P0.7,P1.6,P1.7,P2.1,P2.2,P2.3,P2.7,P3.7,P4.2,P4.4,P4.5
```

```
上电后均为高阻输入态。注,P4.4 和 P4.5 在最小板上已接 +5V
M1M0 = 00:准双向口; = 01:推挽输出; = 10:高阻输入; = 11:开漏
*/
    P0M1 = 0x00,P0M0 = 0x00;//P0 准双向口
    P1M1 = 0x00,P1M0 = 0x00;//P1 准双向口
    P2M1 = 0x00,P2M0 = 0x00;//P2 准双向口
    P3M1 = 0x00,P3M0 = 0x00;//P3 准双向口
    P4M1 = 0x30,P4M0 = 0x00;//P4.2 准双向口,P4.4,P4.5(高阻输入)
}
```

5.1.5　运行调试

增强型 PWM 测试的实物如图 5-5 所示。

图 5-5　增强型 PWM 测试实物

源程序经编译生成 HEX 文件后，运行 STC-ISP 软件，选择实际的单片机型号，勾选“选择使用内部 IRC 时钟（不选为外部时钟）”，IRC 的频率设定为 11.0592MHz。之后，点击“下载/编程”，把 HEX 文件下载到单片机。

在 STC-ISP 的串口助手窗口，设置波特率为 19200，之后打开串口。注意：在下载 HEX 文件时，使用的是 P3.0、P3.1 作为串口，在运行程序时，应把接线改在 P3.6、P3.7。

对单片机数次进行断电、通电操作，观察串口助手的接收缓冲区，见图 5-6。

修改源程序中 PWM3T1、PWM3T2 的赋值，重新生成 HEX 文件，并下载运行，可得到不同的接收数据。图 5-6 显示了［PWM3T1，PWM3T2］分别为［0，5］、［3，8］时的测试数据，其中字符‘A’表示单片机重新上电工作。

由测试数据可知，在 T2 的首个（第 0 个，在字符’A’之后）中断，PWM3 输出的是初始电平；随后的 PWM3T1 个中断，PWM3 输出的也是初始电平；第 PWM3T1 +1 个中断，PWM3 输出首次翻转，且输出状态一直保持到第 PWM3T2 次中断；之后，PWM3 输出再次翻转，直到一个 PWM 周期结束（T2 溢出 10 次）。

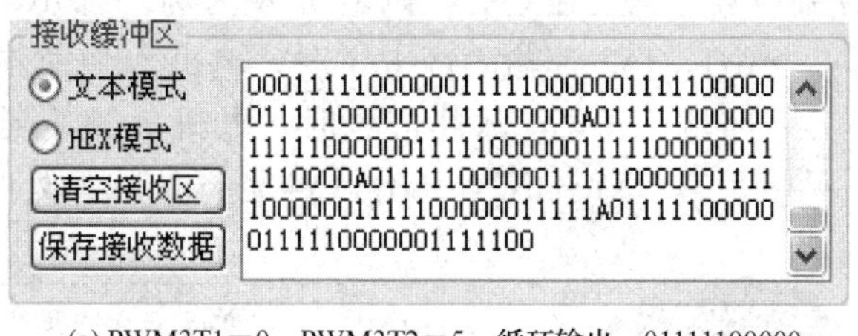

(a) PWM3T1＝0，PWM3T2＝5，循环输出：01111100000

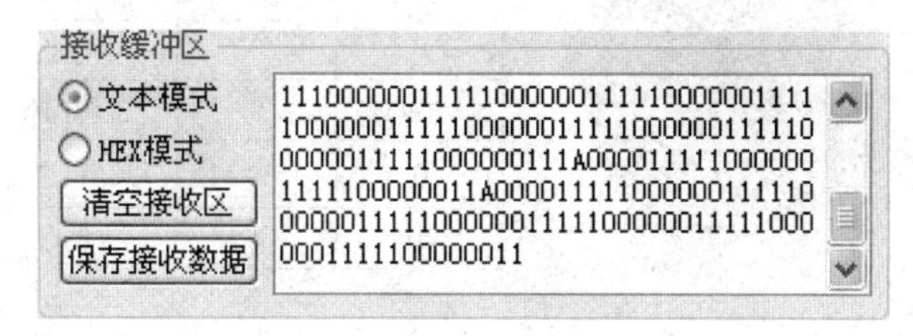

(b) PWM3T1＝3，PWM3T2＝8，循环输出：00001111100

图 5-6 增强型 PWM 输出测试

还可以修改源程序中 PWMCFG 的赋值，把 PWM3 通道的输出初始电平配置为高电平，并对多组［PWM3T1，PWM3T2］数值进行测试。

修改源程序，对其他 PWM 通道进行测试。

实验总结：

（1）PWM 的计数范围是［0，PWMC］。

（2）第 0 次计数 PWM 输出初始电平，即使 PWMnT1 为 0，也要在 PWM 输出初始电平后翻转。

（3）PWMnT1、PWMnT2 都大于 PWMC 时不发生翻转。

（4）应使 PWMnT2≥PWMnT1。

（5）PWMnT1＝PWMnT2 时只翻转一次。

5.2 PWM 输出与引脚置换应用——双驱小车控制

5.2.1 MX1508 模块简介

MX1508 直流电机驱动模块的主芯片为 MX1508，芯片内含两组 H 桥电机驱动电路，可同时驱动两个直流电机或者一个 2 相步进电机，适合在电池供电的智能小车、玩具小车、机器人上面使用。芯片内置低导通内阻 MOS 开关管，单路工作电流 1.5A，峰值电流可达 2.5A，待机电流小于 0.1μA，发热极小，无须散热片。MX1508 模块如图 5-7 所示，接线端子如下：

＋、－：接电源正极，端接电源负极，供电电压为 2～10V；

IN1、IN2：电机 A 控制信号，1.8～7V；

IN3、IN4：电机 B 控制信号，1.8～7V；

MOTOR-A：接电机 A；

MOTOR-B：接电机 B。

MX1508 的两组控制信号是完全独立的。以电机 A 为例，当 IN1、IN2 都输入低电平时，电机 A 自由停车；当 IN1、IN2 都输入高电平时，电机 A 快速停车；当 IN1、IN2 中的一路输入低电平、另一路输入 PWM 脉冲信号时，电机 A 正向或反向旋转，转速由 PWM 脉冲信号调节，见图 5-7。IN1、IN2、IN3、IN4 悬空时，等效于低电平输入。

IN1 (IN3)	IN2 (IN4)	电机状态
0	0	停止
1/PWM	0	正转(调速)
0	1/PWM	反转(调速)
1	1	刹车

图 5-7　MX1508 模块及控制方式

5.2.2　模块配置

本节实践用 STC15 增强型 PWM 的输出进行直流电机调速和正反转控制。

实践器件由双驱小车底盘套件（含车轮、台面及驱动车轮的 2 只直流电机）、2 只槽型光电开关模块及 20 线码盘、STC15W4K48S4、MX1508 模块、HC-05 蓝牙模块和 2 只 3.7V 锂电池组成。模块间的接线如图 5-8 所示。其中，两只 3.7V 锂电池分别为车轮电机和 STC15 供电。MAX1508 的 IN1 接 P3.7/PWM2，IN2 接 P2.7/PWM2_2，IN3 接 P2.3/PWM5，IN4 接 P4.2/PWM5_2；左车轮光电开关模块的输出接 P3.4/T1，右车轮光电开关模块的输出接 P3.5/T2，HC-05 模块接在 P1.6/RXD_3、P1.7/TXD_3。

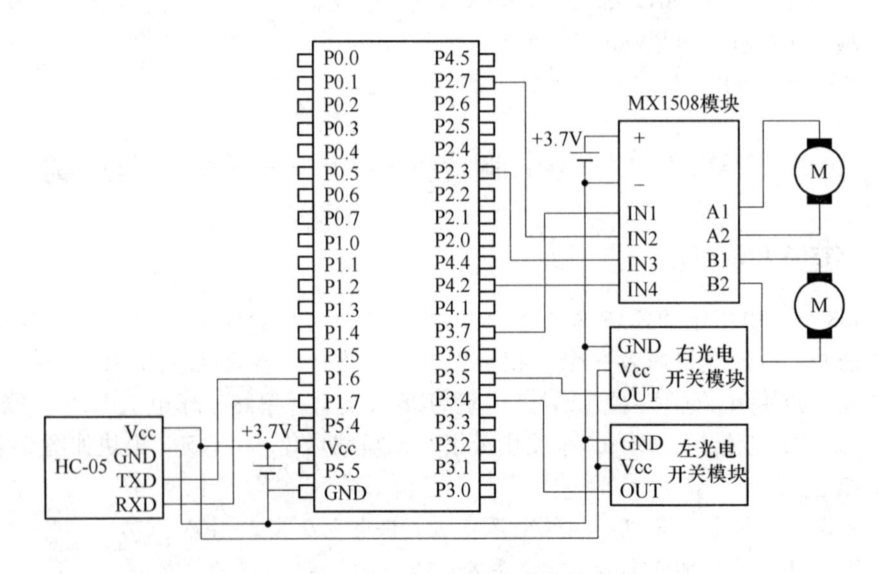

图 5-8　双驱小车的调速与换向接线图

与 L298N 相比，MX1508 不具有 A、B 组的使能端 ENA、ENB，要实现 PWM 调速，就要把 PWM 信号施加在控制信号端。以电机 A 来说，正转时，把 PWM 信号加在 IN1，

IN2 保持低电平；反转时，把 PWM 信号加在 IN 2，IN1 保持低电平。所以，要实现电机 A 的正反转和 PWM 调速，通常需要两路 PWM 信号。由于 STC15W4K32S4 的 6 路 15 位 PWM 都有两组引脚，如 PWM2 有 P3.7/PWM2 和 P2.7/PWM2_2。如果把 P3.7 接 IN1，P2.7 接 IN2，正转时，STC15 使 P3.7 输出 PWM 信号，P2.7 输出低电平；反转时，STC15 对 PWM2 进行引脚切换，使 P2.7 输出 PWM 信号，P3.7 输出低电平，如此就能用一个 PWM 通道实现对直流电机的 PWM 调速和正反转控制。

5.2.3 程序设计

实践使用的 STC15 片内模块有 PWM2、PWM5、T0、T1、T2、T4 和 S1，见图 5-9。

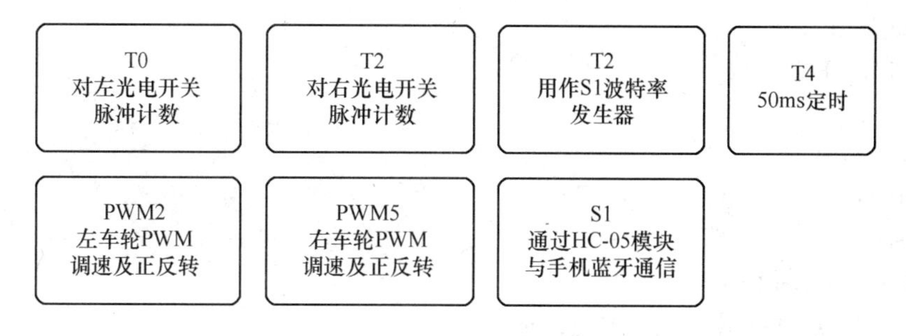

图 5-9　STC15 片内模块的使用

在主函数前，定义了全局数组变量 SendBuf 和 RcvBuf。SendBuf 用于存放实测的左、右车轮转速（转/分）。RcvBuf 用于存放 S1 串口接收的数据，分别是 2 字节的左车轮 PWM 设定值、2 字节的右车轮 PWM 设定值和 1 字节的小车运行/停止标志。其中，PWM 设定值为整形数，范围是-255 ~ +255，负数表示车轮反向运行。

主函数首先对片内各模块进行初始化。在其后的主循环中，当查询到 1s 标志时，就执行计算车轮转速并通过 S1 串口发送的操作；当查询到 S1 串口成功接收到 5 个字节的信息后，就调用函数 PWM25Set，控制左、右车轮电机。

函数 T014Init 把 T0、T1 设置为方式 1 的 16 位计数器，T4 设置为 50ms 定时中断。函数 T2S1Init 设置 T2 为 S1 波特率发生器，S1 方式 1，S1 引脚配置在 P1.6、P1.7。

函数 PWMInit 初始化 15 位 PWM。由 PWMCFG 设置 PWM 输出的初始电平为低电平，PWMCKS 设置 PWM 的计数脉冲源为系统时钟，分频数为 12，PWMC 置 PWM 每周期计数次数为 18432，即 PWM 脉冲周期为 20ms。

函数 PWM25Set 用于设置 PWM 2、PWM5。以 PWM2 为例，CPU 首先从串口接收区 RcvBuf 中读取左电机的 PWM 设定值，存入变量 n：$n>0$，电机正转，LeftDir 置 1；$n<0$，电机反转，LeftDir 置 0。n 的绝对值应小于 256，即 8 位的 PWM，但 PWMC 为 18432，所以要把 n 乘以 72。n 用于对 PWM2T2 赋值，如果 $n=0$，将使 PWM2T2 = PWMT1 = 0，PWM2 仅发生一次翻转，产生高电平的输出。为避免此情况，需把 n 值改为 1。在把 n 赋给 PWM2T2 后，还要根据 LeftDir 对 PWM2CR 赋值，即对 PWM2 进行引脚切换。最后，根据串口接收的小车运行/停止信息(存于 RcvBuf[4])对 PWMCR 赋值。

函数 S1Rcv 是具有超时检测功能的 S1 接收函数，如果对 RI 查询 1000 次其值仍为 0，便视为接收超时，该超时时间为 1.2ms，实测方法见 3.6.3 节。S1Rcv 返回 S1 实际接收的字符数。

下面是源程序代码：

```
/* File:P5_2.c */
#include <stc15.h>
#include <stdio.h>
#include <P01234Init.c>
#define FOSC 11059200L
#define BAUD 9600                    //串口波特率
#define PWM2_1   P37
#define PWM2_2   P27
#define PWM5_1   P23
#define PWM5_2   P42
void T014Init();
void T2S1Init();
void PWMInit();
void PWM25Set();
int S1Rcv(char *buf,int len);
int SendBuf[2];//左车轮转速,右车轮转速,rpm
char RcvBuf[6] = {0,50,0,50,1,0}; //S1 接收缓冲区
bit Second;                          //秒标志
bit LeftDir,RightDir;                //左车轮方向,右车轮方向
void main()
{
    P01234Init();
    T014Init();
    T2S1Init();
    PWMInit();
    PWM25Set();
    EA = 1;                          //开 CPU 中断
    while(1){                        //主循环
        if(Second){                  //1s 周期到
            Second = 0;
            SendBuf[0] = (TH0*256+TL0)*3;TH0 = TL0 = 0;//计算轮速,20 线码盘
            SendBuf[1] = (TH1*256+TL1)*3;TH1 = TL1 = 0;//rpm = (pps)*60sec/20
            if(!LeftDir)SendBuf[0] = -SendBuf[0];    //rpm_Left
            if(!RightDir)SendBuf[1] = -SendBuf[1];   //rpm_Right
            printf("%d %d %d %d\n",*(int *)RcvBuf,SendBuf[0],
                    *(int *)&RcvBuf[2],SendBuf[1]);
        }
        if(S1Rcv(RcvBuf,5)! =5)continue;//接收:Left PWM ,Right PWM,Run/Stop
        PWM25Set();
    }
```

```
}
/* T0、T1、T4 初始化函数
    T0、T1 为方式 1 计数器
    T4 为 50ms 定时中断
*/
void T014Init()
{
    TMOD = 0x55;//0101 -0101:T1,T0 方式 1,16 位,对 P3.5,P3.4 计数
    TR0 = TR1 =1;//T0 T1 Run
    T4H = (65536 -921600/20)/256;/* T4 50ms(20Hz)中断*/
    T4L = (65536 -921600/20)%256;
    T4T3M = 0x80;               //T4R =1,T4 Run;T4,T3 只有方式 0,T3 未用
    IE2 |= 0x40;                //允许 T4 中断(IE2.6 = ET4,IE2.5 = ET3)
    //T4T3M = [T4R][C/T][X12][CLKO][T3R][C/T][X12][CLKO]
}
/* T4 中断服务函数 */
void T4isr() interrupt 20       //T4 中断号为 20
{
    static unsigned char i;
    if( ++i ==20){//如果中断了 20 次(1sec),i 清零
        i =0;
        Second = 1; //置 1s 标志
    }
}
/* T2、S1 初始化函数
    T2 为波特率发生器,9600bps
    S1 方式 1
*/
void T2S1Init()
{
    T2L = (65536 - 288);        //(FOSC/4/BAUD) =288,设置波特率重装值
    T2H = (65536 - 288)>>8;     //波特率 =9600bps
    AUXR |= 0x15;//启动 T2,T2 1T 模式,选择 T2 为串口 S1 的波特率发生器,
    P_SW1 |= 0x80;              //S1_S1S1_S0 =00,01,10:S1 在 P3.0P3.1,P3.6P3.7,P1.6P1.7
    SM0 =0;SM1 =1;              //S1 方式 1
    REN = 1;                    //允许 S1 接收
    TI = 1;
    //AUXR:[T0*12][T1*12][UARTM0*6][T2R][T2C/T][T2*12][EXTRAM][S1ST2]
    //P_SW1(AUXR1):[S1_S1][S1_S0][][][][][][]
}
/*15 位增强型 PWM 初始化函数
    设置 PWM 脉冲频率为 50Hz
```

```
*/
void PWMInit()
{
    P_SW2 |= 0x80;                 //使能访问 XSFR
    PWMCFG = 0x00;                 //配置 PWM 的输出初始电平为低电平
    PWMCKS = 11;                   //PWM 时钟源为 FOSC/(11+1)=921600Hz
    PWMC = 18432;                  //(FOSC/12/50)置 PWM 每周期计数次数,PWM 频率=50Hz
    P_SW2 &= ~0x80;                //禁止访问 XSFR
    //PWMCFG:[-][CBTADC][C7INI][C6INI][C5INI][C4INI][C3INI][C2INI]
}
/*PWM2、PWM5 设置函数
     根据 RcvBuf 对 PWM2、PWM5 进行设置
*/
void PWM25Set()
{
    int n,r;
    n = *(int *)RcvBuf;            //取左车轮 PWM 值,整形数
    if(n<0){LeftDir=0;n=-n;}else{LeftDir=1;}//根据正负设定左车轮方向
    n = n*72;                      //换算为 PWM2T2 值,256×72=18432(=PWMC)
    if(n==0)n=1;                   //保证 PWM2T2≠PWM2T1(=0)
    r = *(int *)&RcvBuf[2];        //取右车轮 PWM 值,整形数
    if(r<0){RightDir=0;r=-r;}else{RightDir=1;}//根据正负设定右车轮方向
    r = r*72;                      //换算为 PWM5T2 值
    if(r==0)r=1;                   //保证 PWM5T2≠PWM5T1(=0)
    P_SW2 |= 0x80;                 //使能访问 XSFR
    PWM2T2 = n;                    //n 装入 PWM2T2
    PWM5T2 = r;                    //r 装入 PWM5T2
    PWM2CR = LeftDir? 0x00:0x08;     //根据左车轮方向进行引脚置换,P3.7 : P2.7
    PWM5CR = RightDir? 0x00:0x08;    //根据右车轮方向进行引脚置换,P2.3 : P4.2
    PWMCR = RcvBuf[4]? 0x89:00;      //根据 run/stop 使能/禁止 PWM2,PWM5 输出
    P_SW2 &= ~0x80;     //禁止访问 XSFR
    if(LeftDir)PWM2_2=0;else PWM2_1=0;//PWM2 另一组引脚输出低电平
    if(RightDir)PWM5_2=0;else PWM5_1=0;//PWM5 另一组引脚输出低电平
    if(RcvBuf[4]==0)PWM2_1=PWM2_2=PWM5_1=PWM5_2=0;//停车时所有引脚输出低电平
    //PWM2CR:[-][-][-][-][PWM2_PS][EPWM2I][EC2T2SI][EC2T1SI]
    //PWM5CR:[-][-][-][-][PWM5_PS][EPWM5I][EC5T2SI][EC5T1SI]
    //PWMCR=[ENPWM][ECBI][ENC7O][ENC6O][ENC5O][ENC4O][ENC3O][ENC2O]
}
/*具有超时检测功能的 S1 接收函数*/
int S1Rcv(char *buf,int len)
{
    int i,n;
```

```
    for(i=0,n=0;i<1000;i++){   //若循环 1000 次一直 RI=0,视为超时
        if(! RI)continue;      //RI=0,继续循环
            RI = 0;            //RI=1,已接收 1 字符,RI 清零
            i = 0;             //超时次数清零
            buf[n++] = SBUF;   //存入接收字符
            if(n>=len)break;   //接收字符数超限,退出
    }
    return n;                  //返回接收字符数
}
```

5.2.4 运行调试

STC15 控制的双驱小车实物如图 5-10 所示。

图 5-10 STC15 控制的双驱小车

源程序经编译下载到单片机。HC-05 蓝牙模块预先设为从机模式，波特率置为 9600bps，之后接到 STC15 的 P1.6、P1.7。单片机上电后，PWM25Set 函数按 RcvBuf 中的初始值对 PWM2、PWM5 进行设置，即两通道的 T2 值都是 50×72，两电机正转运行。

手机运行蓝牙串口通信助手（Bluetooth SPP），与 HC-05 配对，并设置输入输出类型为以 ASCII 方式显示手机接收到的信息，以 Hex 方式显示由手机发出的信息，见图 5-11(a)。

此后，通过接收窗口，可查看到以 ASCII 字符显示的 PWM 设定值和由码盘测得的转速值。如在图 5-11(b)的接收窗口中，第一行的“80 132 96 150”表示：左车轮 PWM 为 80，转速为 132rpm，右车轮 PWM 为 96，转速为 150rpm。还可在发送窗口输入 Hex 格式的数据，向 STC15 发送。如在图 5-11(b)的发送窗口中，信息“0050006001”对应的数据是 80（0050H）、96（0060H）和 1，即：左车轮 PWM 为 80、正向，右车轮 PWM 为 96、正向，小车运行。图 5-11(c)显示的是发送“ffabff6001”后，又发送“ffabff6000”的情况。其中，ffab 就是-85，ff60 就是-160。由图 5-11(c)可见，左、右车轮在反向转动后停止。

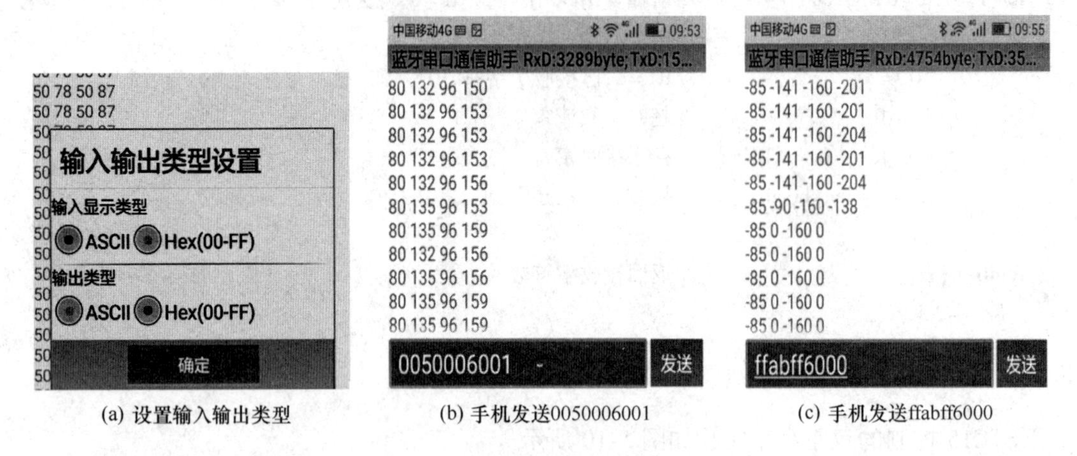

(a) 设置输入输出类型　　(b) 手机发送0050006001　　(c) 手机发送ffabff6000

图 5-11　通过手机蓝牙进行调试

5.3　ADC 与 PWM 应用——舵机机械手的操控

5.3.1　STC15 的 ADC 简介

STC15 的 ADC 由多路选择开关、比较器、逐次比较寄存器、10 位 DAC、转换结果寄存器（ADC_RES 和 ADC_RESL）以及 A/D 转换控制寄存器（ADC_CONTR）组成，其结构如图 5-12 所示。多路选择开关将 ADC0 ~ ADC7 之一的模拟量输入送给比较器，与 10 位 DAC 的输出进行比较，比较结果保存到逐次比较寄存器，最终的转换结果保存在ADC_RES 和 ADC_RESL。

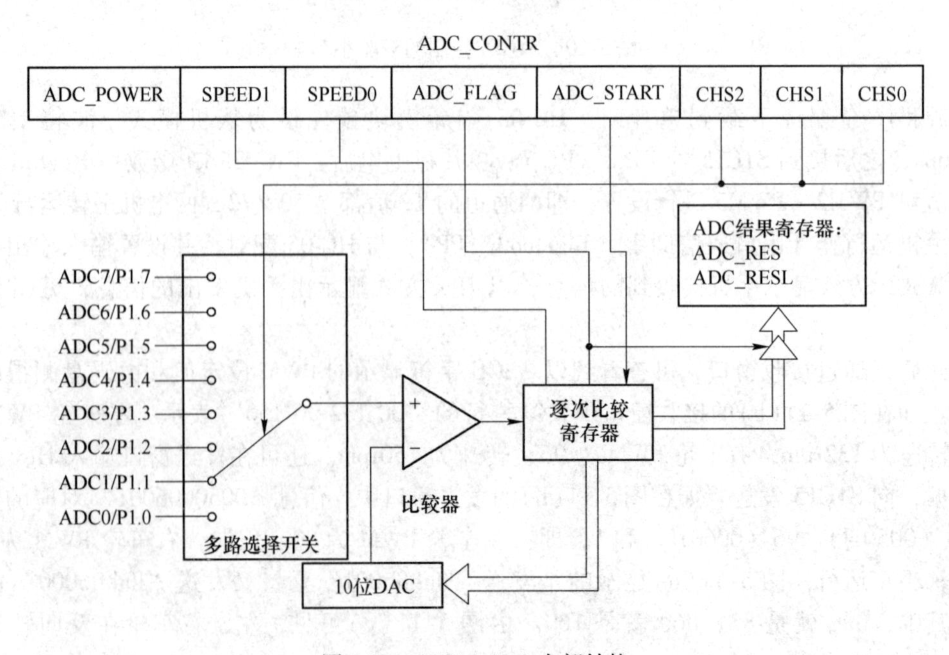

图 5-12　STC15 ADC 内部结构

ADC_CONTR 中的 ADC_POWER 是电源控制位，该位为 1 时，接通 A/D 转换器电源；为 0 时，关闭 A/D 转换器电源。SPEED1、SPEED0 是 A/D 转换速度选择位，00 时选 540T，01 时选 360T，10 时选 180T，11 时选 90T，T 为系统时钟周期。ADC_FLAG 是 A/D 转换结束标志，A/D 转换结束，ADC_FLAG 置 1，该位由软件清零。ADC_START 用于启动 A/D 转换，置 1 时，启动 A/D 转换，A/D 转换结束该位自动清零。CHS2、CHS1、CHS0 是模拟输入通道选择位，000 ~ 111 对应于 ADC0 ~ ADC7。

5.3.2 模块配置

本节实践用三只电位器作为输入器件，对由三只舵机驱动的机械手进行手动操控。

实践器件由 STC15W4K48S4、驱动机械手转盘、手臂、夹爪的三只舵机、三只电位器、7.4V 锂电池电源、STC 自动编程器和 L298N 模块组成，模块间的接线如图 5-13 所示。

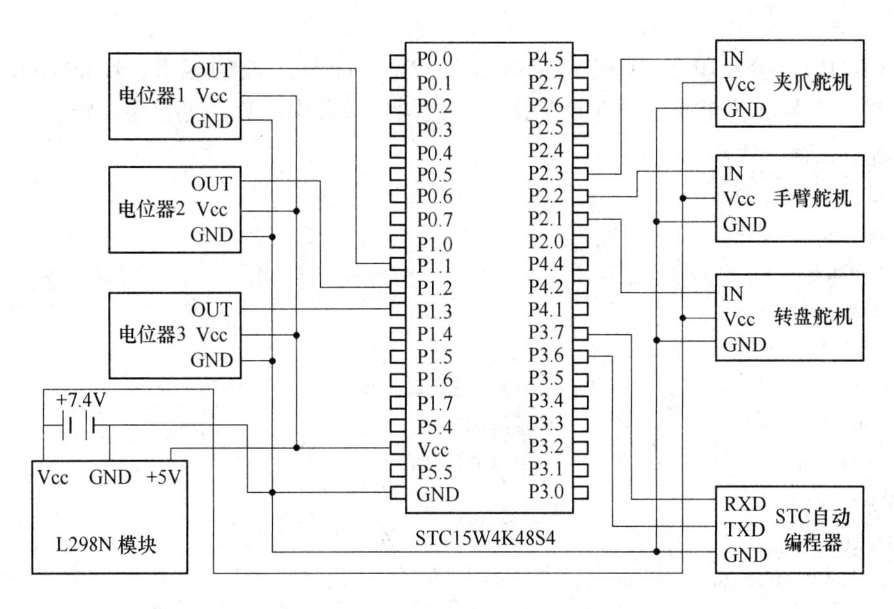

图 5-13 舵机机械手操控接线图

电路中，P2.1/PWM3、P2.2/PWM4、P2.3/PWM5 用于输出机械手三只舵机的控制信号。P1.1/ADC1、P1.2/ADC2、P1.3/ADC3 用作模拟量输入通道，接收来自三只电位器的电压输入。L298N 模块只用到其中的 +5V 稳压电路，为 STC15 供电。7.4V 锂电池电源既为 L298N 模块供电，也为三只舵机供电。STC 自动编程器用于 STC15 与 PC 之间的串行通信。

STC15 的 15 位 PWM 能够方便地产生舵机的控制信号。具体方法是：PWM 周期固定为 20ms，再设置 PWMnT1、PWMnT2，使两者之间的宽度在 0.5 ~ 2.5ms 范围内。

5.3.3 程序设计

实践使用的 STC15 片内模块有 ADC1，ADC2，ADC3，PWM3，PWM4，PWM5，T1，S1。主函数首先对片内各模块进行初始化。在其后的主循环中，依次进行读取 ADC 输入、

PWM 信号输出的操作。以第一段程序为例，CPU 首先调用 GetADC 函数读取 ADC1 对电位器的检测值，当比较出本次检测值超限（超限值为上次检测值 ±15）时，就调用 GetPWMCnt 函数将 ADC 结果换算为 PWM 计数次数，修改 PWM3T2，由此改变了相应 PWM 通道输出的高电平的宽度，从而使舵机产生动作。

函数 PWM345Init 用于初始化 PWM。由 PWMCFG 设置 PWM 输出的初始电平为低电平，PWMCKS 设置 PWM 的计数脉冲源为系统时钟，分频数为 12，PWMC 置 PWM 脉冲周期为 20ms。PWM3、PWM4、PWM5 第一次翻转的时间分别设置为 5、10、15ms，使它们输出高电平的时间错开。这三路 PWM 的第二次翻转时间是在主函数中设置的。

函数 T1S1Init 设置 T1 为 S1 波特率发生器，S1 方式 1，S1 引脚配置在 P3.6、P3.7。

函数 GetADC 执行对指定通道的 A/D 转换，源代码在 GETADC. c 文件中。该函数首先对寄存器 ADC_CONTR 赋值，使 ADC 上电并启动 A/D，并设置转换时间。其后，通过查询 ADC_FLAG 标志位判定 A/D 转换是否结束。A/D 转换结束后，就读取 10 位的结果并返回。

GetPWMCnt 是将 10 位 ADC 结果换算为 PWM 计数次数的函数，GetServoDeg 是将 PWM 计数次数换算为舵机输出角度的函数。这两个函数中的算法见程序注释。

下面是源程序代码：

```
/* File:P5_3.c */
#include <stc15.h>
#include <stdio.h>
#include <intrins.h>
#include <P01234Init.c>
#include <GETADC.c>                    /*源代码见 2.1 节*/
#define FOSC 11059200L                 //系统频率
#define BAUD 19200                     //串口波特率
void PWM345Init();
void T1S1Init();
unsigned int GetPWMCnt(unsigned int n);
unsigned int GetServoDeg(unsigned int cnt);
main()
{
    unsigned int n,n1,n2,n3,cnt,deg;
    P01234Init();
    P1ASF = 0x07;                      //P1.0~P1.2 模拟输入.P1ASF:[P17ASF..P10ASF]
    PWM345Init();
    T1S1Init();
    while (1){
        n = GetADC(1);                 //读取 ADC1
        if(n>n1+15 || n1>n+15){        //本次检测值超出上次检测值 ±15
            cnt = GetPWMCnt(n);        //计算 PWM 计数次数
            PWM3T2 = PWM3T1+cnt;//写入计数次数
            deg = GetServoDeg(cnt);//计算舵机定位角度
```

```
            n1 = n;
            printf("CH1:%d,%d,%d°\t",n,cnt,deg);//串口发送
        }
        n = GetADC(2);
        if(n>n2+15 || n2>n+15){
            cnt = GetPWMCnt(n);
            PWM4T2 = PWM4T1+cnt;
            deg = GetServoDeg(cnt);
            n2 = n;
            printf("CH2:%d,%d,%d°\t",n,cnt,deg);
        }
        n = GetADC(3);
        if(n>n3+15 || n3>n+15){
            cnt = GetPWMCnt(n);
            PWM5T2 = PWM5T1+cnt;
            deg = GetServoDeg(cnt);
            n3 = n;
            printf("CH3:%d,%d,%d°\t",n,cnt,deg);
        }
    }
}
/*PWM3、PWM4、PWM5初始化函数
    PWM脉冲周期为20ms
*/
void PWM345Init()
{
    P_SW2 |= 0x80;                  //使能访问XSFR
    PWMCFG = 0x00;                  //PWM初始为低电平
    PWMCKS = 11;                    //PWM时钟源为FOSC/12=921600Hz
    PWMC = (FOSC/12/50);            //PWM每周期计数次数,PWM频率=50Hz
    PWM3T1 = (FOSC/12/200);         //PWM3第1次反转PWM计数,5ms
    PWM3CR = 0x00;                  //PWM3输出到P2.1
    PWM4T1 = (FOSC/12/100);         //PWM4第1次反转PWM计数,10ms
    PWM4CR = 0x00;                  //PWM4输出到P2.2
    PWM5T1 = (FOSC/1200*15/10);//PWM5第1次反转PWM计数,15ms
    PWM5CR = 0x00;                  //PWM5输出到P2.3
    PWMCR = 0x8E;                   //使能PWM,使能PWM3,PWM4,PWM5信号输出
    /*由于CPU不访问其他XRAM区,此处不禁止CPU访问XSFR(P_SW2 &= ~0x80;)*/
}
/*T1、S1初始化函数
    T1为S1波特率发生器,19200bps
    S1方式1,配置在P3.6、P3.7
*/
```

```
void T1S1Init( )
{
    P_SW1 | = 0x40;                   //串口 1 在 P3.6 P3.7
    AUXR = 0x40;                      //T1 1T 模式
    TMOD = 0x00;                      //T1 方式 0(16 位自动重载)
    TL1 = (65536 - (FOSC/4/BAUD)); //设置波特率重装值
    TH1 = (65536 - (FOSC/4/BAUD)) >>8;
    TR1 = 1;                          //启动 T1
    SM0 =0;SM1 =1;                    //串口方式 1
    REN = 1;                          //允许 S1 接收
    TI = 1;
    //AUXR:[T0 * 12][T1 * 12][UARTM0 * 6][T2R][T2C/T][T2 * 12][EXTRAM][S1ST2]
    //P_SW1(AUXR1):[S1_S1][S1_S0][ ][ ][ ][ ][ ][ ]
}
/ * 将 10 位 ADC 结果换算为 PWM 计数次数的函数
    n:ADC 转换结果,0 ~ 1023,对应于 0.5 ~ 2.5ms
    返回:PWM 计数次数
 * /
unsigned int GetPWMCnt( unsigned int n)
{
    unsigned int freq;                //舵机信号高电平时间(0.5 ~ 2.5ms)的倒数
    unsigned int cnt;                 //PWM 计数次数
    freq =2000 -25 * n/16;            / * freq =2000 + (400 -2000)/1023 * n≈2000 -25 * n/16 * /
    cnt = FOSC/12/freq;               //PWM 计数次数 = PWM 计数脉冲源频率/freq
    return (cnt);
}
/ * 将 PWM 计数次数换算为舵机输出角度的函数
    cnt:PWM 计数次数
    返回:舵机输出角度
 * /
unsigned int GetServoDeg( unsigned int cnt)
{
    unsigned int deg;//舵机输出角度
    / * deg =180°/(2.5ms -0.5ms) * (cnt/f -0.5ms) =9 * 25/2304 * cnt -45≈(9 * cnt/92 -45)° * /
    deg = 9 * cnt/92 -45;
    return deg;
}
```

5.3.4 运行调试

本节实践的硬件组成如图 5-14 所示。

源程序经编译生成 HEX 文件，下载到单片机。

单片机和舵机通电后，任意旋转三只电位器的旋钮，观察机械手的动作。

图 5-14 STC15 控制的三舵机机械手

单片机、PC 通过 STC 自动编程器连接。在 STC-ISP 的串口助手窗口，设置波特率为 19200bps，打开串口。之后，任意旋转三只电位器的旋钮。观察串口接收缓冲区的显示。图 5-15 显示的是分别旋转 ADC3、ADC2、ADC1 通道电位器时，STC15 向 PC 发送的数据，可与三个舵机实际转动的角度进行对比。

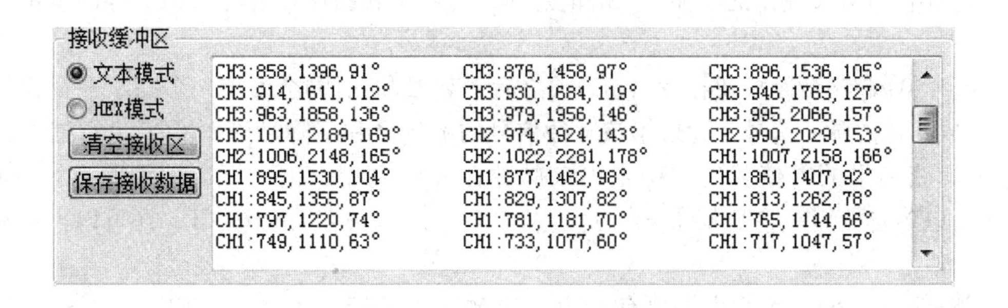

图 5-15 STC15 发送的数据

5.4 CCP 应用——三路超声测距的实现

5.4.1 模块配置

本节实践是在实现双驱小车直流电机驱动的基础上，进行三路超声测距操作。

实践器件由 STC15W4K48S4、MX1508 模块、3 只 HC-SR04 模块、双驱小车底盘套件、槽型光电开关及 20 线码盘、HC-05 蓝牙模块、7805 稳压器和 2 节 3.7V 锂电池组成。7805 稳压器将 7.4V 的直流输入稳压为 5V 输出，为数字电路供电。小车直流电机直接由 7.4V 电源供电。图 5-16 为模块间的接线图。

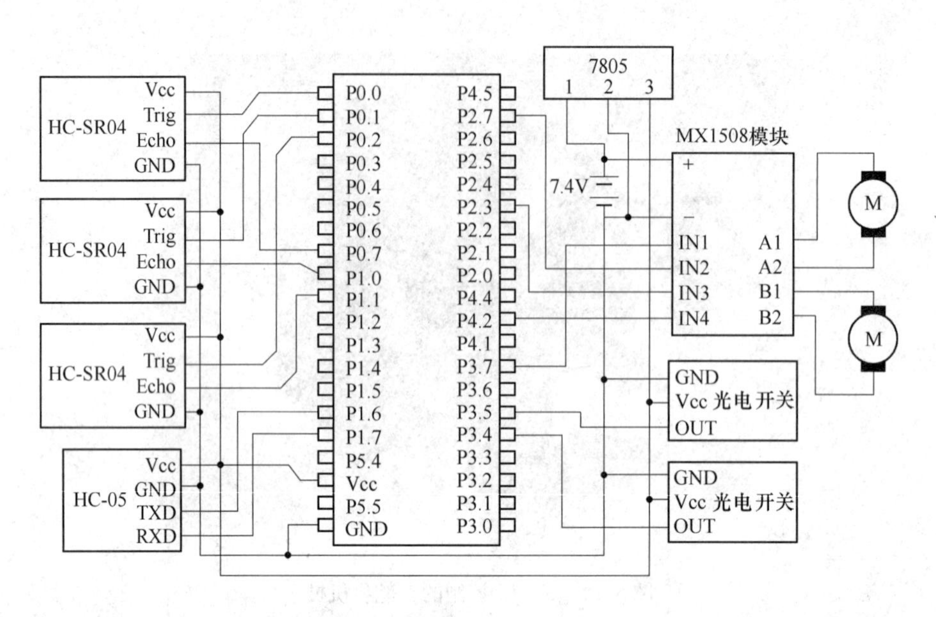

图5-16 三路超声测距小车模块接线图

5.4.2 程序设计

STC15W4K32S4片内的CCP模块有CCP0、CCP1两个通道，都具有捕获、定时、高速脉冲输出和PWM输出的功能。CCP的总体内部结构和编程方法与STC12的PCA模块相同。

HC-SR04超声测距模块在发出超声波之后，其Echo引脚会发出一个高电平宽度与检测距离成正比的脉冲信号。如果用该脉冲信号的上升沿和下降沿触发CCP进行捕获，则由两次捕获结果的差值就可以确定出该脉冲信号的宽度，进而算出检测距离。CCP0、CCP1可以各自检测一路Echo信号，通过查询CCP计数寄存器CH、CL，还可以再检测一路Echo信号。

实践使用的STC15片内模块有CCP，PWM2，PWM5，T0，T1，T2，T4，S1，如图5-17所示。主函数开始是对以上各模块进行初始化。在主循环中，以1s为周期，进行三路超声测距操作。同时，也能够从串口接收信息，对双驱小车进行控制，方法同5.2节。

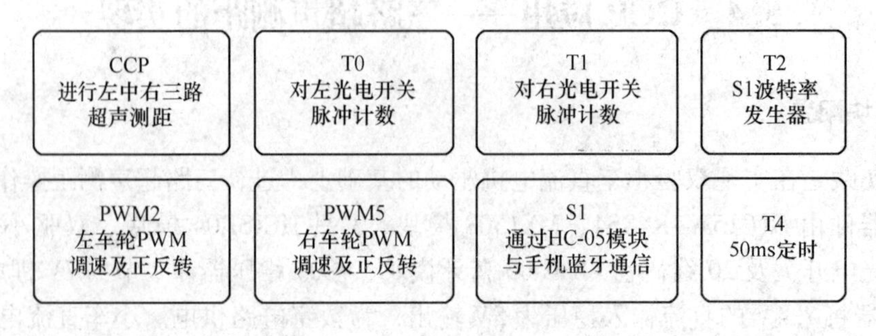

图5-17 STC15片内模块的使用

源程序中，函数 CCPinit 设定 CCP 模块的计数脉冲源为 $F_{OSC}/12$，即 921600Hz。CCP0、CCP1 为双边沿捕获，允许捕获中断。当 CCP0、CCP1 发生捕获中断时，CPU 就进入 CCP 中断服务函数 CCP_isr。在 CCP_isr 函数中，要判断中断源：如果 CCF0 被置位，是 CCP0 中断；如果 CCF1 被置位，是 CCP1 中断。再者，还要判断是上升沿中断还是下降沿中断：如果 P11（对 CCP0）或 P10（对 CCP1）为 1，为上升沿中断，这时就保存当前的捕获值；反之，则为下降沿中断，这时就把当前的捕获值减去上升沿中断时保存的捕获值，得到 Echo 脉冲高电平宽度对应的 CCP 计数值，分别保存在全局变量 CCP0cnt、CCP1cnt 中。

函数 GetDistance 执行启动超声测距并获得测量结果。函数首先向各 HC-SR04 模块的 Trig 引脚发高电平，启动 CCP 计数，并通过查询 CL 判定 Trig 高电平持续的时间。在 Trig 输出约 20μs 的高电平后，便通过查询的方法获得 LeftEcho 引脚的高电平时间，即 CCP 的计数次数。MidEcho、RightEcho 高电平时间的 CCP 计数次数则由 CCP0、CCP1 的捕获得到。在主函数中，把这三个计数次数换算成距离值，并调用 printf 函数通过 S1 串口发送。

下面是源程序代码：

```
/* File:P5_4.c */
#include <stc15.h>
#include <stdio.h>
#include <P01234Init.>
#define FOSC 11059200L
#define BAUD 9600                    //串口波特率
#define PWM2_1   P37
#define PWM2_2   P27
#define PWM5_1   P23
#define PWM5_2   P42
#define LeftTrig   P00
#define MidTrig   P01
#define RightTrig   P02
#define LeftEcho   P07
#define MidEcho   P10                /*CCP1*/
#define RightEcho   P11              /*CCP0*/
void T014Init();
void T2S1Init();
void PWMInit();
void CCPInit();
void PWM25Set();
void GetDistance();
int S1Rcv(char *buf,int len);
int SendBuf[2];                      //rpm_Left,rpm_Right
char RcvBuf[6] = {0,30,0,30,1,0};//S1 接收缓冲区
bit Second;                          //秒标志
bit LeftDir,RightDir;
```

```
unsigned int dLeft,dMid,dRight,CCP0cnt,CCP1cnt;
void main()
{
    P01234Init();
    T014Init();
    T2S1Init();
    PWMInit();
    CCPInit();
    PWM25Set();
    EA = 1;                          //开 CPU 中断
    while(1){                        //主循环
        if(Second){                  //1s 周期到
            Second = 0;
        /* SendBuf[0] = (TH0 * 256 + TL0) * 3;TH0 = TL0 = 0;  //计算轮速,20 线码盘
            SendBuf[1] = (TH1 * 256 + TL1) * 3;TH1 = TL1 = 0;  //rpm = (pps) * 60sec/20
            if(! LeftDir)SendBuf[0] = -SendBuf[0];              //rpm_Left
            if(! RightDir)SendBuf[1] = -SendBuf[1];             //rpm_Right
            printf("%d %d %d %d\n", *(int *)RcvBuf,SendBuf[0],
                   *(int *)&RcvBuf[2],SendBuf[1]);
        */
            GetDistance();
            printf("cm:%3.1f\t%3.1f\t%3.1f\n",dLeft * 0.0184,
                dMid * 0.0184,dRight * 0.0184);     //S1 格式化输出距离值
        }                                           //0.0184 = 17000(cm/s)/921600(Hz)
        if(S1Rcv(RcvBuf,5)! =5)continue;            //接收:int nLeft,int nRight,char Run/Stop
        PWM25Set();
    }
}
void T014Init()
{
      TMOD = 0x55;                   //0101 -0101:T1,T0 方式 1,16 位,对 P3.5,P3.4 计数
      TR0 = TR1 =1;                  //T0 T1 Run
      T4H = (65536 -921600/20)/256;/* T4 50ms(20Hz)中断 */
      T4L = (65536 -921600/20)%256;
      T4T3M = 0x80;                  //T4R =1,T4 Run;T4,T3 只有方式 0,T3 未用
      IE2 |= 0x40;                   //允许 T4 中断(IE2.6 = ET4,IE2.5 = ET3)
}
void T2S1Init()
{
      T2L = (65536 - 288);           //(FOSC/4/BAUD) =288,设置波特率重装值
      T2H = (65536 - 288) >>8;       //波特率 =9600bps
      AUXR |= 0x15;                  //启动 T2,T2 1T 模式,选择 T2 为串口 S1 的波特率发生器,
      P_SW1 |= 0x80;                 //S1S0 =00,01,10:S1 在 P3.0P3.1,P3.6P3.7,P1.6P1.7
```

```
        SM0 =0;SM1 =1;                //S1 方式 1
        REN = 1;                      //允许 S1 接收
        TI = 1;
}
void PWMInit( )
{
        P_SW2 | = 0x80;               //使能访问 XSFR(P_SW2. B7 : : EAXSFR)
        PWMCFG = 0x00;                //配置 PWM 的输出初始电平为低电平
        PWMCKS = 11;                  //PWM 时钟源为 FOSC/(11 +1) =921600Hz(PWMCKS. 4 =0 : Sysclk)
        PWMC = 18432;                 //(FOSC/12/50)置 PWM 每周期计数次数,PWM 频率 =50Hz
        P_SW2 & = ~0x80;              //禁止访问 XSFR
}
void T4isr( ) interrupt 20            //T4 中断号为 20
{
    static unsigned char i;
    if( ++i ==20){//如果中断了 20 次,i 清零
            i =0;
            Second = 1; //置 1s 标志
    }
}
void PWM25Set( )
{
    int n,r;
    n = *(int *)RcvBuf;//Left Wheel
    if(n <0){LeftDir =0;n = -n;}else {LeftDir =1;}
    n = n*72;//256 ×72 =18432( =PWMC)
    if(n ==0)n =1;//保证 PWM2T2≠PWM2T1( =0)
    r = *(int *)&RcvBuf[2];//Right Wheel
    if(r <0){RightDir =0;r = -r;}else {RightDir =1;}
    r = r*72;
    if(r ==0)r =1;//保证 PWM5T2≠PWM5T1( =0)
    P_SW2 | = 0x80;                   //使能访问 XSFR
    PWM2T2 = n;                       //Left
    PWM5T2 = r;                       //Right
    PWM2CR = LeftDir? 0x00:0x08;  //P3. 7 : P2. 7
    PWM5CR = RightDir? 0x00:0x08;//P2. 3 : P4. 2
    PWMCR = RcvBuf[4]? 0x89:00; //使能 PWM,使能:禁止 PWM2,PWM5 输出
    P_SW2 & = ~0x80;                  //禁止访问 XSFR
    if(LeftDir)PWM2_2 =0;else PWM2_1 =0;
    if(RightDir)PWM5_2 =0;else PWM5_1 =0;
    if(RcvBuf[4] ==0)PWM2_1 = PWM2_2 = PWM5_1 = PWM5_2 =0;
}
/*具有超时检测功能的 S1 接收函数
```

```
    buf:接收缓冲,len:缓冲区长度
    返回:接收字符数
*/
int S1Rcv(char *buf,int len)
{
    int i,n;
    for(i=0,n=0;i<1000;i++){  //若循环 1000 次一直 RI=0,视为超时
        if(!RI)continue;       //RI=0,继续循环
        RI = 0;                //RI=1,已接收 1 字符,RI 清零
        i = 0;                 //超时次数清零
        buf[n++] = SBUF;       //存入接收字符
        if(n>=len)break;       //接收字符数超限,退出
    }
    return n;                  //返回接收字符数
}
/*测距函数
    启动三路 HC-SR04 模块测距
    得到各模块 ECHO 信号高电平时间
*/
void GetDistance()
{
    unsigned int n;
    LeftTrig = MidTrig = RightTrig = 1;//Trig 引脚高电平
    CH=CL=0;                         //CCP 计数器清零
    CR = 1;                          //CCP 开始计数
    while(CL<20);                    //延时约 20μs
    LeftTrig = MidTrig = RightTrig = 0;//Trig 引脚低电平
    while(CH<0x60&&!LeftEcho);       //等待 LeftEcho 高电平,CH≥60H,超时
    n=CH*256+CL;                     //检测到 Echo 高电平,存 CCP 计数值
    while(LeftEcho);                 //LeftEcho 高电平期间,等待
    dLeft = (CH*256+CL)-n;           //LeftEcho 变为低电平,取两次计数值之差
    while(CH<(0x60+0x60));           //450cm/0.0184=24456,60H*256=24576
    dMid = CCP1cnt;                  //CCP1 对应中测头
    dRight= CCP0cnt;                 //CCP0 对应右测头
    CCON=0;                          //CR=CCF1=CCF0=0
}
/*CCP 初始化函数
    CCP 对 FOSC/12 计数
    CCP0、CCP1 置为双边沿捕获方式
*/
void CCPInit()
{
    CMOD = 0x00;                //CCP 对 FOSC/12 计数
```

```
    CCAPM0 = 0x31;                  //CCP0 对 P1.1 上升沿/下降沿捕获,允许 CCP0 中断
    CCAPM1 = 0x31;                  //CCP1 对 P1.0 上升沿/下降沿捕获,允许 CCP1 中断
    //PPCA = 1;                     //设置 PCA 中断为优先级 1
    //CCAPM0:[-][ECOM0][CAPP0][CAPN0][MAT0][TOG0][PWM0][ECCF0]
    //CCAPM1:[-][ECOM1][CAPP1][CAPN1][MAT1][TOG1][PWM1][ECCF1]
    //CCON:[CF][CR][-][-][-][CCF2][CCF1][CCF0]
    //CMOD:[CIDL][-][-][-][CPS2][CPS1][CPS0][ECF]
}
/* CCP 中断服务函数 */
void CCP_isr() interrupt 7          //PCA 中断序号 = 7
{
    if(CCF0){
        CCF0 = 0;
        if(P11)CCP0cnt = (CCAP0H * 256 + CCAP0L);//P1.1/CCP0 上升沿中断
        else CCP0cnt = (CCAP0H * 256 + CCAP0L) - CCP0cnt;//P1.1/CCP0 下降沿中断
    }
    if(CCF1){
        CCF1 = 0;
        if(P10)CCP1cnt = (CCAP1H * 256 + CCAP1L);//P1.0/CCP1 上升沿中断
        else CCP1cnt = (CCAP1H * 256 + CCAP1L) - CCP1cnt;//P1.0/CCP1 下降沿中断
    }
}
```

5.4.3 运行调试

本节实践的硬件组成如图 5-18 所示。

图 5-18 三路超声测距小车

源程序经编译生成 HEX 文件，下载到单片机。

HC-05 蓝牙模块预先设为从机模式，波特率置为 9600bps，之后接到 STC15 的 P1.6、P1.7。

单片机上电后，两电机正转运行。

手机运行蓝牙串口通信助手（Bluetooth SPP），与 HC-05 配对。此后，通过接收窗口，可查看到三路 HC-SR04 模块测得的距离值。图 5-19(a)、(b)、(c)分别显示了有物体靠近然后再离开左路、中路、右路模块时的实测值。

中国移动4G 蓝牙串口通信助手 RxD:	中国移动4G 蓝牙串口通信助手 RxD:	中国移动4G 蓝牙串口通信助手 RxD:
cm:4.9 47.5 49.5	cm:56.9 5.9 52.3	cm:49.5 48.8 6.5
cm:6.2 47.9 50.3	cm:56.4 5.9 51.9	cm:49.5 48.8 7.8
cm:4.6 47.5 52.5	cm:56.4 5.9 52.4	cm:49.9 47.9 7.1
cm:4.4 47.5 49.9	cm:56.4 6.5 52.4	cm:49.9 48.3 6.8
cm:4.4 47.5 50.3	cm:56.4 6.1 51.9	cm:50.0 47.9 6.8
cm:4.3 47.4 50.7	cm:56.8 6.1 51.9	cm:50.8 48.3 6.8
cm:4.3 48.3 49.9	cm:50.5 47.9 50.3	cm:50.8 48.3 6.8
cm:50.8 47.5 49.9	cm:50.8 47.5 51.6	cm:50.8 47.5 51.2
cm:50.8 47.5 50.3	cm:51.6 47.5 50.7	cm:50.4 47.5 52.5
cm:50.5 47.5 50.3	cm:50.4 47.5 51.2	cm:50.4 47.5 51.2
cm:51.6 47.5 50.7	cm:50.4 47.9 51.2	cm:52.1 47.5 51.2
(a) 物体靠近左路	(b) 物体靠近中路	(c) 物体靠近右路

图 5-19 三路超声测距实测值

5.5 外部中断应用——滑块自动往返控制

5.5.1 滑台组成

在图 5-20 所示的滑台中，直流电机通过同步带使丝杆转动，丝杆上的滑块做直线运动，丝杆的螺距为 4mm。在丝杆左轴端，安装有一只 888 线 AB 编码器。该编码器由 5V 直流电源供电，能够直接输出 A、B 两路正交脉冲信号。在丝杆左、右轴端的位置，各安装有一只光电开关，用于极限位置检测。这两个光电开关与双驱小车中使用的相同，遮光时，输出低电平信号；透光时，输出高电平信号。

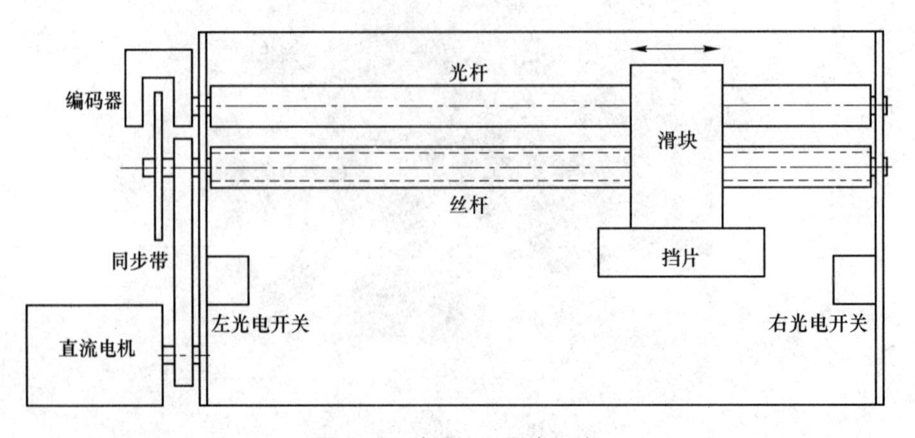

图 5-20 直流电机滑台组成

5.5.2 模块配置

STC15W4K48S4 的外部中断有 INT0 ~ INT4，其中的 INT0、INT1 有上升沿/下降沿触

发和仅下降沿触发两种触发中断方式，INT2、INT3、INT4 只有下降沿触发中断方式。本节实践用 STC15 的外部中断实现滑台极限位置检测和电机自动换向，以及 AB 编码器的脉冲计数。

实践器件由 STC15W4K48S4、MX1508 模块、888 线 AB 编码器、HC-05 蓝牙串口模块、光电开关、7805 稳压器和 7.4V 锂电池电源组成，模块间的接线如图 5-21 所示。

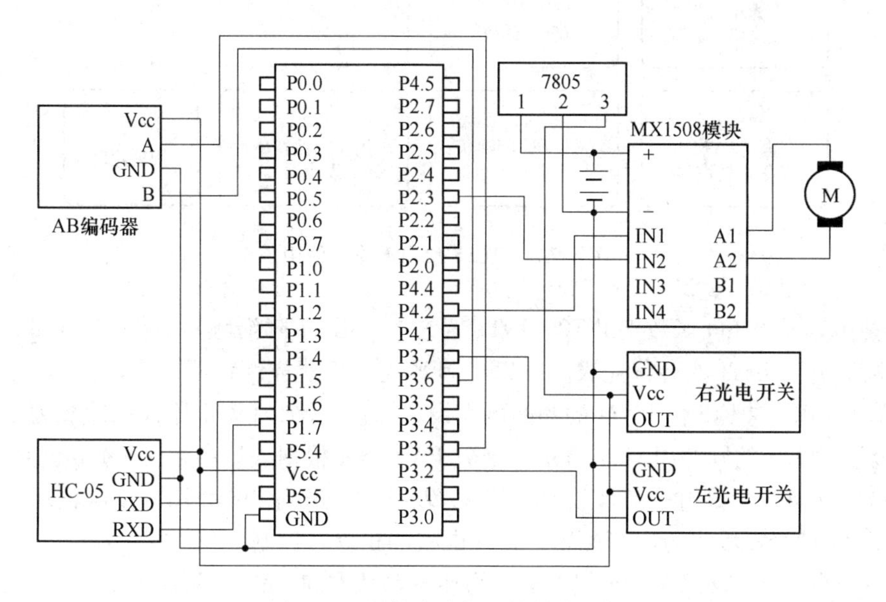

图 5-21 滑块自动往返控制接线图

电路中，左位光电开关的输出信号接到 P3.2/INT0 引脚，当滑块左移到滑台左极限位置时，该开关被遮挡，P3.2 就得到下降沿信号而触发 INT0 中断，此时应使滑块停止并准备向右移动。此后，当滑块开始从左向右移动时，P3.2 将得到上升沿信号又触发 INT0 中断，此时应把滑台的坐标值设置为 0。右位光电开关的输出信号接到 P3.7/INT3 引脚。当滑块右移到滑台右极限位置时，该开关被遮挡，P3.7 就得到下降沿信号而触发 INT3 中断，此时应使滑块停止并准备向左移动。此后，当滑块开始从右向左移动时，P3.7 将得到上升沿信号，但不会触发 INT3 中断。AB 编码器的 A 相输出接到 P3.3/INT1，B 相输出接到 P3.6。INT1 设置为上升沿/下降沿触发方式后，A 相信号的上升沿和下降沿就都能够触发 INT1 中断，P3.6 作为普通 I/O 使用。MX1508 的 IN1 接 P2.3/PWM5，IN2 接 P4.2/PWM5_2，A1、A2 接直流电机。这样既可以通过 PWM5 的输出对直流电机进行调速，又能够通过对 PWM5 的引脚置换实现电机换向。7805 稳压器的 5V 输出为数字电路供电，直流电机直接由 7.4V 电源供电。

5.5.3 程序设计

实践使用的 STC15 片内模块有 INT0，INT1，INT3，PWM5，T2，T4，S1，如图 5-22 所示。主函数开始是对以上各模块进行初始化，然后通过调用 PWM5Set（-50）控制滑块向左移动。滑块回到原点后，再调用 PWM5Set（50）控制滑块向右移动。由于滑块目的坐标 Xto 的初始值大于滑块当前坐标 Xpos 的最大值，滑块将因不能到达目的坐标而做循环往复运动。主循环的结构是查询秒标志和串口输入并进行处理。当查询到由 T4 定时产生的秒标志置位，就通过 S1 串口格式化发送 Xto、Xpos 的值。当查询到 S1 成功接收了信息，就把接收的信息转为整型数并赋给 Xto，然后使能 PWM5 输出。

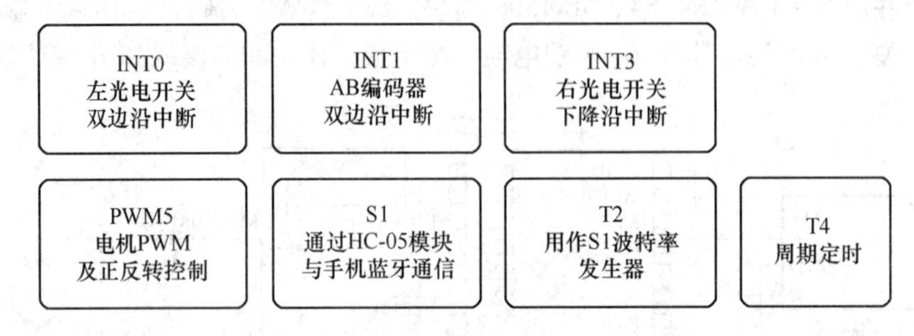

图 5-22 STC15 片内模块的使用

程序中，Int013Init 函数把 INT0、INT1 置为上升沿/下降沿触发中断，开 INT0、INT1、INT3 中断，并置 INT1 为高优先级。INT3 中断固定为低优先级，不需设置。

函数 PWMInit 把 15 位 PWM 的初始电平设置为低电平，PWM 计数脉冲源为系统时钟的 12 分频，PWM 的脉冲周期为 20ms。函数 PWM5Set 根据入口参数 PWMup 设置 PWM5。PWMup 为 8 位 PWM 高电平的计数值，放大 72 倍后，送到 PWM5T2。该函数还根据 PWMup 的正/负对 PWM5 进行引脚配置，实现电机的正反转控制。

INT0 中断服务函数 Int0_isr 把电机置为使滑块从左向右移动的转向，并置滑块坐标值为 0。INT3 中断服务函数 Int3_isr 把电机置为使滑块从右向左移动的转向。

INT1 中断服务函数 Int1_isr 首先从 P3.3、P3.6 引脚读得 AB 编码器 A、B 信号的状态，然后判定码盘旋转方向，对滑块当前点坐标进行加 1/减 1 操作。最后，把滑块当前坐标与滑块目的坐标相比较，若两者相等，通过禁止 PWM5 输出使电机停止转动。由于惯性作用，滑块停止后的坐标并不与其目的坐标相等。

全局变量 Xpos 为滑块当前坐标，即从滑台左位开始计数的 AB 编码器脉冲数。当滑块从右向左运动到滑台左位时，左位光电开关下降沿触发 INT0 中断，使 Xpos 为 0。由于惯性作用，滑块将继续向左运动，Xpos 会得到负值。此后滑块从左向右运动，由左位光电开关上升沿再次触发 INT0 中断，使 Xpos 为 0，此为滑台真正的原点。全局变量 Xto 为滑块目的坐标，由串口输入得到。

本节实践的源程序如下：

```
/* File:P5_5.c */
#include <stc15.h>
#include <stdio.h>
#include <stdlib.h>
#include <P01234Init.c>
#define PWM5_1   P23
#define PWM5_2   P42
#define CH_A   P33
#define CH_B   P36
```

```
void Int013Init( );
void T2S1Init( );
void T4Init( );
void PWMInit( );
void PWM5Set( int PWMup);
int S1Rcv( char * buf,int len);
volatile unsigned int Xpos,Xto = 20000;  //滑块当前坐标,滑块目的坐标
char RcvBuf[8];                          //S1 接收缓冲区
bit Second;                              //秒定时标志
void main( )
{
    P01234Init( );
    Int013Init( );
    T2S1Init( );
    T4Init( );
    PWMInit( );
    EA = 1;                              //开 CPU 中断
    PWM5Set( -50);                       //X 反向移动
    while( P32);                         //回原点
    PWM5Set(50);                         //X 正向移动
    while(1){                            //主循环
        int n;
        if( Second) {                    //1s 定时周期到
            Second = 0;
            printf("%d X%d\n",Xto,Xpos);
        }
        if( n = S1Rcv( RcvBuf,7) ==0) continue;
        n = atoi( RcvBuf);               //如果 S1 成功接收了信息,把信息转换为整形数
        Xto = n;                         //刷新滑块目的坐标
        for( n =0;n <8;n ++ ) RcvBuf[ n] =0;//清 RcvBuf 缓存
        P_SW2 |= 0x80;                   //使能访问 XSFR
        PWMCR |= 0x08;                   //使能 PWM5 输出
        P_SW2 &= ~0x80;                  //禁止访问 XSFR
    }
}
/* PWM 初始化函数
    PWM 脉冲频率置为 50Hz
*/
void PWMInit( )
{
    P_SW2 |= 0x80;                       //使能访问 XSFR(P_SW2. B7 : : EAXSFR)
    PWMCFG = 0x00;                       //配置 PWM 的输出初始电平为低电平
    PWMCKS = 11;                         //PWM 时钟源为 FOSC/(11 +1) =921600Hz(PWMCKS.4 =0 . Sysclk)
```

```
    PWMC = 18432;                   //(FOSC/12/50)置 PWM 每周期计数次数,PWM 频率=50Hz
    P_SW2 &= ~0x80;                 //禁止访问 XSFR
    //PWMCFG:[-][CBTADC][C7INI][C6INI][C5INI][C4INI][C3INI][C2INI]
}
/* INT0,INT1,INT3 初始化函数
    INT0、INT1 为双边沿触发中断
    INT3 为下降沿触发中断
*/
void Int013Init()
{
    IT0 = 0;                        //置 INT0 双边沿触发中断
    EX0 = 1;                        //开 INT0 中断
    IT1 = 0;                        //置 INT1 双边沿触发中断
    EX1 = 1;                        //开 INT1 中断
    PX1 = 1;                        //INT1
    INT_CLKO |= 0x20;               //EX3=1,开 INT3 中断,INT2,3,4 只能下降沿触发
    //INT_CLKO:外部中断允许和时钟输出寄存器
    //[-][EX4][EX3][EX2][MCKO_S2][T2CLKO][T1CLKO][T0CLKO]
}
/* T2,S1 初始化函数
    S1 方式 1,9600bps,管脚配置在 P1.6、P1.7
*/
void T2S1Init()
{
    T2L = (65536 - 288);            //(FOSC/4/BAUD)=288,设置波特率重装值
    T2H = (65536 - 288)>>8;         //波特率=9600bps
    AUXR |= 0x15;                   //启动 T2,T2 1T 模式,选择 T2 为串口 S1 的波特率发生器,
    P_SW1 |= 0x80;                  //S1S0=00,01,10:S1 在 P3.0/P3.1,P3.6/P3.7,P1.6/P1.7
    SM0=0;SM1=1;                    //S1 方式 1
    REN = 1;                        //允许 S1 接收
    TI = 1;                         //TI 置位
}
/* T4 初始化函数
    50ms(20Hz)定时中断
*/
void T4Init()
{
    T4H = (65536-921600/20)/256;/* 50ms(20Hz)计数初值 */
    T4L = (65536-921600/20)%256;
    T4T3M = 0x80;                   //T4R=1,T4 Run;T4,T3 只有方式 0,T3 未用
    IE2 |= 0x40;                    //ET4=1,允许 T4 中断(IE2.6=ET4,IE2.5=ET3)
    //T4T3M=[T4R][C/T][X12][CLKO][T3R][C/T][X12][CLKO]
}
```

```
/＊INT0 中断服务函数
      PWM5 管脚配置在 P2.3,使滑块从左向右运动
      Xpos = 0
 ＊/
void Int0_isr( ) interrupt 0                 //＊INT0 中断号为 0＊/
{
     P_SW2 |= 0x80;                         //使能访问 XSFR
     PWM5CR  = 0x00;                        //PWM5 === >P2.3
     P_SW2 & = ~0x80;                       //禁止访问 XSFR
     PWM5_2 = 0;
     Xpos = 0;
}
/＊INT3 中断服务函数
     PWM5 管脚配置在 P4.2,使滑块从右向左运动
 ＊/
void Int3_isr( ) interrupt 11                //INT3 中断号为 11＊/
{
     P_SW2 |= 0x80;                         //使能访问 XSFR
     PWM5CR  = 0x08;                        //PWM5  === >P4.2
     P_SW2 & = ~0x80;                       //禁止访问 XSFR
     PWM5_1 = 0;
}
/＊INT1 中断服务函数
     AB 编码器 +/-计数
     滑块到达目的坐标时,使电机停止
 ＊/
void Int1_isr( ) interrupt 2                 //INT1 中断号为 2＊/
{
     static bit b1,b2,b3,b4;                //定义 4 个静态位变量
     if(CH_A){                              //A 信号上升沿时
          b1 = CH_B;                        //读取 B、/B 信号
          b2 = ~CH_B;
     }else{                                 //A 信号下降沿时
          b3 = ~CH_B;
          b4 = CH_B;                        //读取 B、/B 信号
     }
     if(b1 & b3){Xpos ++;b1 = b2 = b3 = b4 = 0;};   //(A 上升沿,B = 1)&(A 下降沿,B = 0)
     if(b2 & b4){Xpos --;b1 = b2 = b3 = b4 = 0;};   //(A 上升沿,B = 0)&(A 下降沿,B = 1)
     if(Xpos == Xto){
          P_SW2 |= 0x80;                    //使能访问 XSFR
          PWMCR & = ~0x08;                  //禁止 PWM5 输出
          P_SW2 & = ~0x80;                  //禁止访问 XSFR
          PWM5_1 = PWM5_2 = 0;              //Motor Stop
```

```
    };
}
/* T4 中断服务函数 */
void T4isr() interrupt 20                  //T4 中断号为 20
{
    static unsigned char i;
    if(++i==20){                           //如果中断了 20 次,i 清零
        i=0;
        Second = 1; //置 1s 标志
    }
}
/* PWM5 设置函数
    PWMup:PWM 高电平级数,-255~255,负数为电机反转
 */
void PWM5Set(int PWMup)
{
    int r;
    bit MoveDir;
    r=PWMup;//PWM up value
    if(r<0){MoveDir=0;r=-r;}else {MoveDir=1;}
    r = r*72;//256*72=18432
    if(r==0)r=1;//保证 PWM5T2≠PWM5T1(=0)
    P_SW2 |= 0x80;                         //使能访问 XSFR
    PWM5T2 = r;                            //T2<--r
    PWM5CR = MoveDir? 0x00:0x08;//P2.3 : P4.2
    PWMCR = 0x88;                          //使能 PWM,使能 PWM5 输出
    P_SW2 &=~0x80;                         //禁止访问 XSFR
    if(MoveDir)PWM5_2=0;else PWM5_1=0;
}
/* 具有超时检测功能的 S1 接收函数 */
int S1Rcv(char *buf,int len)
{
    int i,n;
    for(i=0,n=0;i<1000;i++){//若循环 1000 次一直 RI=0,视为超时
        if(! RI)continue;                  //RI=0,继续循环
        RI = 0;                            //RI=1,已接收 1 字符,RI 清零
        i = 0;                             //超时次数清零
        buf[n++] = SBUF;                   //存入接收字符
        if(n>=len)break;                   //接收字符数超限,退出
    }
    return n;                              //返回接收字符数
}
```

5.5.4 运行调试

滑块自动往返控制的实物如图5-23所示。

图5-23 滑台自动往返控制实物

源程序经编译生成HEX文件，下载到单片机。

HC-05蓝牙模块预先设为从机模式，波特率置为9600bps，之后接到STC15的P1.6、P1.7。

单片机上电后，滑块就开始左右往复运动。滑块在滑台非极限位置移动时，光电开关模块上的信号灯常亮。当滑块运动到滑台左、右位光电开关处，可看到对应光电开关模块上的信号灯发生一次闪烁，并且滑块开始反向运动。

手机运行蓝牙串口通信助手（Bluetooth SPP），与HC-05配对，并把输入输出类型都设置为ASCII方式。之后，在接收窗口就可以看到以ASCII字符显示的Xto、Xpos值。在发送区输入Xto值并发送，观察接收到的Xto、Xpos值。图5-24(a)是发送7777后又发送

中国移动4G 11:14
蓝牙串口通信助手 RxD:3146byte; TxD:34...
7777 X7774
7777 X7774
7777 X7774
7777 X7774
7777 X7774
7777 X7774
7777 X7774
7777 X7774
10000 X6829
10000 X5772
10000 X4745
10000 X3693
10000 X2550
10000 发送

(a) Xto从7777改为10000

中国移动4G 11:15
蓝牙串口通信助手 RxD:3667byte; TxD:39...
10000 X10016
10000 X10016
10000 X10016
10000 X10016
10000 X10016
10000 X10016
10000 X10016
10000 X10016
10000 X10016
12345 X10408
12345 X11446
12345 X12347
12345 X12347
12345 发送

(b) Xto从10000改为12345

中国移动4G 11:17
蓝牙串口通信助手 RxD:4833byte; TxD:44...
0 X-9
0 X-9
0 X-9
0 X-9
0 X-9
0 X2
0 X2
0 X2
0 X2
0 X2
0 X2
0 X2
0 X2
0 发送

(c) Xto从0改为0

图5-24 手机发送数据进行调试

10000 的情况，图 5-24(b)是发送 10000 后又发送 12345 的情况，图 5-24(c)是发送 0 后又发送 0 的情况。由图可见，滑块停止后的坐标并不与其目的坐标相等。

5.6 SPI 应用——MAX6675 测温与 NRF24L01 无线通信

5.6.1 SPI 接口简介

STC15W4K32S4 片内集成有一个 SPI 接口，其结构如图 5-25 所示。

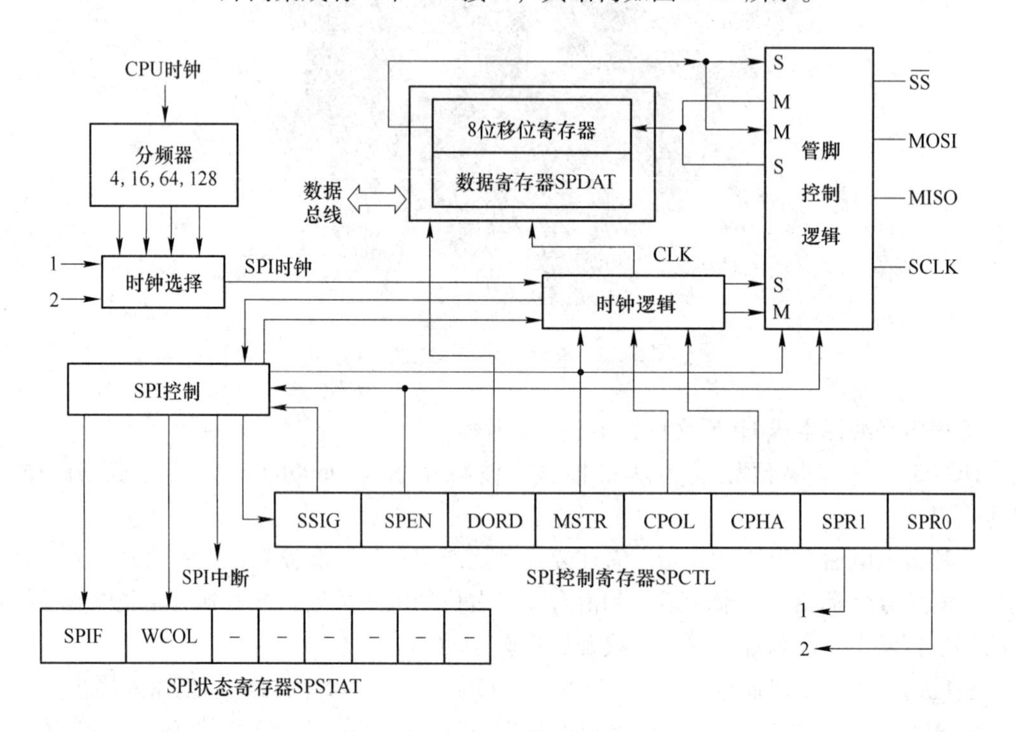

图 5-25　SPI 结构框图

SPI 接口的信号线共 4 根：

（1）MOSI：是主器件的输出和从器件的输入，用于主器件到从器件的串行数据传输。

（2）MISO：是主器件的输入和从器件的输出，用于实现从器件到主器件的数据传输。

（3）SCLK：串行时钟信号，由主器件输出，用于同步主器件和从器件之间在 MOSI 和 MISO 线上的串行数据传输。当主器件启动一次数据传输时，自动产生 8 个 SCK 时钟周期信号给从器件，在 SCK 的每个跳变处（上升沿或下降沿）移出一位数据。所以，一次数据传输可以传输一个字节的数据。

（4）$\overline{SS}$：从器件选择。主器件用它来选择处于从模式的 SPI 器件。在主模式下，SPI 接口只能有一个主机，不存在主机选择问题，$\overline{SS}$不是必需的。在从模式下，不论发送数据还是接收数据，$\overline{SS}$信号必须有效。因此，在一次数据传输开始之前，必须将$\overline{SS}$拉为低电平。SPI 主机可以使用 I/O 口选择一个 SPI 器件作为当前的从机。

SPI 的核心是一个 8 位移位寄存器和一个 8 位数据寄存器 SPDAT，在 SPI 数据的传输过程中，发送和接收的数据都存储在 SPDAT 中，见图 5-25。

SPCTL 是 SPI 控制寄存器，位结构见图 5-25，其中：

SSIG（SS 引脚忽略控制位）：为 1 时，由 MSTR 位确定器件是否为主机；为 0 时，由 SS 引脚确定器件是否为主机。

SPEN（SPI 使能位）：为 1 时，SPI 使能；为 0 时，SPI 被禁止。

DORD（设定 SPI 接收和发送的位顺序）：为 1 时，最先发送数据的最低位；为 0 时，最先发送数据的最高位。

MSTR（主从模式选择位）：为 1 时，主模式；为 0 时，从模式。

CPOL（SPI 时钟极性选择位）：为 1 时，SCLK 空闲时为高电平；为 0 时，SCLK 空闲时为低电平。

CPHA（SPI 时钟相位选择位）：为 1 时，在 SCLK 的前时钟沿驱动数据，并在后时钟沿采样；为 0 时，在 SS 为低时驱动数据，在 SCLK 的后时钟沿改变数据，并在前时钟沿采样。SSIG 为 1 时，未定义 CPHA 的操作。

SPR1、SPR0（SPI 时钟频率选择位）：00 时，为 CPU_CLK/4；01 时，为 CPU_CLK/8；10 时，为 CPU_CLK/16；11 时，为 CPU_CLK/32。其中，CPU_CLK 是 CPU 的时钟。

SPSTAT 是 SPI 状态寄存器，其位结构见图 5-25，其中：

SPIF：SPI 传输完成标志。当一次串行传输完成时，SPIF 被置位。此时，如果 SPI 中断被打开，则产生中断。SPIF 标志通过软件向其写入 1 清零。

WCOL：SPI 写冲突标志。在数据传输的过程中，如果对 SPI 数据寄存器 SPDAT 执行写操作，WCOL 将置位。WCOL 标志通过软件向其写入 1 清零。

SPI 单主机、单从机方式的连接如图 5-26 所示。图中，SPI 主机可使用任何一个 I/O 端口来驱动从机的$\overline{SS}$信号。主机 SPI 与从机 SPI 的 8 位移位寄存器连接成一个循环的 16 位移位寄存器。当主机程序向 SPDAT 寄存器写入一个字节时，立即启动一个连续的 8 位移位通信过程：主机的 SCLK 引脚向从机的 SCLK 引脚发出一串脉冲，在这串脉冲的驱动下，主机 SPI 的 8 位移位寄存器中的数据移动到了从机 SPI 的 8 移位寄存器中。与此同时，从机 SPI 的 8 位移位寄存器中的数据移动到了主机 SPI 的 8 位移位寄存器中。由此，主机既可向从机发送数据，又可读取从机中的数据。

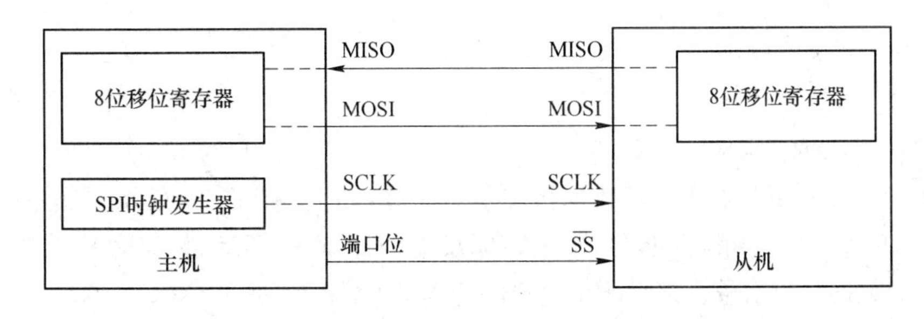

图 5-26 SPI 单主机、单从机配置

5.6.2 MAX6675 简介

热电偶传感器是利用转换元件的参数随温度变化的特性，将温度和与温度有关的参数

的变化转换为电量变化输出的装置。由两种不同的导体或半导体组成的闭合回路，就构成了热电偶。热电偶两端为两个热电极，温度高的接点为热端、测量端或自由端，温度低的接点为冷端、参考端或自由端。测量时，将工作端置于被测温度场中，自由端恒定在某一温度。热电偶是基于热电效应工作的，热电效应产生的热电势由接触电势和温差电势两部分组成。

MAX6675 是 MAXIM 公司生产的单片 K 型热电偶数字转换器，内部具有信号调节放大器、12 位的模拟/数字化热电偶转换器、冷端补偿传感和校正、数字控制器、1 个 SPI 兼容接口和 1 个相关的逻辑控制，其内部结构和引脚如图 5-27 所示。

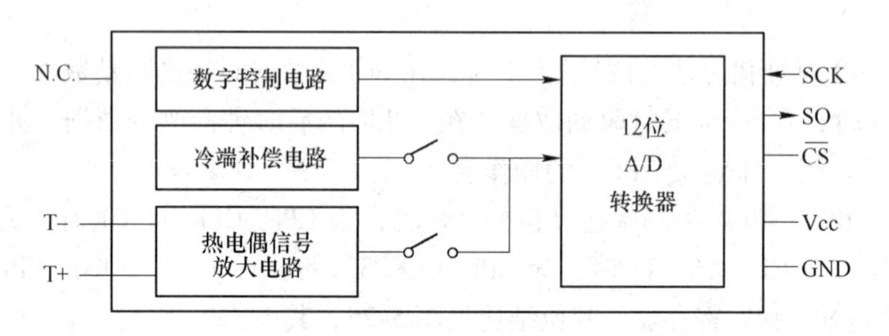

图 5-27 MAX6675 内部结构及引脚

MAX6675 内部具有将热电偶信号转换为与 ADC 输入通道兼容电压的信号调节放大器，T+和 T-输入端连接到热电偶信号放大电路，然后送至 ADC 的输入端。在将温度电压值转换为相等价的温度值之前，需要对热电偶的冷端温度进行补偿。冷端温度即 MAX6675 周围温度与0℃实际参考值之间的差值。冷端温度即装有 MAX6675 的电路板的周围温度，在 -20 ~ 85℃范围内变化。MAX6675 可将周围温度通过内部的温度检测二极管转换为温度补偿电压并送到 ADC。当冷端温度波动时，MAX6675 仍能精确检测热端的温度变化。

MAX6675 的引脚如下：

T-、T+：热电偶负极、正极；

SCK：串行时钟输入；

$\overline{CS}$：片选信号；

SO：串行数据输出；

Vcc、GND：电源端、接地端。

MAX6675 采用 SPI 接口进行数据传输，其工作时序如图 5-28 所示。其中，SCK 是 SPI 的串行时钟信号，由主器件向 MAX6675 输入，MAX6675 本身为从器件；SO 是 MAX6675 的数据输出信号，接到 SPI 主器件的 MISO 端；$\overline{CS}$是 MAX6675 的片选信号，主器件可用一个 I/O 端口对其控制。

MAX6675 的输出数据为 16 位，其中 D15 始终无用，D14 ~ D3 对应于热电偶模拟输入电压的数字转换量，D2 用于检测热电偶是否断线（D2 为 1 表明热电偶断开），D1 为 MAX6675 的标志位，D0 为三态。由 D14 ~ D3 组成的 12 位数据，其最小值为 0，最大值为 4095。由于 MAX6675 内部经过了激光修正，因此，其转换结果与对应温度值具有较好

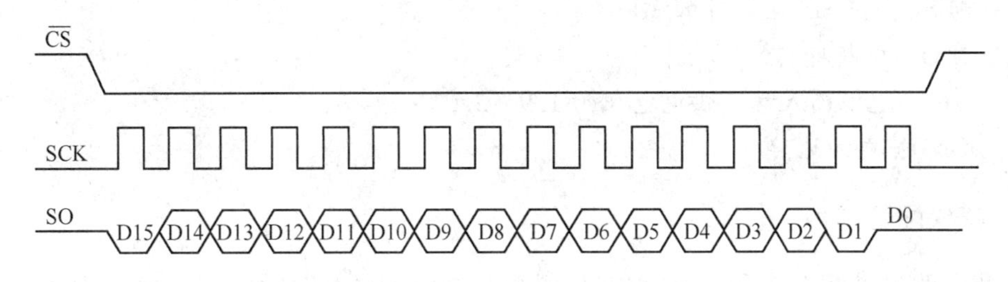

图 5-28 MAX6675 的时序

的线性关系。转换结果的物理单位是 0.25℃。

5.6.3 NRF24L01 简介

NRF24L01 是一款单片射频收发器件，工作于 2.4 ~ 2.5GHz ISM 频段，内置频率合成器、功率放大器、晶体振荡器和调制器等功能模块，并融合了增强型 ShockBurst 技术。其中输出功率和通信频道可通过程序进行配置。NRF24L01 功耗低，在以 -6 dBm 的功率发射时，工作电流只有 9 mA；接收时，工作电流只有 12.3 mA，并具有低功率的掉电模式和空闲模式。NRF2401 + 是 NRF24L01 的增强版。

nRF24L01 主要特性有：

GFSK 调制；

硬件集成 OSI 链路层；

具有自动应答和自动再发射功能；

片内自动生成报头和 CRC 校验码；

数据传输率为 1Mb/s 或 2Mb/s；

SPI 速率为 0 ~ 10Mb/s；

125 个频道。

实践所用 NRF24L01 模块的引脚配置如图 5-29 所示。

(a) 模块正面

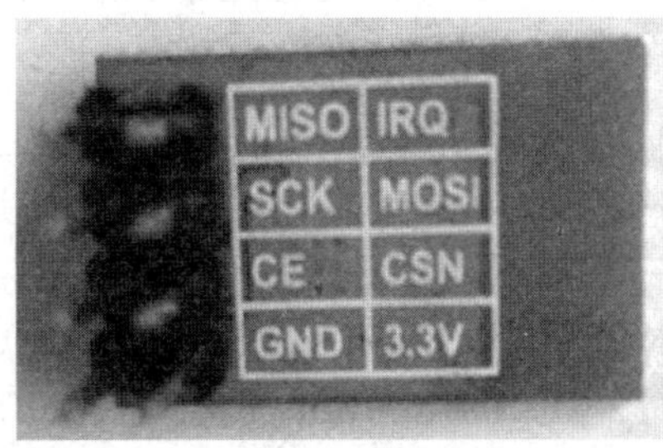

(b) 模块背面

图 5-29 NRF24L01 模块及引脚配置

CE：使能发射或接收；

CSN：SPI 片选信号，低电平时使能 NRF24L01 进行 SPI 操作；

SCK：SPI 时钟信号输入端，接 SPI 主器件的 SCLK；

MOSI：接 SPI 主器件的 MOSI；

MISO：接 SPI 主器件的 MISO；

IRQ：中断标志位；

Vcc：电源输入端，供电电压为 1.9～3.6V；

GND：电源地。

5.6.4　模块配置

本节实践包含两个应用：MAX6675 测温与 NRF24L01 发射应用；NRF24L01 接收与 STC15 串口发送应用。

5.6.4.1　MAX6675 测温与 NRF24L01 发射应用

MAX6675 测温与 NRF24L01 发射应用由 STC15W4K48S4、K 型热电偶测温头、MAX6675 模块、NRF24L01 模块、7.4V/5V 稳压块、5V/3.3V 稳压块和 7.4V 锂电池组成，模块间的接线如图 5-30 所示。

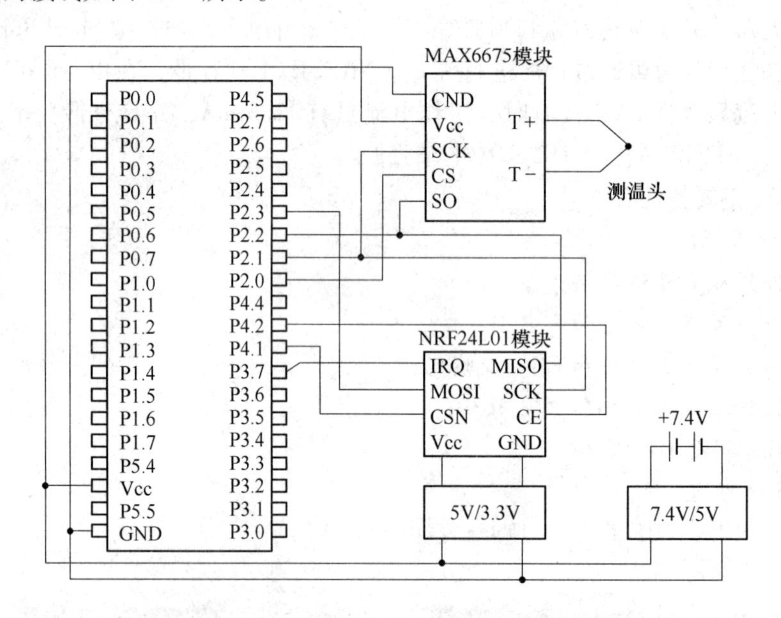

图 5-30　MAX6675 测温与 NRF24L01 发射应用接线图

该应用以 STC15 片内 SPI 作为主器件，连接 2 个 SPI 从器件。具体接线为：K 型热电偶的 +、− 端分别与 MAX6675 模块的 T +、T − 端连接；MAX6675 模块的 SO 连接 P2.2/MISO，SCK 连接 P2.1/SCLK，CS 连接 P2.0。NRF24L01 模块的 SCK 连接 P2.1/SCLK，MISO 连接 P2.2/MISO，MOSI 连接 P2.3/MOSI，IRQ 连接 P3.7/INT3（实际未用），CSN 连接 P4.1，CE 连接 P4.2。系统的工作过程是：STC15 以固定的周期读取 MAX6675 的测温值，然后通过 NRF24L01 发送。

5.6.4.2　NRF24L01 接收与 STC15 串口发送应用

NRF24L01 接收与 STC15 串口发送应用由 STC15W4K48S4、NRF24L01 模块、5V/3.3V 稳压块和 STC 自动编程器组成，模块间的接线如图 5-31 所示。

该应用以 STC15 片内 SPI 作为主器件，NRF24L01 模块为 SPI 从器件。具体接线为：NRF24L01 模块的 SCK 连接 P2.1/SCLK，MISO 连接 P2.2/MISO，MOSI 连接 P2.3/MOSI，

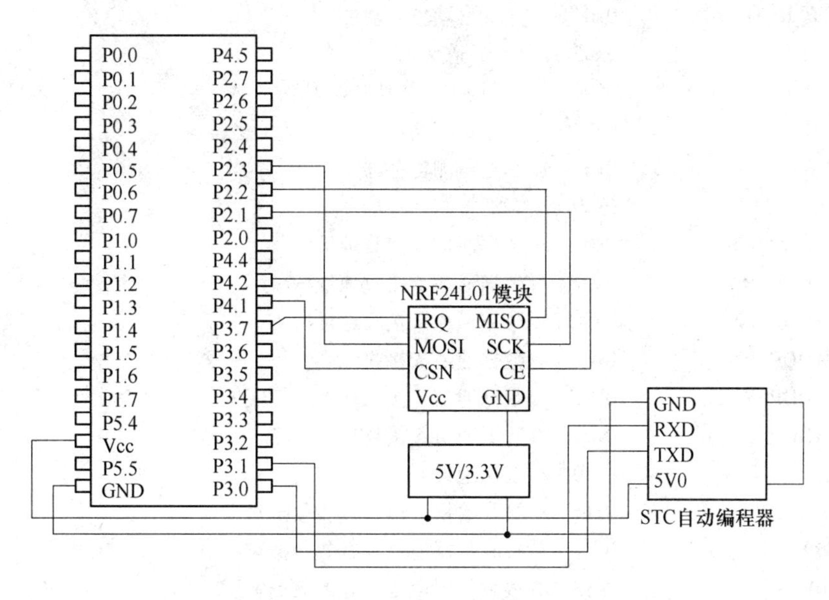

图 5-31 NRF24L01 接收与 STC15 串口发送接线图

IRQ 连接 P3.7/INT3，CSN 连接 P4.1，CE 连接 P4.2。系统的工作过程是：NRF24L01 在成功接收后，触发 INT3 中断，STC15 由此读得 NRF24L01 接收的数据，转换为温度值并由 S1 串口发送。

5.6.5 程序设计一

应用程序共有 NRF24L01.c、NRF_ MAX6675.c、NRF_ STC15S1.c 三文件。其中，NRF24L01.c 包含了 STC15 对 NRF24L01 进行读写操作的基本函数。

下面是 NRF24L01.c 源程序代码：

```
/* NRF24L01.c */
#include <stc15.h>
#include <intrins.h>
/* NRF24L01 寄存器操作命令(共 8 个) */
#define READ_REG        0x00  //读寄存器指令
#define WRITE_REG       0x20  //写寄存器指令
#define RD_RX_PLOAD     0x61  //读取接收数据指令
#define WR_TX_PLOAD     0xA0  //写待发数据指令
#define FLUSH_TX        0xE1  //清除发送 FIFO 指令
#define FLUSH_RX        0xE2  //清除接收 FIFO 寄存器
#define REUSE_TX_PL     0xE3  //重复装载数据指令
#define NOP             0xFF  //空操作
/* NRF24L01 寄存器(共 24 个) */
#define CONFIG          0x00  //配置寄存器
#define EN_AA           0x01  //使能自动应答功能
#define EN_RXADDR       0x02  //使能接收地址
#define SETUP_AW        0x03  //设置收发地址宽度
```

```
#define SETUP_RETR          0x04  //建立自动重发功能
#define RF_CH               0x05  //RF 通道
#define RF_SETUP            0x06  //发射速率、功耗功能设置
#define STATUS              0x07  //状态寄存器
#define OBSERVE_TX          0x08  //发送检测寄存器
#define CD                  0x09  //载波检测寄存器
#define RX_ADDR_P0          0x0A  //数据通道 0 接收地址
#define RX_ADDR_P1          0x0B  //数据通道 1 接收地址
#define RX_ADDR_P2          0x0C  //数据通道 2 接收地址
#define RX_ADDR_P3          0x0D  //数据通道 3 接收地址
#define RX_ADDR_P4          0x0E  //数据通道 4 接收地址
#define RX_ADDR_P5          0x0F  //数据通道 5 接收地址
#define TX_ADDR             0x10  //发送地址寄存器
#define RX_PW_P0            0x11  //接收数据通道 0 接收数据长度(1～32 字节)
#define RX_PW_P1            0x12  //接收数据通道 1 有效数据宽度
#define RX_PW_P2            0x13  //接收数据通道 2 有效数据宽度
#define RX_PW_P3            0x14  //接收数据通道 3 有效数据宽度
#define RX_PW_P4            0x15  //接收数据通道 4 有效数据宽度
#define RX_PW_P5            0x16  //接收数据通道 5 有效数据宽度
#define FIFO_STATUS         0x17  //FIFO 状态寄存器
/*中断标志*/
#define MAX_TX              0x10  //达到最大发送次数中断
#define TX_OK               0x20  //TX 发送完成中断
#define RX_OK               0x40  //接收到数据中断
const unsigned char TX_ADDRESS[5] = {0xE1,0xE2,0xE3,0xE4,0xE5};
const unsigned char RX_ADDRESS[5] = {0xE1,0xE2,0xE3,0xE4,0xE5};
#define NRF_CSN   P41
#define NRF_CE    P42
/*STC15 SPI 初始化函数*/
void SPIInit()
{
    P_SW1 |= 0x04;                  //SPI 第二组引脚
    SPDAT = 0;                      //SPI 数据寄存器清零
    SPCTL = 0xD0;                   //1101-0000
    /*SPI 控制寄存器 SPCTL:
        [SSIG][SPEN][DORD][MSTR][CPOL][CPHA][SPR1][SPR0]
        SSIG=1:  由 MSTR 位确定器件是否为主机
        SPEN=1:  SPI 使能
        DORD=0:  最先发送数据的最高位
        MSTR=1:  主模式
        CPOL=0:  SCLK 空闲时为低电平
        CPHA=0:  SSIG = 1 时的操作未定义
        SPR1=0:
```

```
        SPR0 = 0:   SPR1,SPR0 = 00 时,SPI 时钟频率 = CPU_CLK/4 = 2.7648MHz
    */
    SPSTAT  =  0xC0;
    /* SPI 状态寄存器 SPSTAT:
        [SPIF][WCOL][ - ][ - ][ - ][ - ][ - ][ - ]
        SPIF:SPI 传输完成标志,当 SPI 一次传输完成时,SPIF 置位
        SPIF 通过软件向其写入 1 清零
        WCOL:SPI 写冲突标志,在数据传输过程中如果对 SPDAT 执行写操作,WCOL 将置位。
        WCOL 标志通过软件向其写入'1'清零
    */
}
/* STC15 SPI 发送并接收字节数据函数 */
unsigned char SPI_Byte(unsigned char byte)
{
    SPDAT  =  byte;                    //发送并接收 1 字节数据
    while (! (SPSTAT & 0x80)); //查询 SPIF,等待传输完成
    SPSTAT  =  0xC0;                   //SPSTAT 清零
    return SPDAT;                      //返回 SPI 接收的 1 字节数据
}
/* 读 NRF24L01 寄存器函数
    通过 READ_REG 命令(0x00 + 寄存器地址),读寄存器的值并返回
*/
unsigned char rNRFreg(unsigned char reg)
{
    unsigned char dat;
    NRF_CSN = 0;                     //CSN 置低,开始传输数据
    SPI_Byte(reg);                   //发送寄存器地址
    dat = SPI_Byte(0XFF);            //读寄存器值
    NRF_CSN = 1;                     //CSN 拉高,结束数据传输
    return(dat);                     //返回读取的值
}
/* 写 NRF24L01 寄存器函数
    通过 WRITE_REG 命令(0x20 + 寄存器地址),把数据写到寄存器,并返回状态值
*/
unsigned char wNRFreg(unsigned char reg,unsigned char byte)
{
    unsigned char status;
    NRF_CSN = 0;                     //CSN 置低,开始传输数据
    status  = SPI_Byte(reg);         //发送寄存器地址
    SPI_Byte(byte);                  //发送字节数据
    NRF_CSN = 1;                     //CSN 拉高,结束数据传输
    return(status);                  //返回状态值
}
```

```
/＊从 NRF24L01 读多个字节数据＊/
unsigned char rNRFbuf(unsigned char reg,unsigned char ＊dest,unsigned char len)
{
    unsigned char status,i;
    NRF_CSN =0;                  //CSN 置低,开始传输数据
    status = SPI_Byte(reg);      //发送寄存器号,返回状态字
    for(i =0;i < len;i ++ )      //逐个字节读出数据
    {
        dest[i] = SPI_Byte(0XFF);
    }
    NRF_CSN =1;                  //CSN 拉高,结束数据传输
    return status;               //返回状态字
}
/＊向 NRF20L01 写多个字节数据＊/
unsigned char wNRFbuf(unsigned char reg,unsigned char ＊src, unsigned char len)
{
    unsigned char status,i;
    NRF_CSN =0;                  //CSN 置低,开始传输数据
    status  =  SPI_Byte(reg);    //发送寄存器地址,返回状态字
    for(i =0;i < len;i ++ ){     //逐个字节写入数据
        SPI_Byte( ＊src ++ );
    }
    NRF_CSN =1;                  //CSN 拉高,结束数据传输
    return status;               //返回状态字
}
```

在程序开头，预定义了 NRF24L01 所有的寄存器操作命令和 24 个寄存器的地址（即寄存器序号）。TX_ ADDRESS 数组存储 5 字节的发送方地址，RX_ ADDRESS 数组存储 5 字节的接收方地址。

函数 SPIInit 执行配置 SPI 为第二组引脚、配置 SPI 模式、SPI 标志清零的操作。

函数 SPI_ Byte 完成 1 字节的 SPI 传输操作。STC15 SPI 向 NRF24L01 发送 1 字节数据的同时，也接收到 NRF24L01 的 1 字节数据。

rNRFreg 是读 NRF24L01 寄存器的函数。NRF24L01 在进行 SPI 操作前把其 CSN 引脚拉低，而结束 SPI 操作后就把 CSN 引脚拉高。读寄存器时，STC15 先发送要读取的 NRF24L01 寄存器的地址，然后再发送一个字节的任意数（函数中是 FFH），得到 NRF24L01 回传的寄存器中的 1 字节数据。

wNRFreg 是写 NRF24L01 寄存器的函数。在调用该函数时需注意，NRF24L01 写寄存器命令是把寄存器地址加上 20H。

rNRFbuf 是从 NRF24L01 读多字节数据的函数，可用于读取 NRF24L01 接收的数据。

wNRFbuf 是向 NRF24L01 写多字节数据的函数，可用于写 NRF24L01 要发送的数据。

5.6.6　程序设计二

这部分是 MAX6675 测温与 NRF24L01 发射应用的程序。

主程序首先初始化 STC15 的 T1、T4、S1、SPI，并通过调用 setTXarg 函数设置 NRF24L01 的发送参数。在主循环中，当查询到由 T4 中断得到的定时周期到，STC15 就通过 SPI 读取 MAX6675 数据，即测温值。由 MAX6675 的时序可知，MAX6675 的 SO 是根据 SCK 脉冲连续发出 16 位数据，故 CPU 在读取其高 8 位数据后立即直接读取其低 8 位数据，不采用函数调用的方法，以适应 SPI 硬件传输时序。此后，程序把读得的 2 字节数据合成为字，并通过 S1 串口发送其所对应的温度值。所以，如果把 S1 串口通过 STC 自动编程器与 PC 连接，或通过 HC-05 蓝牙串口模块与手机通信，则 PC 机或手机就能够收到 MAX6675 的温度值。最后，合成为字的测温值被装入 TX_buf［0］和 TX_buf［1］，通过调用 TxPacket 函数由 NRF24L01 发送。

函数 SetTXarg 的功能是设置 NRF24L01 发送参数，包括装载发送端地址、装载接收端地址、使能通道 0 自动应答、使能通道 0 的接收地址、设置自动重发的间隔和次数、设置射频通道和发送模式。由于本机的 NRF24L01 只工作在发送模式，这些设置可一次装入。

函数 TxPacket 的功能是把待发送数据装入 NRF24L01 并启动其发送数据包。

下面是 NRF_MAX6675. c 源程序代码：

```
//NRF_MAX6675. c
#include < stdio. h >
#include " NRF24L01. c "
#define FOSC 11059200L                    //系统频率
#define BAUD 9600                         //串口波特率
#define MAX6675_CS P20
#include " P01234Init. c "
void T4Init( ) ;
void SPIInit( ) ;
void SetTXarg( ) ;
void TxPacket( unsigned char * src, unsigned char len) ;
bit Second;                               //定时标志
unsigned char TX_buf[ 2 ] ;
void main( )
{
    P01234Init( ) ;
    T4Init( ) ;
    SPIInit( ) ;
    SetTXarg( ) ;
    EA = 1;
    / * T1 , S1 初始化 * /
    AUXR = 0xC0;                          //T0,T1 1T 模式( AUXR. 7 = T0x12, AUXR. D6 = T1x12)
    TMOD = 0x00;                          //T0,T1 方式 0(16 位自动重载)
    TL1 = (65536 - (FOSC/4/BAUD)) ;   //设置波特率重装值
    TH1 = (65536 - (FOSC/4/BAUD)) >>8;
    TR1 = 1;                              //启动 T1
    SM0 = 0;SM1 = 1;                      //串口方式 1
```

```
    REN = 1;                          //允许 S1 接收
    TI = 1;                           //TI 置 1
    while (1){                        //主循环
      volatile unsigned int dat;      //16-bit SPI data
      volatile unsigned char datH,datL;
      if(Second){                     //定时周期到
        Second = 0;
        MAX6675_CS = 0;               //MAX6675.CS = 0
        /*读 MAX6675 高 8 位数据*/
        SPDAT = 0xFF;                 //主机向 SPDAT 寄存器写入一个字节(任意数据)
        while(!(SPSTAT & 0x80));//查询 SPIF
        SPSTAT = 0xC0;                //SPI 状态寄存器清零
        datH = SPDAT;                 //取 MAX6675 的 D15～D8
        /*读 MAX6675 低 8 位数据*/
        SPDAT = 0xFF;                 //主机向 SPDAT 寄存器写入一个字节
        while(!(SPSTAT & 0x80));//查询 SPIF
        SPSTAT = 0xC0;                //SPI 状态寄存器清零
        datL = SPDAT;                 //取 MAX6675 的 D7～D0
        MAX6675_CS = 1;               //MAX6675.CS = 1
        /*处理数据并发送*/
        dat = datH * 256 + datL;//字节合成为字
        dat& = 0x7FFF;                //取 dat 的 D14～D3,D15 无用
        dat/ = 8;                     //dat 右移 3 位
        printf("%6.2f℃\t",(float)dat/4); //串口发送℃
        TX_buf[0] = dat >> 8;
        TX_buf[1] = dat;
        TxPacket(TX_buf,2);
      }
    }
}
void T4Init()
{
    T4H = (65536 - 921600/20)/256;/*T4 50ms(20Hz)中断*/
    T4L = (65536 - 921600/20)%256;
    T4T3M = 0x80;                     //T4R = 1,T4 Run;T4,T3 只有方式 0,T3 未用
    IE2 |= 0x40;                      //允许 T4 中断(IE2.6 = ET4,IE2.5 = ET3)
    //T4T3M = [T4R][C/T][X12][CLKO][T3R][C/T][X12][CLKO]
}
void T4isr() interrupt 20             //T4 中断号为 20
{
    static unsigned char i;
    if( ++i == 5){                    //如果中断了 5 次(1/4s),i 清零
        i = 0;
```

```
        Second = 1;                         //置定时标志
    }
}
/* 设置 NRF24L01 发送参数 */
void SetTXarg()
{
    NRF_CE = 0;                                        //待机模式
    wNRFbuf(0x20 + TX_ADDR,TX_ADDRESS,5);              //装载发送端地址
    wNRFbuf(0x20 + RX_ADDR_P0,TX_ADDRESS,5);//装载接收端地址
    wNRFreg(0x20 + EN_AA, 0x01);                       //使能通道 0 自动应答
    wNRFreg(0x20 + EN_RXADDR, 0x01);                   //使能通道 0 的接收地址
    wNRFreg(0x20 + SETUP_RETR, 0x2f);                  //1000 + 86μs,自动重发 15 次
    wNRFreg(0x20 + RF_CH, 55);                         //射频通道频率
    wNRFreg(0x20 + RF_SETUP, 0x0f);                    //0db 2M
    wNRFreg(0x20 + CONFIG, 0x0e);                      //发送模式,开启所有中断
}
/* NRF24L01 发送数据包 */
void TxPacket(unsigned char * src,unsigned char len)
{
    unsigned char i;
    NRF_CE = 0;                         //待机模式
    wNRFreg(0x20 + STATUS,0xff);        //清除 TX_DS 或 MAX_RT 中断标志
    wNRFreg(FLUSH_TX,0xff);             //清除 TX FIFO 寄存器
    wNRFbuf(WR_TX_PLOAD, src, len);     //装载数据,字节数 = len
    NRF_CE = 1;                         //拉高 CE,延时至少 10μs
    for(i = 0;i < 12;i ++ )_nop_();//delay≥10us
    NRF_CE = 0;                         //CE 由高变低,完成后续发送
}
```

5.6.7 程序设计三

这部分是 NRF24L01 接收与 STC15 串口发送应用的程序。

主程序首先初始化 STC15 的 T2、S1、INT3、SPI，之后调用 setRXarg 函数设置 NRF24L01 的接收参数，调用 StartRx 函数启动 NRF24L01 接收。在 while 循环中，当查询到 NRF24L01 接收完成标志，便从 RX_ buf 数组读取其接收值，并通过 S1 串口发送其所对应的温度值。

由于 NRF24L01 的 IRQ 引脚接入 P3.7/INT3，所以当 NRF24L01 接收完成，就会触发 INT3 中断。在 INT3 中断服务函数中，当判断到 NRF24L01 接收到数据，就调用 rNRFbuf 把接收的数据存入 rNRFbuf，然后清空其 RX FIFO 寄存器，接收标志 RxDone 置位。

函数 SetRXarg 的功能是设置 NRF24L01 接收参数，包括装载接收地址、使能通道 0 自动应答、使能通道 0 的接收地址、写通道 0 接受数据长度、设置射频通道和接收模式，由于本机的 NRF24L01 只工作在接收模式，这些设置可一次装入。

函数 StartRX 的功能是启动 NRF24L01 接收。

下面是 NRF_ STC15S1. c 源程序代码：

```
/ * NRF_STC15S1. c * /
#include < stdio. h >
#include " NRF24L01. c "
#define FOSC 11059200L                //系统频率
#define BAUD 9600                     //串口波特率
#include " P01234Init. c "
void Int3Init( ) ;
void T2S1Init( ) ;
void SPIInit( ) ;
void SetRXarg( unsigned char len) ;
void StartRx( ) ;
unsigned char RX_buf[2] ;
bit RxDone;//NRF 读取数据完成标志
void main( )
{
    P01234Init( ) ;
    Int3Init( ) ;
    T2S1Init( ) ;
    SPIInit( ) ;
    SetRXarg(2) ;
    StartRx( ) ;
    EA = 1;                           //开 CPU 中断
    while (1) {
      unsigned int dat;
      if( RxDone) {
           dat = RX_buf[0] * 256 + RX_buf[1] ;
           printf("%6. 2f℃ \t ", ( float) dat/4) ;//串口发送℃
      }
      StartRx( ) ;
    }
}
/ * T2、S1 初始化函数 * /
void T2S1Init( )
{
    T2L = (65536 - 288) ;             //(FOSC/4/BAUD) =288,设置波特率重装值
    T2H = (65536 - 288) >>8;          //波特率 =9600bps
    AUXR | = 0x15;//启动 T2,T2 1T 模式,选择 T2 为串口 S1 的波特率发生器,
    //P_SW1 | = 0x80;                 //S1S0 =00,01,10:S1 在 P3. 0P3. 1,P3. 6P3. 7,P1. 6P1. 7
    SM0 =0;SM1 =1;                    //S1 方式 1
    REN = 1;                          //允许 S1 接收
    TI = 1;
```

```
    //AUXR:[T0 * 12][T1 * 12][UARTM0 * 6][T2R][T2C/T][T2 * 12][EXTRAM][S1ST2]
    //P_SW1(AUXR1):[S1_S1][S1_S0][][][][][][]
}
/ * INT3 初始化函数 * /
void Int3Init()                    //INT2,3,4 只能下降沿触发
{
    INT_CLKO | = 0x20;             //EX3 = 1,开 INT3 中断
    //INT_CLKO():外部中断允许和时钟输出寄存器
    //[ - ][EX4][EX3][EX2][MCKO_S2][T2CLKO][T1CLKO][T0CLKO]
}
/ * INT3 中断服务函数 * /
void Int3_isr( ) interrupt 11      //INT3(P37)中断号为 11 * /
{
    unsigned char status;
    status = rNRFreg(STATUS);      //读取状态寄存其来判断数据接收状况
    if(status&0x40)                //判断是否接收到数据 RX_DR == 1?
    {                              //RX_DR = 1,收到数据
        NRF_CE = 0;
        rNRFbuf(RD_RX_PLOAD,RX_buf,2);  //接收数据,字节数
        wNRFreg(FLUSH_RX,0xff);         //清除 RX FIFO 寄存器
        RxDone = 1;                     //NRF 接收完成
    }
    wNRFreg(0x20 + STATUS,status);      //接收到数据后 RX_DR,TX_DS,MAX_PT 都置高为 1
}
/ * 设置 NRF24L01 接收参数 * /
void SetRXarg(unsigned char len)
{
    NRF_CE = 0;                                          //待机模式
    wNRFbuf(0x20 + RX_ADDR_P0, RX_ADDRESS,5);            //写接收地址
    wNRFreg(0x20 + EN_AA, 0x01);                         //0 通道自动应答
    wNRFreg(0x20 + EN_RXADDR, 0x01);                     //使能数据通道 0 接收地址
    wNRFreg(0x20 + RF_CH,55);                            //射频通道频率,共 125 频道
    wNRFreg(0x20 + RX_PW_P0, len);                       //写通道 0 接收数据长度
    wNRFreg(0x20 + RF_SETUP, 0x0f);                      //0db 2M
    wNRFreg(0x20 + CONFIG, 0x0f);                        //接收模式
}
/ * 启动 NRF24L01 接收 * /
void StartRX()
{
    NRF_CE = 1;                    //开始接收
  RxDone = 0;                      //接收未完成
}
```

5.6.8 运行调试

MAX6675 测温与 NRF24L01 发射应用的实物如图 5-32 所示，NRF24L01 接收与 STC15 串口发送应用的实物如图 5-33 所示。

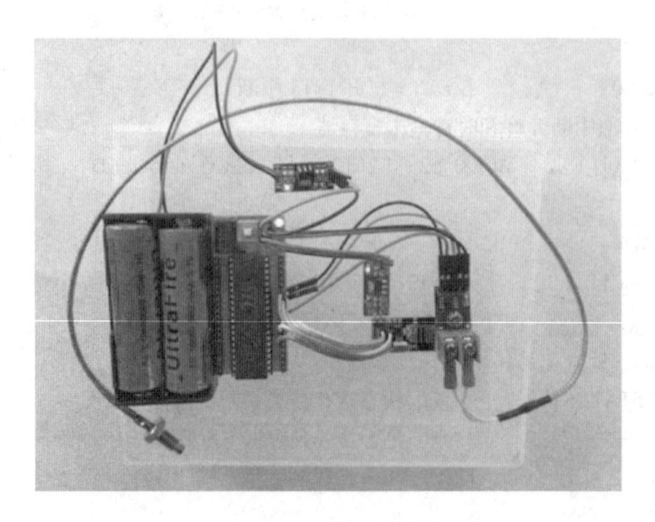

图 5-32 MAX6675 测温与 NRF24L01 发射

图 5-33 NRF24L01 接收与 STC15 串口发送

输入 NRF_MAX6675.c 源程序，进行编译，生成 HEX 文件，下载到 MAX6675 测温与 NRF24L01 发射应用单片机。

输入 NRF_STC15S1.c 源程序，进行编译，生成 HEX 文件，下载到 NRF24L01 接收与 STC15 串口发送应用单片机。该单片机的 S1 串口通过 STC 自动编程器与 PC 连接。

两单片机上电运行后，运行 PC 的串口助手，设置串口通信参数后，打开串口，在其接收缓冲区可看到接收的温度值，从而对 SPI 传输和 NRF24L01 无线通信进行验证。还可以把 MAX6675 测温与 NRF24L01 发射应用单片机的 S1 串口通过 STC 自动编程器与另一台 PC 连接，以便对 MAX6675 测温值和 NRF24L01 接收值进行比对。

可用 MAX6675 的测温头分别对室温、水温、人手温度、火焰温度进行接触式测量，同时观察温度变化情况。图 5-34 为测温头对打火机火焰温度检测时的部分检测数据。

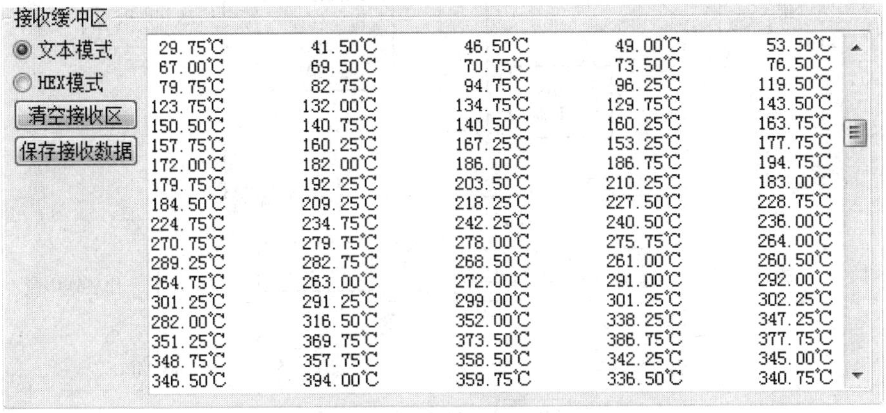

接收缓冲区
文本模式
HEX模式
清空接收区
保存接收数据

29.75℃	41.50℃	46.50℃	49.00℃	53.50℃
67.00℃	69.50℃	70.75℃	73.50℃	76.50℃
79.75℃	82.75℃	94.75℃	96.25℃	119.50℃
123.75℃	132.00℃	134.75℃	129.75℃	143.50℃
150.50℃	140.75℃	140.50℃	160.25℃	163.75℃
157.75℃	160.25℃	167.25℃	153.25℃	177.75℃
172.00℃	182.00℃	186.00℃	186.75℃	194.75℃
179.75℃	192.25℃	203.50℃	210.25℃	183.00℃
184.50℃	209.25℃	218.25℃	227.50℃	228.75℃
224.75℃	234.75℃	242.25℃	240.50℃	236.00℃
270.75℃	279.75℃	278.00℃	275.75℃	264.00℃
289.25℃	282.75℃	268.50℃	261.00℃	260.50℃
264.75℃	263.00℃	272.00℃	291.00℃	292.00℃
301.25℃	291.25℃	299.00℃	301.25℃	302.25℃
282.00℃	316.50℃	352.00℃	338.25℃	347.25℃
351.25℃	369.75℃	373.50℃	386.75℃	377.75℃
348.75℃	357.75℃	358.50℃	342.25℃	345.00℃
346.50℃	394.00℃	359.75℃	336.50℃	340.75℃

图 5-34　PC 接收的 MAX6675 测温数据

5.7 比较器测试

5.7.1 STC15W4K48S4 比较器简介

STC15W4K48S4 片内集成有一只模拟比较器，可对外部管脚 CMP+、CMP−的模拟电压信号进行比较，并可在管脚 CMPO 上产生输出。该模拟器也支持外部管脚 CMP+与内部参考电压 BGV 进行比较，还可以用作掉电检测。

比较器的内部结构如图 5-35 所示。其中，比较器正端输入 CMP+可来自单片机的 ADCIN（STC15W4K32S4 系列单片机的 8 路 ADC 口不可作比较器正极 CMP+）或 P5.5 引脚，负端输入 CMP−可来自 P5.4 引脚或内部参考电压 BGV（约为 1.27V）。当比较器正端电压大于负端电压时，比较器输出逻辑 1；当比较器正端电压小于负端电压时，比较器输出逻辑 0。该比较器有两个控制寄存器：

比较器控制寄存器 1（CMPCR1）的位格式如下：

CMPEN	CMPIF	PIE	NIE	PIS	NIS	CMPOE	CMPRES

比较器控制寄存器 2（CMPCR2）的位格式如下：

INVCMPO	DISFLT	0/1	0/1	0/1	0/1	0/1	0/1

CMPEN 是 CMPCR1 的 D7 位：为 1 时，比较器通电工作；为 0 时，比较器断电停止。

PIS（正端输入选择，CMPCR1 的 D3 位）：为 1 时，比较器选择某一 ADCIN 作为正端输入；为 0 时，选择 P5.5 引脚作为正端输入。

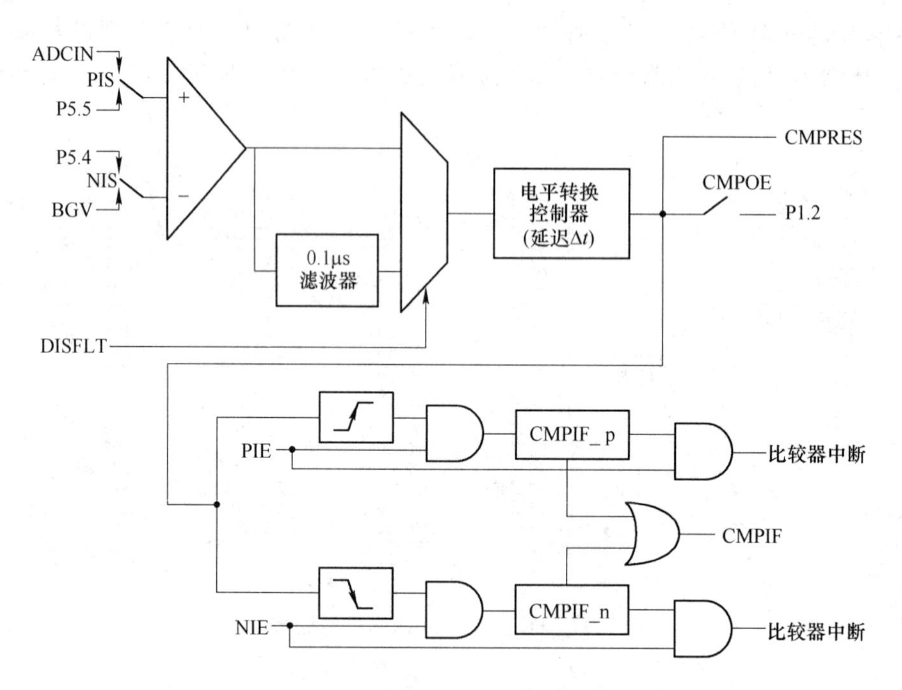

图 5-35　STC15 比较器内部结构

NIS（负端输入选择，CMPCR1 的 D2 位）：为 1 时，选择 P5.4 引脚作为负端输入；为 0 时，选择内部参考电压 BGV 作为负端输入。

DISFLT（CMPCR2 的 D6 位）：为 1 时，比较器的输出不经过 0.1μs 滤波器；为 0 时，比较器的输出经过 0.1μs 滤波器。

电平转换控制器的延迟时间 Δ*t* 由 CMPCR2 的 D5 ~ D0 设定，范围是 000000 ~ 111111 个时钟周期。

CMPRES（CMPCR1 的 D0 位）：当 VCMP + > VCMP − 时，该位为 1；当 VCMP + < VCMP − 时，该位为 0。

CMPOE（CMPCR1 的 D1 位）：为 1 时，比较器的结果输出到 P1.2 引脚；为 0 时，不输出比较器的结果。此外，比较器的输出还受 INVCMPO 标志（CMPCR2 的 D7 位）控制：INVCMPO 为 1 时，将比较器的结果取反后再输出到 P1.2；INVCMPO 为 0 时，比较器的结果直接输出到 P1.2。

PIE（正端中断允许，CMPCR1 的 D5 位）：为 1 时，允许比较器上升沿中断；为 0 时，禁止比较器上升沿中断。

NIE（负端中断允许，CMPCR1 的 D4 位）：为 1 时，允许比较器下降沿中断；为 0 时，禁止比较器下降沿中断。

CMPIF（比较器中断标志，CMPCR1 的 D6 位）：当比较器输出一个正跳变且 PIE 被置为 1 时，内部标志位 CMPIF_p 被置为 1；当比较器输出一个负跳变且 NIE 被置为 1 时，内部标志位 CMPIF_n 被置为 1。CMPIF_p、CMPIF_n 只要有一个为 1，CMPIF 就被置为 1。当 CPU 对 CMPIF 清零时，同时也把 CMPIF_p、CMPIF_n 都清零。如果 CPU 已经开中断，则 CMPIF 为 1 将触发比较器中断。CMPIF 需要软件清零。

5.7.2 模块配置

本节实践测试 STC15W4K48S4 片内比较器的功能。实践器件由 STC15W4K48S4、TM1638 模块、RGB-LED 模块、L298N 模块、电位器 1、电位器 2 和 STC 自动编程器组成，模块间的接线如图 5-36 所示。

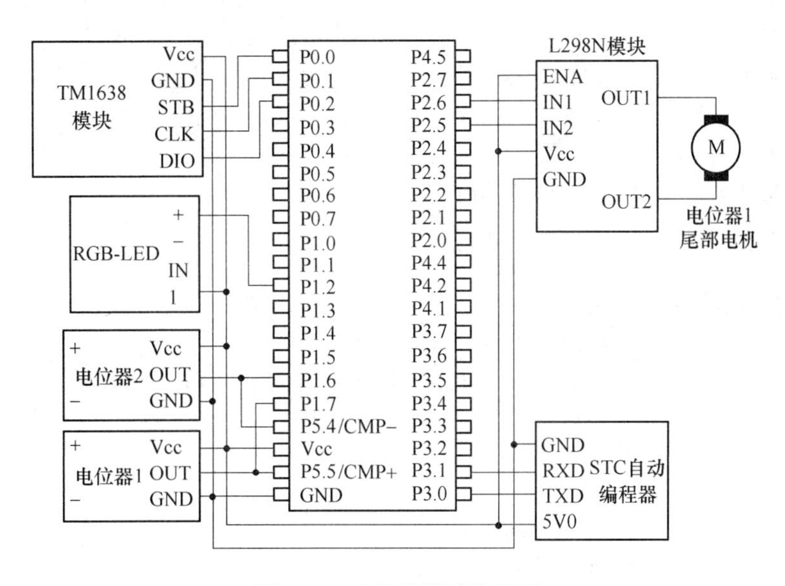

图 5-36 比较器测试接线图

图中，电位器 1 的输出端接入比较器正端输入。该电位器既可以手动旋转，也可以用其尾部的直流减速电机电动旋转。直流减速电机由 L298N 模块驱动。电位器 2 的输出端接入比较器负端输入，只需要手动旋转。RGB-LED 模块的 G 端接到比较器输出引脚 P1.2，用以直接显示比较结果。STC 自动编程器用于下载程序并为整个系统供电。TM1638 模块的左四位数码管用于显示电位器 2 的 ADC 数字量，右四位数码管用于显示电位器 1 的 ADC 数字量，按钮用于控制电机运动和设置比较模式，LED 用于配合按钮进行显示。

5.7.3 程序设计

主函数初始化部分，完成对 STC15 准双向口、TM1638 模块、ADC 通道的初始化，并把比较器预设为 P5.5(CMP+)、P5.4(CMP−)，比较器取反后再输出到 P1.2。主循环部分，完成对 TM1638 按键查询，读取电位器 1、电位器 2 输入并显示的操作。其中，TM1638 的 S1 ~ S4 按键用于设定电机的正转、反转和停止，S5 按键用于设定 P5.5（CMP+）与 BGV 比较，S6 按键用于设定 P5.5（CMP+）与 P5.4（CMP−）比较，S7 按键用于设定 P5.5（CMP+）与 P5.4（CMP−）比较且正跳变产生中断，S8 按键用于设定 P5.5（CMP+）与 P5.4（CMP−）比较且负跳变产生中断。

下面是源程序代码：

```
/* File:P5_7.c */
#include <stc15.h>
```

```
#include <TM1638.c>
#include <GETADC.c>
#include <P01234Init.c>
#define CMPN_ADC    6     //上电位器(P5.4/CMP-)的 ADC 通道号
#define CMPP_ADC    7     //下电位器(P5.5/CMP+)的 ADC 通道号
#define IN1  P26
#define IN2  P25
void main()
{
    P01234Init();
    P5M1 = 0x00,P5M0 = 0x00;//P5 准双向口
    InitTM1638();
    P1ASF = 0xC0;            //set P1.6 P1.7 analog input
    EA = 1;                  //开 CPU 中断
    CMPCR1 = 0x86;           //P5.5(CMP+) - P5.4(CMP-)
    CMPCR2 = 0xBF;           //INVCMPO = 1,比较器取反后再输出到 P1.2
    while(1){                //主循环
        /* TM1638 按键扫描 */
        switch(GetKey()){
            case 0:          //按 S1:电机正转
                IN1 = 1,IN2 = 0;
                BitToLED(0,1);BitToLED(1,0);BitToLED(2,0);
                break;
            case 1:          //按 S2:电机反转
                IN1 = 0,IN2 = 1;
                BitToLED(0,0);BitToLED(1,1);BitToLED(2,0);
                break;
            case 2:          //按 S3:电机停止
            case 3:          //按 S4:电机停止
                IN1 = IN2 = 0;
                BitToLED(0,0);BitToLED(1,0);BitToLED(2,1);
                break;
            case 4:          //按 S5:P5.5(CMP+) - BGV(~1.27V)
                CMPCR1 = 0x82;//PIS = 0:P5.5 为 CMP+,NIS = 0:选择内部 BGV 为 CMP-
                CMPCR2 = 0xBF;//LCDTY = 3FH:比较器输出延迟 63 个系统时钟
                BitToLED(4,1);BitToLED(5,0);BitToLED(6,0);BitToLED(7,0);
                break;
            case 5:          //按 S6:P5.5(CMP+) - P5.4(CMP-)
                CMPCR1 = 0x86;//PIS = 0:P5.5 为 CMP+,NIS = 1:P5.4 为 CMP-
                CMPCR2 = 0xBF;//INVCMPO = 1,比较器取反后再输出到 P1.2
                BitToLED(4,0);BitToLED(5,1);BitToLED(6,0);BitToLED(7,0);
                break;
            case 6:          //按 S7:P5.5(CMP+) - P5.4(CMP-),正跳变产生中断,使电机停止
```

```
            CMPCR1 = 0xA6;//PIE = 1,正跳变请求中断
            CMPCR2 = 0xBF;//LCDTY = 3FH:比较器输出延迟 63 个系统时钟
            BitToLED(4,0);BitToLED(5,0);BitToLED(6,1);BitToLED(7,0);
            break;
        case 7:         //按 S8:P5.5(CMP + ) - P5.4(CMP - ),负跳变产生中断,使电机停止
            CMPCR1 = 0xA6;//PIE = 1,正跳变请求中断
            CMPCR2 = 0xBF;//LCDTY = 3FH:比较器输出延迟 63 个系统时钟
            BitToLED(4,0);BitToLED(5,0);BitToLED(6,0);BitToLED(7,1);
            break;
    }
    /* 读取电位器 1、电位器 2 输入并显示 */
    NumTo1234SEG(GetADC(CMPN_ADC)/16);//P5.4(CMP - )-- > ADC6
    NumTo5678SEG(GetADC(CMPP_ADC)/16);//P5.5(CMP + )-- > ADC7
    //CMPCR1:[CMPEN][CMPIF][PIE][NIE][PIS][NIS][CMPOE][CMPRES]
    //CMPCR2:[INVCMPO][DISFLT][5...0:LCDTY]
    }
}
/* 比较器中断服务函数
    清除 CMPIF 标志,电机停止
*/
void CMP_Isr() interrupt 21 //比较器中断号为 21
{
    CMPCR1 & = ~0x40;      //清除 CMPIF 标志
    IN1 = IN2 = 0;         //电机停止
}
```

5.7.4 运行调试

源程序经编译生成 HEX 文件，下载到单片机。因使用 STC 自动编程器的 5V 输出供电，程序下载后系统即运行。

旋转电位器 1 旋钮，可改变 P5.5（CMP +）的输入电压，对应的数字量（0 ~ 63）由 TM1638 的右 4 个数码管显示。旋转电位器 2 旋钮，可改变 P5.4（CMP -）的输入电压，对应的数字量（0 ~ 63）由 TM1638 的左 4 个数码管显示。

在旋转电位器的过程中，如果三色 LED 发光，表示比较器输出结果为 1，P1.2 引脚输出低电平；如果三色 LED 不发光，表示比较器输出结果为 0，P1.2 引脚输出高电平。

分别按 S4、S5 按钮设定电位器的比较模式，手动旋转电位器 2，手动或通过 S1、S2 按钮电动旋转电位器 1，观察 TM1638 数码管的显示和三色 LED 的状态。

按 S7 按钮，随后按 S1、S2 按钮，用电机驱动电位器 1 正转或反转，则当 P5.5（CMP +）大于 P5.4（CMP -）时（观察 TM1638 数码管的具体显示），电机自动停止，三色 LED 由不发光转为发光，见图 5-37。

按S8按钮，随后按S1、S2按钮，用电机驱动电位器1正转或反转，则当P5.5（CMP+）小于P5.4（CMP-）时（观察TM1638数码管的具体显示），电机自动停止，三色LED由发光转为不发光。

图5-37 比较器测试的硬件组成及运行实况

6 STC15 与串口人机界面

串口人机界面器件能够执行多种人机交互操作，并通过串行通信接口传输信息。本章的前半部分采用的是 USART HMI 串口屏。在 6.1 节，开发了一种高效的 STC15 接收 USART HMI 信息的接收超时判定方法。此后，通过电位器输入测试、舵机操控、测温曲线显示等数个实践，实现了由 STC15 与 USART HMI 串口屏组成的多个应用。

本章的后半部分是把安卓手机用作串口人机界面器件，STC15 通过蓝牙模块与安卓手机进行串行通信。具体的实践有步进电机滑台应用和直流电机滑台应用，圆盘式点胶机、XY 打标机模型的设计制作。每个案例都包含有单片机控制系统设计和通过中文可视化安卓应用开发工具开发安卓 app 两个方面的内容。

6.1 三色 LED 控制

6.1.1 HMI 画面设计

本节实践是通过 USART HMI 控制一只 RGB 三色指示灯。

首先，在 PC 上安装并运行 USART HMI 软件，新建一个项目。

建一个含有“红蓝绿”三个字、字高为 48 的宋体字库，添加到项目中。

在该项目页面 0（page 0），建 b0、b1、b2 三个按钮控件，见图 6-1(a)。在每个按钮控件的‘按下事件’和‘弹起事件’选项，都勾选‘发送键值’，见图 6-1(b)。

项目编译后，进行模拟调试。图 6-1(c) 为模拟按下/弹起‘红’、‘绿’按钮时 HMI 器件通过串口发送的信息。

最后，把项目代码下载到 HMI 器件。

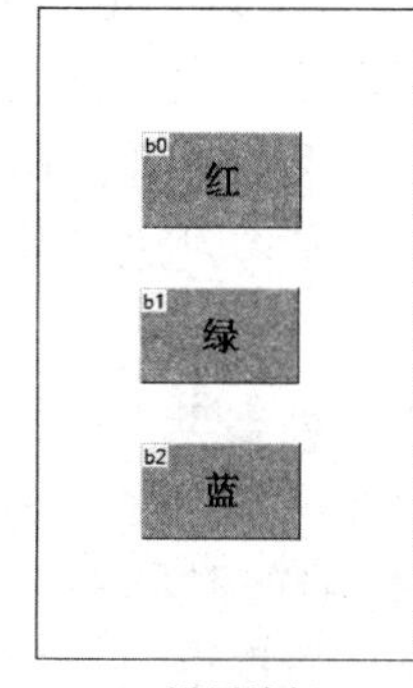

(a) 设置按钮

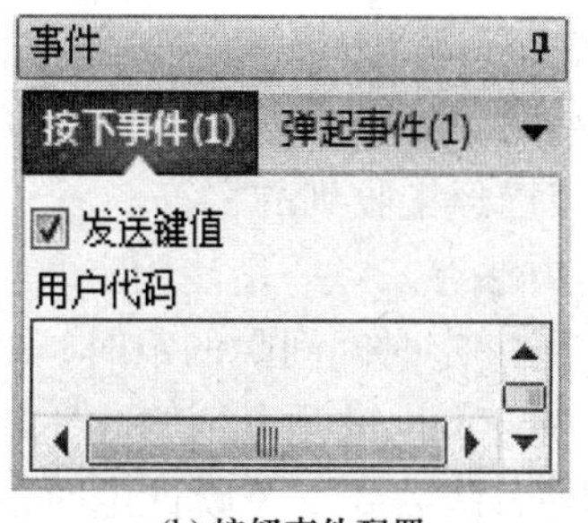

(b) 按钮事件配置

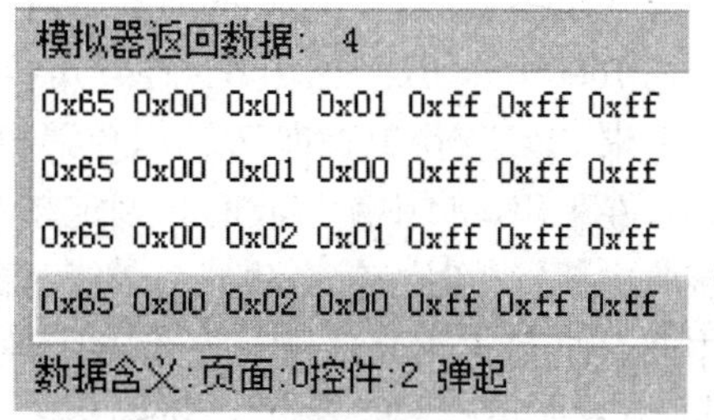

(c) 模拟器模拟

图 6-1　USART HMI 软件操作

6.1.2　模块配置

实践器件包括 STC15W4K48S4、3.2 吋(400 × 240) USART HMI、RGB 三色 LED 和 STC 自动编程器。模块间的接线如图 6-2 所示，各器件的电源均取自 PC 的 USB。

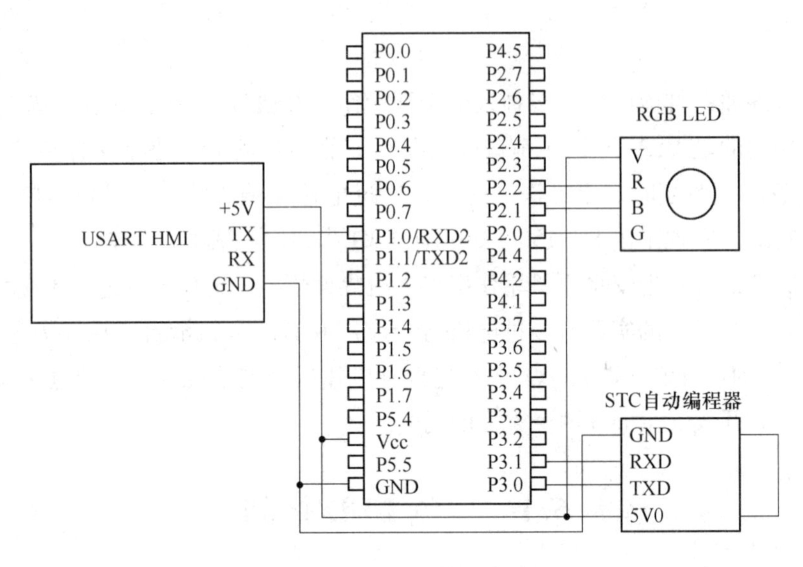

图 6-2　三色 LED 控制接线图

图 6-2 中，STC15 的 S1 串口接到 STC 自动编程器，作用是向 PC 发送 S2 串口接收的信息。S2 串口的 RXD 接到 USART HMI 的 TX，以接收来自 USART HMI 的信息。USART HMI 不需要接收 STC15 的信息，其 RX 端不需连接。

6.1.3　程序设计

根据实践要求，当 USART HMI 串口屏发生按下、弹起事件时，就通过串口向 STC15 发送信息。STC15 作为接收方应正确接收信息并进行解析。

USART HMI 发送的信息由多个字符组成，信息长度并不固定，有些信息以连续三个 0xff 结束，见图 6-1(c)，但这并不是所有的情况。为了应对所有的发送可能，接收方要以接收超时的方法来判断发送方是否发送完一条信息。由于串行通信时的波特率是一定的，所谓接收超时，是指接收方在一个相当长的时间内都没有接收到字符，便断定发送方已经完成一次信息发送。超时的时间，可根据实际应用情况确定。例如，如果 CPU 查询了 RI 标志 1000 次，RI 仍然为 0，便判定接收超时。这种方法，前面已经用过，其不足之处就是要求 CPU 较快地查询 RI，以免漏掉串口已经接收到的字符。

在采用串口中断接收时，判定超时的方法有二：一是使用定时器定时，即：每当串口接收中断发生时，就启动某一个定时器进行一定时间间隔的定时，如果该定时器发生定时中断，便判定为接收超时。例如，对于 9600bps 的通信速率，每字符传输的时间约为 1ms，这时可置定时器定时 5ms 中断。这种方法需要一个硬件定时器，且要根据串口通信速率确定定时时间间隔。二是以串口传输字符的个数作为判定接收超时的依据，即：如果串口在传输 n 个字符的期间内一直没有接收到字符，便判定为接收超时。

本节程序采用的是第二种方法。具体为：STC15 的 S2 串口采用中断接收，且用 S2 进行中断发送。每当 S2 接收到一个字符并触发 S2 接收中断后，都将 S2 的发送计数清零，并启动 S2 发送。S2 在把一个字符发送完成后即触发 S2 发送中断，此时使发送字符计数加 1。当发送字符计数达到 4 时，表明 S2 在发送 4 个字符的期间内一直没有接收到字符，便判定为接收超时。这种方法不需要硬件定时器定时中断，代价是占用了一个串口的发送端，在要求双向通信的情况下，就需要启用另一个串口进行信息发送。

下面是源程序代码：

```
/* File:P6_1.c */
#include <stc15.h>
#include <stdio.h>    /* for printf */
#include <string.h>   /* for memcpy */
#define FOSC 11059200L
#define BAUD 9600                //串口波特率
#define GLedPin P20              //绿色 LED
#define BLedPin P21              //蓝色 LED
#define RLedPin P22              //红色 LED
#include "P01234Init.c"
void T2S1S2Init();
unsigned char S2Rcv[20];         //接收字符缓冲区
unsigned char HmiMsg[20];        //HMI 信息缓冲区
unsigned char MsgLen;            //接收信息字符数
bit MsgOK;                       //HMI 接收完成标志
void main()
{
    unsigned int n;
    P01234Init();
    T2S1S2Init();
    EA = 1;                      //开 CPU 中断
    while(1){                    //主循环
        if(MsgOK){               //S2 接收 HMI 信息完成
            MsgOK=0;             //标志清零
            /*为验证,将 S2 接收的信息通过 S1 发送*/
            for(n=0;n<MsgLen;n++){
                SBUF = HmiMsg[n];
                while(!TI);
                TI=0;
            }
            if(HmiMsg[0]!=0x65 && HmiMsg[1]!=0x00)continue;
            switch(*(int *)&HmiMsg[2]){
                case 0x0101:RLedPin=0;break;//控件 1 按下
                case 0x0100:RLedPin=1;break;//控件 1 弹起
                case 0x0201:GLedPin=0;break;//控件 2 按下
```

```
                case 0x0200:GLedPin = 1;break;//控件 2 弹起
                case 0x0301:BLedPin = 0;break;//控件 3 按下
                case 0x0300:BLedPin = 1;break;//控件 3 弹起
                default:break;
            }
        }
    }
}
/* T2、S1、S2 初始化函数
    T2:S1、S2 波特率发生器,9600bps
    S1:方式 1,仅发送
    S2:方式 1,发送/接收,允许中断
*/
void T2S1S2Init()
{
    T2L = (65536 - (FOSC/4/BAUD));//设置波特率重装值
    T2H = (65536 - (FOSC/4/BAUD)) >> 8;//波特率 = 9600bps
    AUXR |= 0x15;            //启动 T2,T2 1T 模式,T2 for S1,
    P_SW1 = 0x00;            //S1S0 = 00,01,10:S1 在 P3.0P3.1,P3.6P3.7,P1.6P1.7
    SM0 = 0;SM1 = 1;         //S1 方式 1
    REN = 0;                 //不允许 S1 接收
    TI = 1;                  //S1 TI 置 1
    S2CON = 0x50;            //S2:8 位可变波特率,无奇偶校验位,允许接收
    IE2 = 0x01;              //Enable S2 interrupt
//AUXR:[T0*12][T1*12][UARTM0*6][T2R][T2C/T][T2*12][EXTRAM][S1ST2]
//P_SW1(AUXR1):[S1_S1][S1_S0][][][][][][]
//S2CON:[S2SM0][S2SM1][S2SM2][S2REN][S2TB8][S2RB8][S2TI][S2RI]
}
/* S2 中断服务函数
    接收到的字符存入 S2Rcv 缓冲区
    如果发送计数 > 3,S2Rcv 的内容存入 HmiMsg,MsgOK 标志置位
*/
void S2isr() interrupt 8
{
    static unsigned char RcvCnt,SendCnt;//S2 接收,发送计数
    if(S2CON & 0x01){           //if S2RI == 1
        S2CON &= ~0x01;         //clr S2RI
        if(RcvCnt < 20)S2Rcv[RcvCnt++] = S2BUF;//存字符
        SendCnt = 0;            //每次接收后,都将发送计数清零
        S2BUF = 'A';            //每次接收后,都启动发送,可发送任意字符
    }
    if(S2CON & 0x02){           //if S2TI == 1
        S2CON &= ~0x02;         //clr S2TI
```

```
        SendCnt ++;              //每次成功发送后,把发送计数 +1
        if(SendCnt >3){          //如果发送计数 >3,进行信息接收完成处理
            memcpy(HmiMsg,S2Rcv,RcvCnt); //把接收的信息存入 HmiMsg
            MsgLen = RcvCnt;     //保存信息长度
            RcvCnt =0;           //接收计数清零
            MsgOK =1;            //置信息完成标志
        }
        else S2BUF ='B';         //如果发送计数≤3,继续启动发送,可发送任意字符
    }
}
```

6.1.4 运行调试

源程序编译后，下载到单片机运行。

分别触碰 USART HMI 串口屏上的‘红’、‘绿’、‘蓝’区域，三色 LED 灯将有相应颜色的显示，见图 6-3。

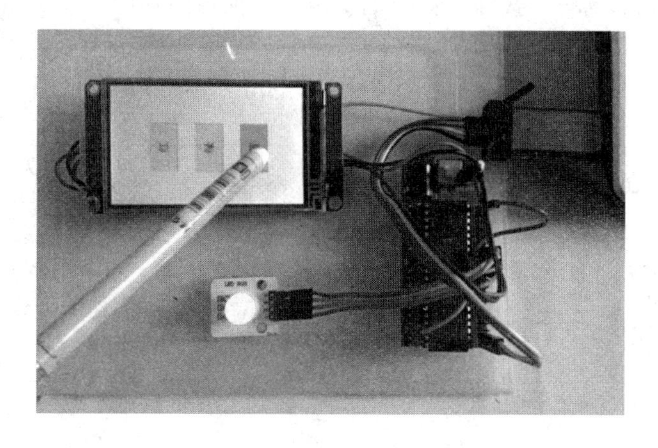

图 6-3　USART HMI 触控三色 LED

PC 运行串口助手，可接收到由 STC15 S1 发送的信息，亦即 STC15 S2 从 USART HMI 接收到的信息。由图 6-4 可见，USART HMI 发送的信息得到准确接收。

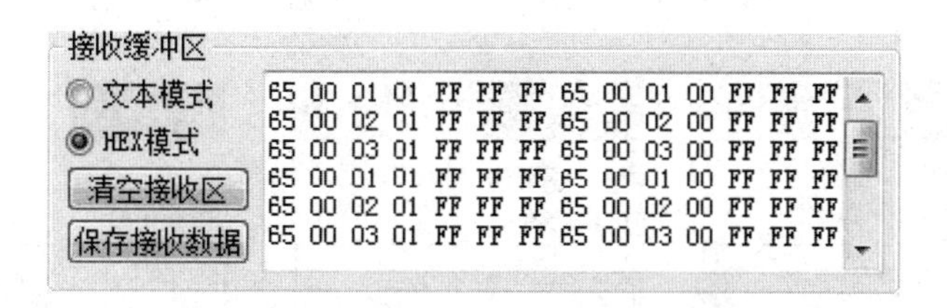

图 6-4　STC15 S2 接收的信息

实践表明，用本节的方法，不需要判断 HMI 信息的结束字符，能够有效简化 C51 的程序设计工作。

6.2　电位器输入测试

6.2.1　HMI画面设计

本节实践通过USART HMI串口屏选择STC15 ADC通道号，并显示其来自电位器输入的ADC测量值。

首先，用屏幕截图方法截取一个车速表盘图，并用画图软件擦去其中的指针和数字，保存为“彩色表盘图像.bmp”文件。

PC运行USART HMI软件，新建一个项目。

建一个含有“ADC通道+－0123456789”字符、字高为32的宋体字库，添加到项目字库中。把“彩色表盘图像.bmp”文件添加到项目图片中。具体操作在屏幕左下角窗口中进行。

在该项目页面0（page 0），添加控件：t0（文本），n0、n1（数字），b0、b1（按钮），j0（进度条），p0（图片），双击p0属性中‘pic’项的右栏，选择刚添加的图片作为p0图片，见图6-5(a)。点击‘调试’，对模拟运行中出现的整个窗口区域截图，存为‘ADC指针切图图像.bmp’文件，随即把它添加到项目图片中。添加指针控件z0，双击z0属性中‘sta’项的右栏，选择‘切图’。双击z0属性中‘picc’项的右栏，选择刚加入的图片作为z0背景切图图片，见图6-5(b)。点击‘调试’，进行模拟运行验证。

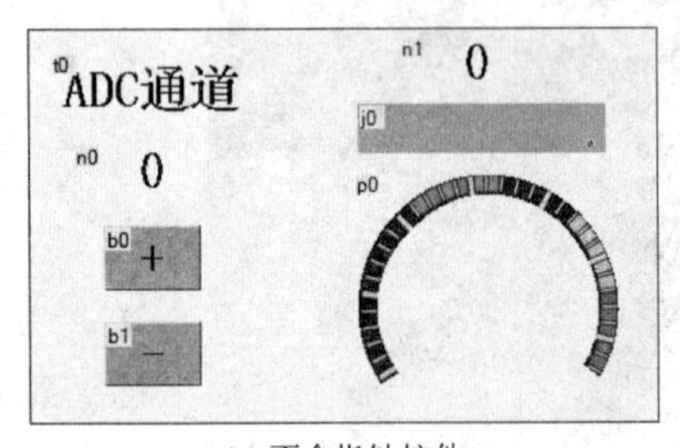

(a) 不含指针控件

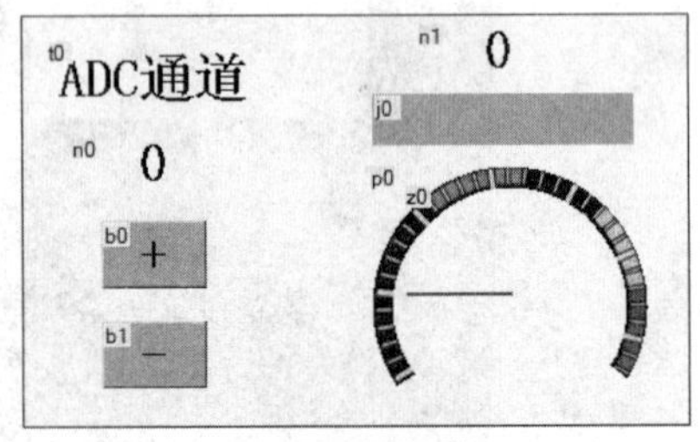

(b) 添加指针控件

图6-5　页面0的控件

数字控件n0的数值n0.val存储STC15 ADC的通道号，每按一下按钮b0，使n0.val加1，每按一下按钮b1，使n0.val减1；b0、b1弹起时，HMI执行‘print n0.val’，即通过串口发送n0.val的数值。实现这些操作的用户代码见图6-6。

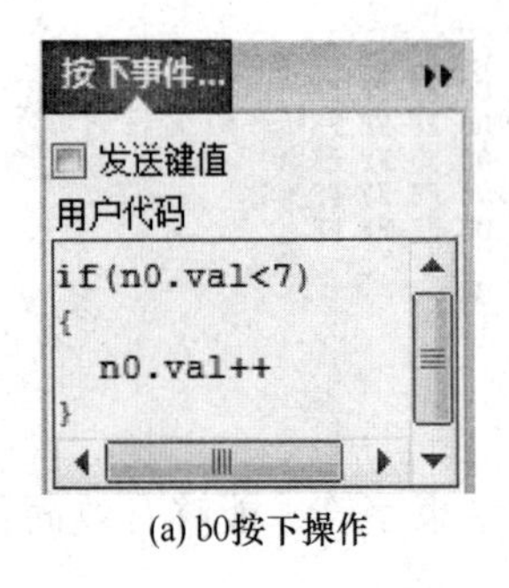

(a) b0按下操作

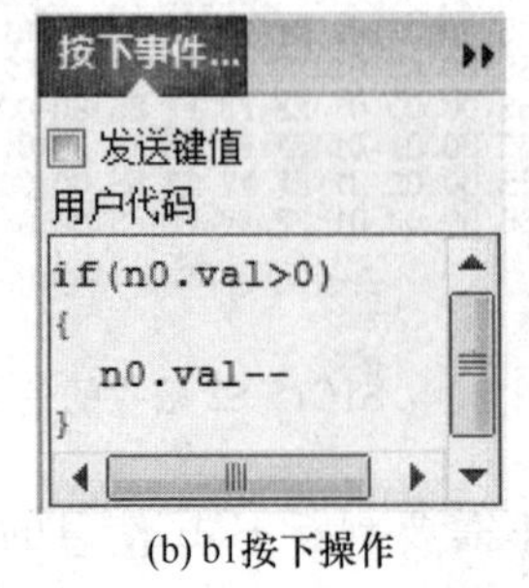

(b) b1按下操作

(c) b0、b1弹起操作

图6-6　b0、b1按下与弹起事件的用户代码

数字控件 n1 的数值 n1. val 为 n0. val 通道的 A/D 数值，由 STC15 通过串口发送给 HMI。

进度条控件 j0 的数值 j0. val 在 0 到 100 之间，由 STC15 通过串口发送给 HMI。

指针控件 z0 的数值 z0. val 在 0 到 360 之间，由 STC15 通过串口发送给 HMI。受表盘图像限制，实际角度范围是 0 到 215 和 320 到 0，可在 z0 属性中‘val’项的右栏填入不同数值，点击‘编译’进行测试。

项目编译后，进行模拟调试。图 6-7 为模拟按下与弹起‘+’按钮时 HMI 器件的显示和通过串口发送的信息。USART HMI 发送的数据为 32 位有符号数，且先发送低字节。所以，STC15 接收的第一个字节就是 n0. val 的数值。

最后，把项目代码下载到 HMI 器件。

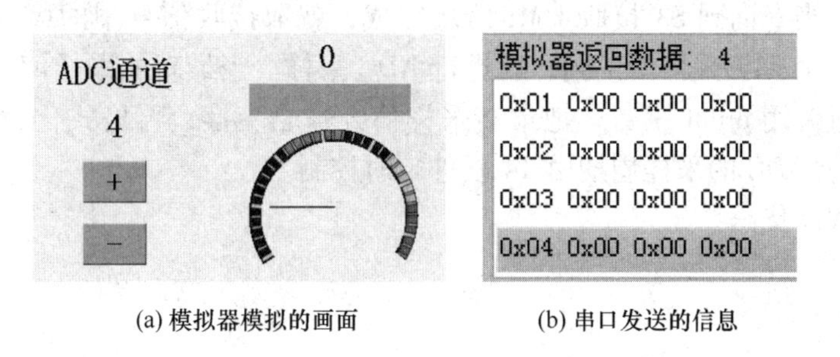

(a) 模拟器模拟的画面　　(b) 串口发送的信息

图 6-7　模拟操作‘+’按钮

6.2.2　模块配置

实践器件包括 STC15W4K48S4、3.2 吋 USART HMI、电位器和 STC 自动编程器，模块间的接线如图 6-8 所示。图中，STC 自动编程器用于下载程序和提供 +5V 电源。STC15 串口 1 配置在 P3.6 和 P3.7，通过 P3.7 向 HMI 发送信息。STC15 串口 3 的接收引脚 P0. 0/

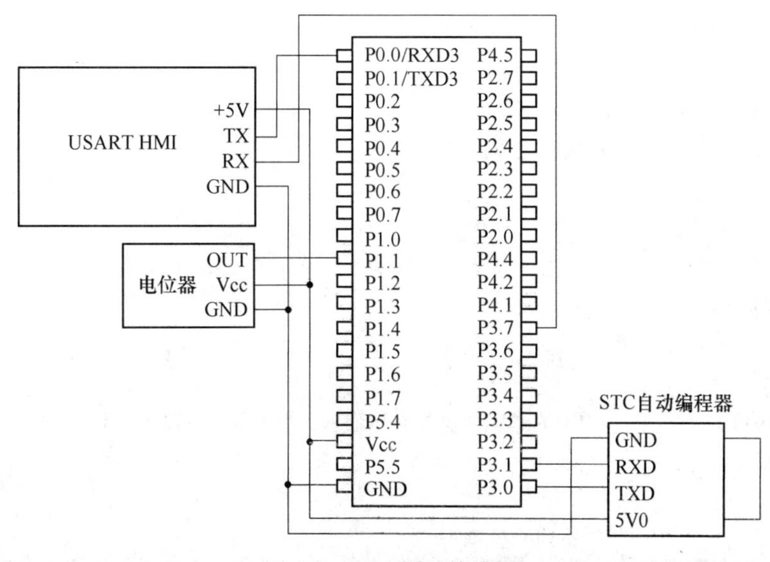

图 6-8　ADC 测试接线图

RXD3 用于接收 HMI 信息。STC15 的 P1.0 ~ P1.7 引脚设置为 A/D 输入，都可与电位器的输出端连接。

6.2.3 程序设计

本节实践中，STC15 既要接收来自 HMI 的信息，又要向 HMI 发送信息。应用程序用串口 S3 中断接收 HMI 信息，S3 中断发送以进行接收超时判定，并用串口 S1 向 HMI 发送最新 ADC 采样值。由于在 USART HMI 的命令格式中，数值要以 ASCII 字符表示，且命令以三个 0xFF 结束，选择串口 S1 向 HMI 发送命令的优点是：可以通过调用 C51 库函数 printf，把数值格式化为字符串，发送一条 HMI 命令调用一次 printf 即可，有效地减少了编程工作量。

主程序中，当查询到 S3 接收 HMI 信息完成，就取接收信息中的第一个字符值作为 ADC 通道号。当查询到采样周期到，就进行 ADC 采样。当最新的采样值与上次采样值不相等时，就通过调用 printf 函数，把最新采样值经适当变换，再格式化为 HMI 命令字符串，由 S1 发送。ADC 的采样周期由 T4 硬件定时控制。

下面是源程序代码：

```
/* File:P6_2.c */
#include <stc15.h>
#include <stdio.h>              /* for printf */
#include <string.h>             /* for memcpy */
#include <intrins.h>
#include <P01234Init.c>
#include <GETADC.c>             /*参见2.1节*/
#define FOSC 11059200L
#define BAUD 9600               //串口波特率
void T4Init();
void T2S1S3Init();
unsigned char S3Rcv[20];        //接收字符缓冲区
unsigned char HmiMsg[20];       //HMI信息缓冲区
unsigned char MsgLen;           //接收字符数
bit MsgOK;                      //接收完成标志
bit TickFlag;
void main()
{
    unsigned int n,val,lastval;
    float f;
    P01234Init();
    P1ASF = 0xFF;               //P1.7~P1.0设为模拟输入。P1ASF:[P17ASF..P10ASF]
    T2S1S3Init();
    T4Init();
    EA = 1;                     //开CPU中断
    while(1){                   //主循环
```

```
        if(MsgOK){              //S3 接收 HMI 信息完成
            MsgOK = 0;          //标志清零
            n = HmiMsg[0];//第一个数据为 ADC 通道号
        }
        if(TickFlag){
            TickFlag = 0;
            val = GetADC(n);//读 ADC
        }
        if(val! = lastval){
            lastval = val;
            printf("n1. val = %d\xff\xff\xff",val);    //S1 发送 n1. val
            f = (float)val/10.23;
            printf("j0. val = %d\xff\xff\xff",(int)f); //S1 发送 j0. val
            f = (float)val * (215 +40)/1023 -40;
            if(f<0)f = 360 - f;
            printf("z0. val = %d\xff\xff\xff",  (int)f);  //S1 发送 z0. val
        }
    }
}
/* T4 初始化函数
    T4 每 50ms 中断一次
*/
void T4Init()
{
    T4H  =  (65536 -921600/20)/256;/* T4 50ms(20Hz)中断 */
    T4L  =  (65536 -921600/20)%256;
    T4T3M  =  0x80;             //T4R =1,T4 Run;T4,T3 只有方式 0,T3 未用
    IE2 | =  0x40;              //ET4 =1,允许 T4 中断(IE2.6 = ET4,IE2.5 = ET3)
    //T4T3M = [T4R][C/T][X12][CLKO][T3R][C/T][X12][CLKO]
}
/* T4 中断服务函数 */
void T4isr() interrupt 20       //T4 中断号为 20
{
    static unsigned char i;
    if( ++i ==4){               //如果中断了 4 次(200ms),i 清零
            i =0;
            TickFlag  =  1; //置标志
    }
}
/* T2、S1、S3 初始化函数
    T2:S1、S3 波特率发生器,9600bps
    S1:方式 1,仅发送
    S3:方式 1,发送/接收,允许中断
```

```
*/
void T2S1S3Init()
{
    T2L = (65536 - (FOSC/4/BAUD));//设置波特率重装值
    T2H = (65536 - (FOSC/4/BAUD)) >>8;//波特率=9600bps
    AUXR |= 0x15;          //启动T2,T2 1T模式,T2 for S1,
    P_SW1 = 0x40;          //S1S0=00/01/10:S1在P3.0P3.1/P3.6P3.7/P1.6P1.7
    SM0=0;SM1=1;           //S1方式1
    REN = 0;               //不允许S1接收
    TI = 1;                //S1 TI置1
    S3CON = 0x10;          //S3:8位可变波特率,无奇偶校验位,允许接收
    IE2 |= 0x08;           //Enable S3 interrupt
//AUXR:[T0*12][T1*12][UARTM0*6][T2R][T2C/T][T2*12][EXTRAM][S1ST2]
//P_SW1(AUXR1):[S1_S1][S1_S0][][][][][][]
//S3CON:[S3SM0][S3ST3][S3SM2][S3REN][S3TB8][S3RB8][S3TI][S3RI]
//IE2:[][ET4][ET3][ES4][ES3][ET2][ESPI][ES2]
}
/*S3中断服务函数
    S3接收到的字符存入S3Rcv缓冲区
    如果发送计数>3,S3Rcv的内容存入HmiMsg,MsgOK标志置位
*/
void S3isr() interrupt 17
{
    static unsigned char RcvCnt,SendCnt;//S3接收,发送计数
    if(S3CON & 0x01){      //if S3RI==1
        S3CON &= ~0x01;    //clr S3RI
        if(RcvCnt<20)S3Rcv[RcvCnt++]=S3BUF;//存字符
        SendCnt=0;         //每次接收后,都将发送计数清零
        S3BUF='A';         //每次接收后,都启动发送,可发送任意字符
    }
    if(S3CON & 0x02){      //if S3TI==1
        S3CON &= ~0x02;    //clr S3TI
        SendCnt++;         //每次成功发送后,把发送计数+1
        if(SendCnt>3){     //如果发送计数>3,进行信息接收完成处理
            memcpy(HmiMsg,S3Rcv,RcvCnt);  //把接收的信息存入HmiMsg
            MsgLen=RcvCnt;//保存信息长度
            RcvCnt=0;      //接收计数清零
            MsgOK=1;       //置信息完成标志
    }
    else S3BUF='B';        //如果发送计数≤3,继续启动发送,可发送任意字符
    }
}
```

6.2.4　运行调试

C51 程序编译后，下载到单片机运行。触控 USART HMI 屏幕上的‘+’、‘-’区域，选择 ADC 通道。选好通道后，把电位器的 OUT 端接到选定通道的引脚上。旋转电位器旋钮，观察 HMI 屏幕上数值、进度条和指针的变化，见图 6-9。

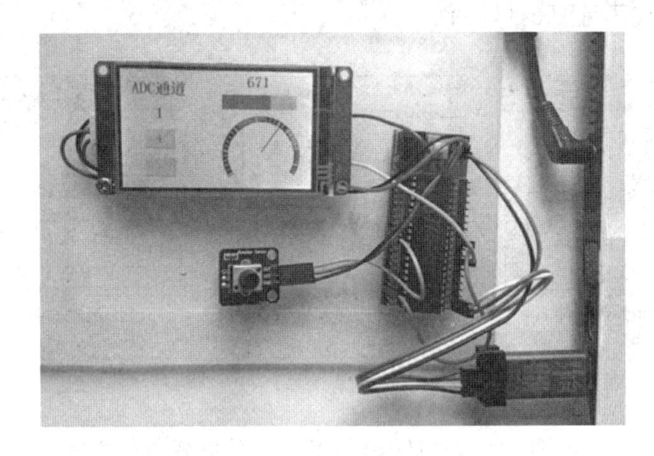

图 6-9　ADC 测试实况

6.3　舵机操控

6.3.1　HMI 画面设计

本节实践通过 USART HMI 串口屏设定舵机输出角度，由 STC15 控制 MG996R 舵机转动。

首先，用屏幕截图方法截取一个时钟的上半部图像，并用画图软件擦去其中的指针和数字，保存为“舵机用表盘图像 . bmp”文件。

在 PC 上运行 USART HMI 软件，新建一个项目。

建一个含有“输入确定°0123456789”字符、字高为 32 的宋体字库，添加到项目中。再把“舵机用表盘图像 . bmp”文件添加到项目图片中。在页面 0 添加图片控件 p0，双击 p0 属性中‘pic’项的右栏，选择刚添加的图片作为 p0 图片。点击‘调试’，对模拟运行中出现的整个窗口区域截图，存为“舵机用切图图像 . bmp”文件，随即把它添加到项目图片中。添加指针控件 z0，双击 z0 属性中‘sta’项的右栏，选择‘切图’。双击 z0 属性中‘picc’项的右栏，选择刚加入的图片作为 z0 背景切图图片。点击‘调试’，进行模拟运行验证。

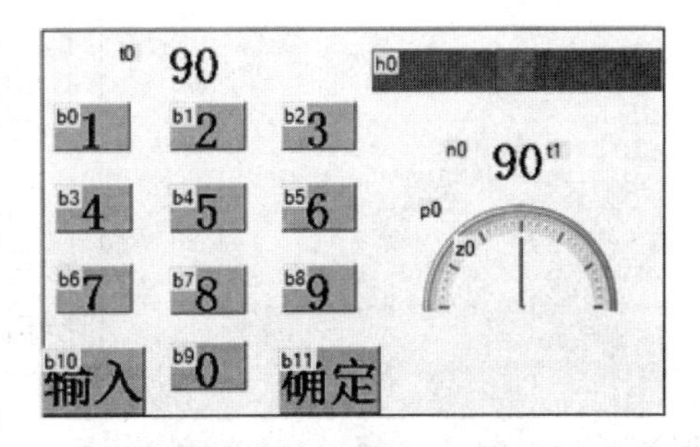

图 6-10　页面 0 的控件

在页面 0 添加其他控件，见图 6-10。

文本控件 t0 用于存储由 STC15 发送的舵机角度值，或由按钮 b0 ~ b9 输入的角度值。

按钮控件 b0 ~ b9 用于输入舵机角度值。各按钮弹起事件的用户代码类似，见图 6-11(a)。按钮 b10 用于清空 t0 中的文本，用户代码为：t0. txt =' '。按钮 b11 用于把角度值文本转换为数值，赋给 n0、h0、z0，并发送给 STC15，用户代码见图 6-11(b)。

滑块控件 h0 也用于设定舵机输出角度，滑块控件的数值范围是 0 ~ 100，在滑块发生滑动和弹起事件时，要把滑块当前值变换为 0 ~ 180 的角度值，赋给 n0 和 z0，并发送给 STC15，具体用户代码见图 6-11(c)。

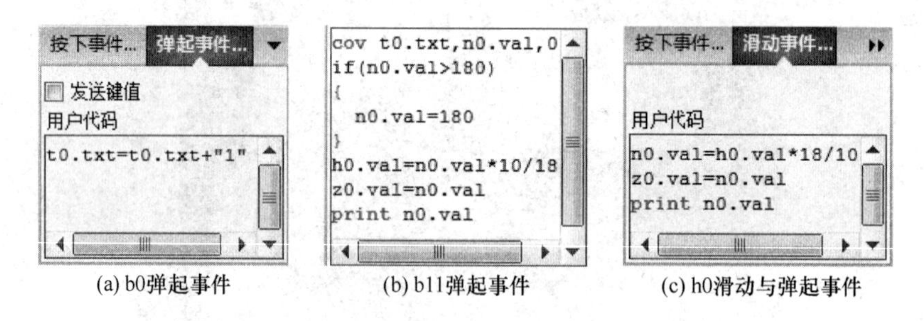

图 6-11 b0、b11、h0 的用户代码

数字控件 n0、指针 z0 都存储舵机输出角度值，并以各自的方式显示。

项目编译后，进行模拟调试，注意器件的显示和通过串口发送的信息。

最后，把项目代码下载到 HMI 器件。

6.3.2 模块配置

实践器件包括 STC15W4K48S4、3.2 吋 USART HMI、MG996R 舵机、7.4V 锂电池电源和 STC 自动编程器，模块间的接线如图 6-12 所示。其中，STC15 串口 1 配置在 P3.6 和 P3.7，通过 P3.7 向 HMI 发送信息，串口 3 的接收引脚 P0.0/RXD3 用于接收 HMI 信息，P2.1/PWM3 接到舵机信号输入端。

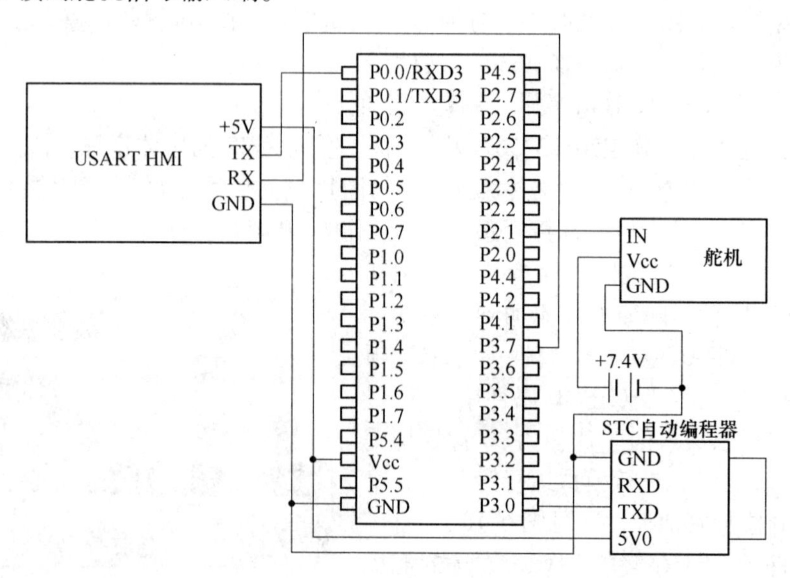

图 6-12 USART HMI 触控舵机接线图

6.3.3 程序设计

USART HMI 在执行用户代码中的 print n0. val 语句时，发送 4 字节的整形数据，且小端在前。例如发送数值 80，实际为 0x50，0x00，0x00，0x00。STC15 的主程序在查询到 HMI 信息接收成功后，取接收的第一个字符值为舵机角度，转换为 15 位 PWM 的计数次数，存入 PWM3T2，并通过调用 printf 函数把角度值转换为文本向 HMI 发送。

下面是源程序代码：

```
/* File:P6_3.c */
#include <stc15.h>
#include <stdio.h>   /* for printf */
#include <string.h>   /* for memcpy */
#include <intrins.h>
#include <P01234Init.c>
#define FOSC 11059200L
#define BAUD 9600                    //串口波特率
void PWM3Init();
void T2S1S3Init();
unsigned int DegToCnt(unsigned int deg);
unsigned char S3Rcv[20];             //接收字符缓冲区
unsigned char HmiMsg[20];            //HMI 信息缓冲区
unsigned char MsgLen;                //接收信息字符数
bit MsgOK;                           //HMI 信息接收完成标志
void main()
{
    P01234Init();
    T2S1S3Init();
    PWM3Init();
    EA = 1;                          //开 CPU 中断
    while(1){                        //主循环
        unsigned int deg;
        if(MsgOK){                   //S3 接收 HMI 信息完成
            MsgOK=0;                 //标志清零
            deg=HmiMsg[0];           //第一个数据为舵机角度(0°~180°)
            P_SW2 |= 0x80;           //使能访问 XSFR
            PWM3T2 = DegToCnt(deg); //PWM3 第 2 次反转计数
            P_SW2 &=~0x80;           //禁止 CPU 访问 XSFR
            printf("t0.txt=\"%-d\"\xff\xff\xff",deg);//发送 t0.txt=角度值
        }
    }
}
/* PWM3 初始化函数
    输出舵机初始位置为 90°
*/
```

```
void PWM3Init()
{
    P_SW2 |= 0x80;              //使能访问 XSFR
    PWMCFG = 0x00;              //PWM 初始为低电平
    PWMCKS = 11;                //PWM 时钟源为 FOSC/12 =921600Hz
    PWMC = (FOSC/12/50);        //PWM 每周期计数次数,PWM 频率 =50Hz
    PWM3T1 = 0;                 //PWM3 第 1 次反转计数,0ms
    PWM3T2 = 135*256/25;        //PWM3 第 2 次反转计数,1.5ms(90°)
    PWM3CR = 0x00;              //PWM3 输出到 P2.1
    PWMCR = 0x82;               //使能 PWM,使能 PWM3 信号输出
    P_SW2 &=~0x80;              //禁止 CPU 访问 XSFR
}
/*DegToCnt:舵机角度转换为 PWM 计数次数
    0~180-->0.5~2.5ms,t=(0.5+deg/90)ms=(45+deg)/90000sec
    f=90000/(45+deg)
    cnt=FOSC/12/f=921600*(45+deg)/90000=(45+deg)*256/25
*/
unsigned int DegToCnt(unsigned int deg)
{
    return (45+deg)*256/25;
}
/*T2、S1、S3 初始化函数*/
void T2S1S3Init()
{
    T2L = (65536 - (FOSC/4/BAUD));//设置波特率重装值
    T2H = (65536 - (FOSC/4/BAUD))>>8;//波特率 =9600bps
    AUXR |= 0x15;               //启动 T2,T2 1T 模式,T2 for S1,
    P_SW1 = 0x40;               //S1S0 =00/01/10:S1 在 P3.0P3.1/P3.6P3.7/P1.6P1.7
    SM0 =0;SM1 =1;              //S1 方式 1
    REN = 0;                    //不允许 S1 接收
    TI = 1;                     //S1 TI 置 1
    S3CON = 0x10;               //S3:8 位可变波特率,无奇偶校验位,允许接收
    IE2 |= 0x08;                //Enable S3 interrupt
}
/*S3 中断服务函数
    S3 接收到的字符存入 S3Rcv 缓冲区
    如果发送计数 >3,S3Rcv 的内容存入 HmiMsg,MsgOK 标志置位
*/
void S3isr()interrupt 17
{
    static unsigned char RcvCnt,SendCnt;//S3 接收,发送计数
    if(S3CON & 0x01){           //if S3RI ==1
        S3CON &=~0x01;          //clr S3RI
```

```
        if(RcvCnt < 20)S3Rcv[RcvCnt ++ ] = S3BUF;//存字符
        SendCnt = 0;                //每次接收后,都将发送计数清零
        S3BUF = 'A';                //每次接收后,都启动发送,可发送任意字符
    }
    if(S3CON & 0x02){               //if S3TI == 1
        S3CON & = ~0x02;            //clr S3TI
        SendCnt ++ ;                //每次成功发送后,把发送计数 +1
        if(SendCnt > 3){            //如果发送计数 >3,进行信息接收完成处理
            memcpy(HmiMsg,S3Rcv,RcvCnt);    //把接收的信息存入 HmiMsg
            MsgLen = RcvCnt;        //保存信息长度
            RcvCnt = 0;             //接收计数清零
            MsgOK = 1;              //置信息完成标志
        }
        else S3BUF = 'B';           //如果发送计数≤3,继续启动发送,可发送任意字符
    }
}
```

6.3.4 运行调试

源程序经编译后，下载到单片机运行。滑动 HMI 串口屏上的滑块，观察舵机的转动，以及 HMI 屏幕上的显示状况，见图 6-13。按下‘输入’按钮，通过数字按钮输入舵机角度值，按下‘确定’按钮，观察舵机转动和串口屏显示。注意数字按钮上方显示的数值来自 STC15，有验证 STC15 与串口屏之间通信的作用。

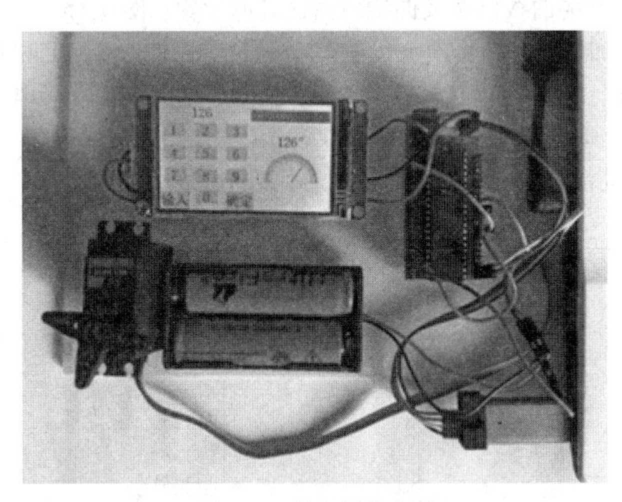

图 6-13 舵机操控实况

6.4 MAX6675 测温曲线显示

6.4.1 HMI 画面设计

本节实践通过 USART HMI 串口屏显示 MAX6675 测温曲线。

首先，运行 USART HMI 软件，新建一个项目。

建一个含有“秒℃0123456789”字符、字高为16的宋体字库，添加到项目中。

在该项目页面0（page 0），添加控件，见图6-14。图中，文本控件t0~t13用于显示曲线坐标信息，数字控件n0用于显示由STC15发送的测温值。

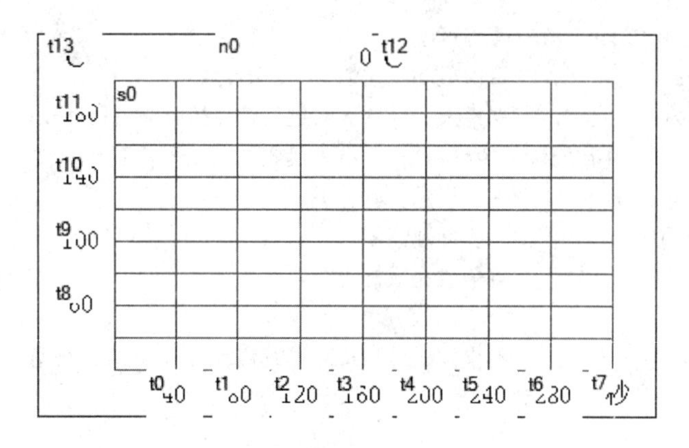

图6-14 页面0的控件

曲线控件s0用于显示测温曲线。曲线的纵坐标和横坐标都以像素为单位，纵坐标的数值范围是0~255。当通过add指令向s0添加一个数据时，该数据的数值就是纵坐标。曲线的横坐标在每添加一个数据后都根据曲线的移动方向自动调整。曲线的移动方向由曲线控件中的dir元素指定，有‘从左往右’、‘从右往左’、‘靠右对齐’三种，这里选择‘从右往左’。控件s0的曲线网格及曲线所占区域的设置见图6-15。

为定时向s0添加数据，在页面0设置一个定时器控件tm0，定时时间为1000ms，并为其配置用户代码，见图6-16。每当tm0定时时间到，便执行其用户代码，即把数值（n0. val-20）添加到ID号为1的曲线控件的0通道中。

项目编译后，进行模拟调试，之后把项目代码下载到HMI器件。

s0(曲线/波形)	
gdw	40
gdh	20
pco0	0
pco1	0
x	51
y	30
w	321
h	181

图6-15 s0显示区域设置

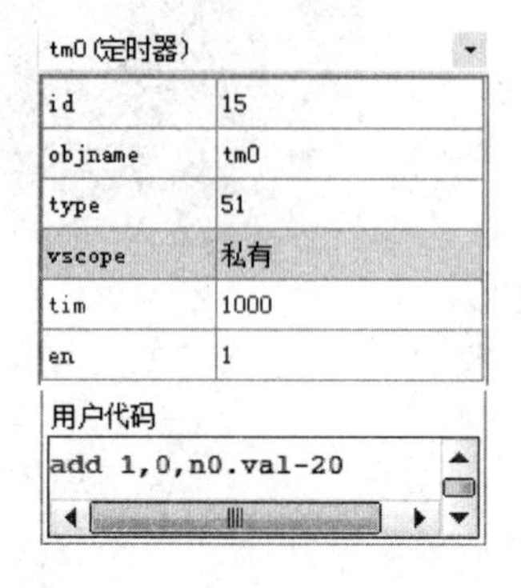

图6-16 tm0定时值及用户代码

6.4.2 模块配置

实践器件包括STC15W4K48S4、3.2吋USART HMI、MX6675模块及测温头、STC自

动编程器，模块间的接线如图6-17所示。其中，STC15串口1配置在P3.6和P3.7，通过P3.7向HMI发送信息。K型热电偶测温头的+、-端分别与MAX6675模块的T+、T-端连接；MAX6675模块的SO连接P2.2/MISO，SCK连接P2.1/SCLK，CS连接P2.0。

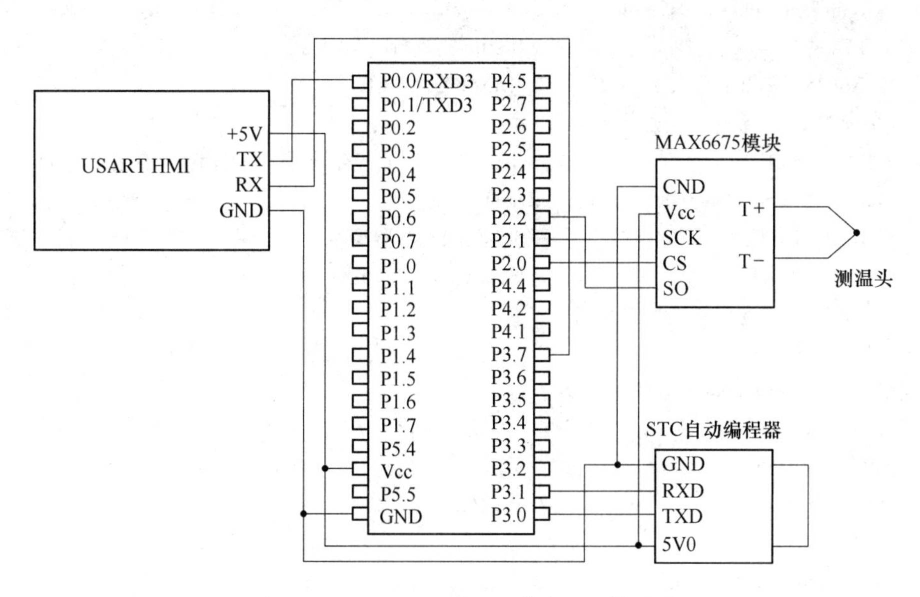

图6-17 MAX6675测温及曲线显示接线图

6.4.3 程序设计

程序通过T4中断实现1s定时。每当1s定时时间到，就读取MAX6675测量值，并通过调用printf函数向HMI发送。这里，STC15不接收USART HMI的信息。

下面是程序代码：

```
/ * File:P6_4. c * /
#include <stc15. h>
#include <stdio. h>
#define FOSC 11059200L
#define BAUD 9600 //串口波特率
#define MAX6675_CS P20
#include "P01234Init. c"
void T2S1Init();
void T4Init();
void SPIInit();
bit TickFlag;
void main()
{
    P01234Init();
    T2S1Init();
    T4Init();
    SPIInit();
```

```
    EA = 1;                              //开 CPU 中断
    while(1){                            //主循环
      volatile unsigned int dat;         //16 - bit SPI data
      volatile unsigned char datH,datL;
      if(TickFlag){                      //1000ms 定时到
        MAX6675_CS = 0;                  //MAX6675. CS = 0
        /*读 MAX6675 高 8 位数据*/
        SPDAT = 0xFF;                    //主机向 SPDAT 寄存器写入一个字节(任意数据)
        while(!(SPSTAT & 0x80));         //查询 SPIF
        SPSTAT = 0xC0;                   //SPI 状态寄存器清零
        datH = SPDAT;                    //取 MAX6675 的 D15 ~ D8
        /*读 MAX6675 低 8 位数据*/
        SPDAT = 0xFF;                    //主机向 SPDAT 寄存器写入一个字节
        while(!(SPSTAT & 0x80));         //查询 SPIF
        SPSTAT = 0xC0;                   //SPI 状态寄存器清零
        datL = SPDAT;                    //取 MAX6675 的 D7 ~ D0
        MAX6675_CS = 1;                  //MAX6675. CS = 1
        /*处理数据并发送*/
        dat = datH*256 + datL;           //字节合成为字
        dat& = 0x7FFF;                   //取 dat 的 D14 ~ D3,D15 无用
        dat/ = 8;                        //dat 右移 3 位
        dat/ = 4;                        //dat 数值单位转换为℃
        printf("n0. val = %d\xff\xff\xff",dat);//串口发送
        TickFlag = 0;
      }
    }
}
/*T2、S1 初始化函数
    S1 方式 1,发送,波特率为 9600bps
*/
void T2S1Init()
{
    T2L = (65536 - (FOSC/4/BAUD)); //设置波特率重装值
    T2H = (65536 - (FOSC/4/BAUD))>>8;//波特率 = 9600bps
    AUXR | = 0x15;                       //启动 T2,T2 1T 模式,T2 for S1,
    P_SW1 = 0x40;                        //S1S0 = 00/01/10:S1 在 P3.0P3.1/P3.6P3.7/P1.6P1.7
    SM0 = 0;SM1 = 1;                     //S1 方式 1
    REN = 0;                             //不允许 S1 接收
    TI = 1;                              //S1 TI 置 1
}
/*T4 初始化函数*/
void T4Init()
{
```

```
    T4H = (65536 - 921600/20)/256;/ * T4 50ms(20Hz)中断 * /
    T4L = (65536 - 921600/20)%256;
    T4T3M = 0x80;                      //T4R = 1,T4 Run;T4,T3 只有方式 0,T3 未用
    IE2 |= 0x40;                       //ET4 = 1,允许 T4 中断(IE2.6 = ET4,IE2.5 = ET3)
    //T4T3M = [T4R][C/T][X12][CLKO][T3R][C/T][X12][CLKO]
}
/ * T4 中断服务函数 * /
void T4isr( ) interrupt 20             //T4 中断号为 20
{
    static unsigned char i;
    if( ++i == 20){//如果中断了 20 次(1000ms),i 清零
        i = 0;
        TickFlag = 1; //置标志
    }
}
/ * STC15 SPI 初始化函数 * /
void SPIInit( )
{
    P_SW1 |= 0x04;                     //SPI 第二组引脚
    SPDAT = 0;                         //SPI 数据寄存器清零
    SPCTL = 0xD0;                      //1101 - 0000
    SPSTAT = 0xC0;
}
```

6.4.4 运行调试

源程序经编译后，下载到单片机运行。

准备一只 100W 的电烙铁，并把热电偶测温头与烙铁头接触。给电烙铁通电加热，通过 HMI 屏幕观察温度曲线，见图 6-18。

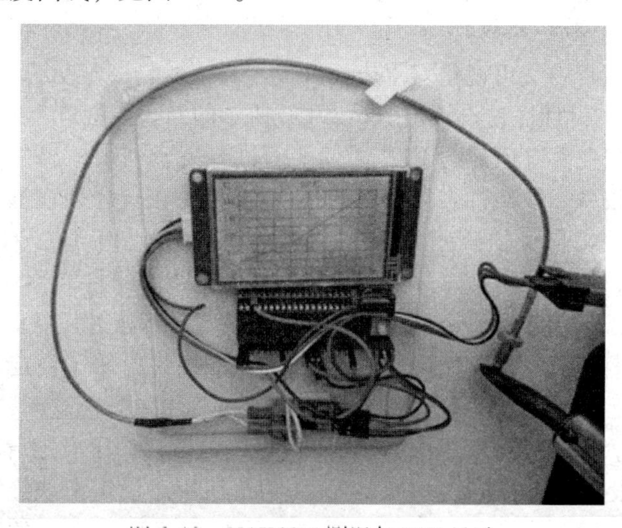

图 6-18 MAX6675 测温与 HMI 显示

6.5　步进电机滑台与安卓app设计

6.5.1　模块配置

本节实践用安卓手机作为人机接口器件，通过蓝牙与STC15进行无线通信，实现由步进电机驱动的滑台的控制。

实践器件由IAP15W4K58S4模板、步进电机、滑台机架、滑台左、右位置开关、MX1508模块和HC-06蓝牙模块组成，模块间的接线如图6-19所示。该滑台的步进电机通过两级同步齿型带传动，滑块固定在水平同步齿型带上，见图6-22。

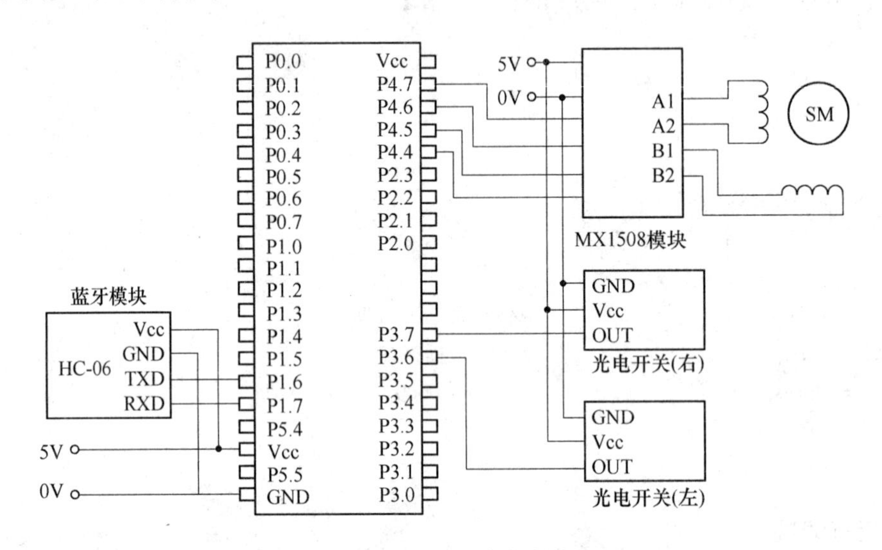

图6-19　步进电机滑台控制接线图

6.5.2　安卓app设计

6.5.2.1　app屏幕界面设计

首先，安装并运行中文可视化安卓应用开发工具——易安卓软件E4A5.8，新建一个工程。在E4A软件的设计区，设计出图6-20(a)所示的app主窗口，主窗口所含的组件列表见图6-20(b)。在主窗口顶部的E4A图标下面，有一个列表框组件，用于显示手机当前连接的外部蓝牙设备，取组件名称为“蓝牙列表框”。在蓝牙列表框右边，添加一个蓝牙组件，用于关联手机自身的蓝牙设备，取组件名称为“蓝牙1”。在蓝牙列表框下面，添加一个按钮组件，用于执行搜索外部蓝牙设备的操作，取组件名称为“蓝牙按钮”。在该组件的右边，再添加一个标签组件，用于显示手机与外部蓝牙设备的连接状态，取组件名称为“蓝牙连接标签”。该标签向下，是一个滑块条组件，用于设定步进电机的运行频率。滑块条的右边，有显示频率数值和显示‘Hz’的标签。

在主窗口中部，有三个按钮组件，显示‘<--’的按钮用于设定滑块连续左移，显示‘○’的按钮用于设定滑块停止，显示‘-->’的按钮用于设定滑块连续右移。这三个按钮的下边，有两个标签：左边的用于显示‘当前位置（步）’，右边的用于以数字方式显

(a) app主窗口　　(b) 主窗口组件列表

图 6-20　安卓 app 主窗口及其组件列表

示当前的步数。再向下，是一个进度条组件，用于显示滑块的当前位置。进度条的下面，是显示‘设定位置（步）’的标签，其右边是一个以数字方式显示设定位置的标签。

在主窗口下部，显示‘<’的是命令滑块单步左移标签，显示‘>’的是命令滑块单步右移标签。这两个标签之间的组件仅用于显示步进电机端子排列。

6.5.2.2 app 程序设计

在 E4A 界面的代码区，输入下面的 E4A 源程序：

```
'--------------------------------------------------------------------------------
变量 启动时间 为 长整数型
'--------------------------------------------------------------------------------
事件 主窗口.创建完毕()
    蓝牙1.是否存在()
    判断 蓝牙1.是否存在()
        分支 假
            弹出提示("没有检测到蓝牙设备,程序将关闭")
            结束程序()
        分支 真
            判断 蓝牙1.是否已开启()
                分支 假
                    蓝牙1.开启蓝牙()
            结束 判断
    结束 判断
结束 事件
```

```
'-------------------------------------------------------------------------------------------------------------------
事件 蓝牙1. 蓝牙设置完毕(设置结果 为 整数型)
    判断 设置结果
        分支1 '已开启蓝牙
            弹出提示("蓝牙已开启")
            蓝牙1. 置可被发现()    '置可被发现
        分支2 '蓝牙未被开启
            信息框("信息","蓝牙未被开启,程序将退出! ","确定")
            结束程序()
        分支3 '已置为可被发现
        弹出提示("蓝牙已设置为可被发现")
        蓝牙1. 置工作模式(2)  '蓝牙聊天模式
        分支4 '未被置为可被发现
        信息框("信息","蓝牙未被设置为可被发现,程序将退出! ","确定")
        结束程序()
    结束 判断
结束 事件
'-------------------------------------------------------------------------------------------------------------------
事件 主窗口. 按下某键(键代码 为 整数型,传址 屏蔽 为 逻辑型)
    如果 键代码 = 返回键 则
        如果 取启动时间() - 启动时间 >2000 则
            弹出提示("再按一次退出程序")
            启动时间 = 取启动时间()
        否则
            结束程序()
        结束 如果
    结束 如果
结束 事件
'-------------------------------------------------------------------------------------------------------------------
事件 蓝牙按钮. 被单击()
      判断 蓝牙按钮. 标题
      分支 "搜索蓝牙"
        蓝牙列表框. 清空项目()
        蓝牙1. 搜索设备()    '搜索蓝牙
        弹出提示("正在搜索")
        分支 "断开连接"
        蓝牙1. 断开连接()  '退出处理,释放资源,结束内部处理线程
        蓝牙按钮. 标题 ="搜索蓝牙"
    结束 判断
结束 事件
'-------------------------------------------------------------------------------------------------------------------
事件 蓝牙1. 发现设备(设备名称 为 文本型,设备地址 为 文本型,是否已配对 为 逻辑型)
    蓝牙列表框. 添加项目(设备名称 & "/" & 设备地址 & "/" & 是否已配对)
```

```
结束 事件
'--------------------------------------------------------------------------------
事件 蓝牙列表框.表项被单击(项目索引 为 整数型)
    变量 设备信息 为 文本型
    变量 文本数组 为 文本型()
    变量 设备地址 为 文本型
    设备信息 = 蓝牙列表框.取项目内容(项目索引)
    文本数组 = 分割文本(设备信息,"/")
    设备地址 = 文本数组(1)
    弹出提示(设备地址)
    蓝牙1.连接设备(设备地址)
    弹出提示("正在连接")
    蓝牙1.停止搜索()
结束 事件
'--------------------------------------------------------------------------------
事件 蓝牙1.连接完毕(连接结果 为 逻辑型,设备名称 为 文本型,设备地址 为 文本型,连接
模式 为 整数型)
    变量 设备信息 为 文本型
    变量 文本数组 为 文本型()
    如果 连接结果 = 真 则
        蓝牙连接标签.标题 = "已连接:" & 设备名称
      蓝牙按钮.标题 ="断开连接"
        弹出提示("连接成功")
    否则
        弹出提示("连接失败")
    结束 如果
结束 事件
'--------------------------------------------------------------------------------
事件 左移按钮.被单击()
    蓝牙1.发送数据(文本到字节("Z","GBK"))              '蓝牙1发送:Z
结束 事件
'--------------------------------------------------------------------------------
事件 右移按钮.被单击()
    蓝牙1.发送数据(文本到字节("Y","GBK"))              '蓝牙1发送:Y
结束 事件
'--------------------------------------------------------------------------------
事件 单步左移按钮.被单击()
    蓝牙1.发送数据(文本到字节("N","GBK"))              '蓝牙1发送:N
结束 事件
'--------------------------------------------------------------------------------
事件 单步右移按钮.被单击()
    蓝牙1.发送数据(文本到字节("P","GBK"))              '蓝牙1发送:P
结束 事件
```

```
'-----------------------------------------------------------------------------------------------------------
事件  停止按钮.被单击()
      蓝牙1.发送数据(文本到字节("T","GBK"))                    '蓝牙1发送:T
结束  事件
'-----------------------------------------------------------------------------------------------------------
事件  电机频率滑块条.位置被改变(频率值  为  整数型)
      变量  发送文本  为  文本型
      如果  频率值 < 15 则
            频率值 = 15
      结束  如果
      电机频率滑块条.位置 = 频率值
      电机频率数值标签.标题 = 整数到文本(频率值)
      发送文本 = "F"& 整数到文本(频率值)
      蓝牙1.发送数据(文本到字节(发送文本,"GBK")) '蓝牙1发送:F+插补频率值(15..800)
结束  事件
'-----------------------------------------------------------------------------------------------------------
事件  设定位置滑块条.位置被改变(位置 为 整数型)
      变量  发送文本  为  文本型
      设定位置数值标签.标题 = 整数到文本(位置)
      发送文本 = "W"& 整数到文本(位置)
      蓝牙1.发送数据(文本到字节(发送文本,"GBK"))           '蓝牙1发送:W+位置数值
结束  事件
'-----------------------------------------------------------------------------------------------------------
事件  设定位置标签.被单击()
      变量  输入结果  为  逻辑型
      变量  输入内容  为  文本型
      输入内容 = 输入框("请输入设定位置","0",输入结果)
      如果  输入结果 = 真  则
            弹出提示("你输入了:"& 输入内容)
            设定位置滑块条.位置 = 到整数(输入内容)
      否则
            弹出提示("你取消了输入")
      结束  如果
结束  事件
'-----------------------------------------------------------------------------------------------------------
事件  蓝牙1.收到数据(MCU数据  为  字节型(),设备名称  为  文本型,设备地址  为  文本型)
      变量  当前位置  为  整数型
      变量  接收文本  为  文本型
      接收文本 = 字节到文本(MCU数据,"UTF8")
      当前位置 = 到整数(接收文本)
      当前位置进度条.位置 = 当前位置
      当前位置数值标签.标题 = 整数到文本(当前位置)
结束  事件
```

源程序中，‘主窗口．创建完毕事件’执行的操作是：当主窗口创建完毕后，判断手机蓝牙设备是否存在；如果手机没有蓝牙设备，就弹出提示信息并结束程序；如果手机配置有蓝牙，就开启蓝牙。‘蓝牙1. 蓝牙设置完毕’事件根据安卓系统对蓝牙 1 的设置结果进行操作：如果系统已开启蓝牙1，置蓝牙1 可被发现；如果蓝牙1 未被开启，则结束程序；如果蓝牙1 已设置为可被发现，置蓝牙1 为工作模式2，即蓝牙聊天模式；如果蓝牙1 未被设置为可被发现，就结束程序。‘主窗口．按下某键’事件执行的操作是：当手机的返回键被按下后，就弹出‘再按一次退出程序’的提示。此后如果在2000ms 内返回键有被按下，则结束程序。源程序第一行定义的全局变量‘启动时间’用于存储手机返回键被按下时系统运行的总时长。

‘蓝牙按钮．被单击’事件执行的操作是：当蓝牙按钮被单击，就判断蓝牙按钮标签的标题，如果该标题为‘搜索蓝牙’，就清空蓝牙列表框，并启动手机蓝牙搜索外部蓝牙设备；如果该标题为‘断开连接’，就断开手机与外部蓝牙设备的连接，重置标签的标题为‘搜索蓝牙’。‘蓝牙1. 发现设备’事件执行的操作是：当手机蓝牙搜索到外部蓝牙设备后，就把该设备名称、设备地址和配对信息添加到蓝牙列表框。‘蓝牙列表框．表项被单击’事件执行的操作是：当该列表框的一个表项被单击后，就分离出该表项设备的设备地址，启动手机蓝牙与该蓝牙设备进行连接。‘蓝牙1. 连接完毕’事件执行的操作是：当手机与外部蓝牙设备连接成功时，就设置蓝牙连接标签和蓝牙按钮的标题，弹出‘连接成功’提示；否则，弹出‘连接失败’提示。‘蓝牙1. 收到数据事件’执行蓝牙1 收到数据后的操作。

6.5.3　STC15 程序设计

本节实践使用的 STC15 片内模块有 T0、INT3、INT4、S1、T1、T4，如图 6-21 所示。主函数开始是对以上各模块进行初始化，然后循环查询串口 S1 是否成功接收到信息和 S1 发送标志并分别进行处理。当查询到 S1 成功接收了信息，就根据接收的信息执行对应的操作；当查询到 S1 发送标志置位，就通过 S1 滑台的当前位置，即从滑台左位置开关开始计数的步进脉冲数。

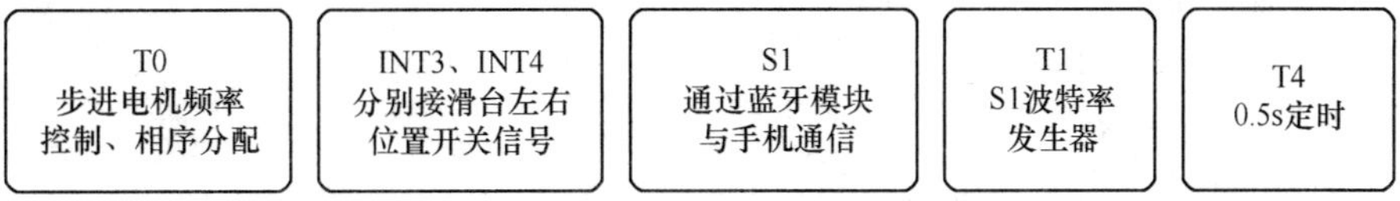

T0 步进电机频率 控制、相序分配	INT3、INT4 分别接滑台左右 位置开关信号	S1 通过蓝牙模块 与手机通信	T1 S1波特率 发生器	T4 0.5s定时

图 6-21　STC15 片内模块的使用

下面是源程序代码：

```
/* File:P6_5.c */
#include <stdio.h>
#include <stdlib.h>
#include <intrins.h>
#define IN1    P47
#define IN2    P46
```

```
#define IN3   P45
#define IN4   P44
#define SWl   P36
#define SWr   P37
volatile unsigned char SMout = 0x11;
void EXInit();
void T0Init();
void T4Init();
void S1Init();
int S1Rcv(char *buf,int len);
char RcvBuf[8];                    //S1 接收缓冲区
bit S1Send;                        //S1 周期发送信息标志
volatile int Xcmd,Xpos;            //X 轴命令位置、当前位置
main()
{
    EXInit();
    T0Init();
    T4Init();                      //初始化 T4
    S1Init();
    P4M1 = 0x00,P4M0 = 0xf0;       //P4.4..P4.7 推挽输出
    P3M1 = 0x00,P3M0 = 0x00;
    P1M1 = 0x00,P1M0 = 0x00;
    EA = 1;
    while(1){                      //主循环
        bit b;
        unsigned int n;
        int last;
        if(S1Rcv(RcvBuf,7)){       //如果 S1 成功接收了信息
            switch(RcvBuf[0]){
              case 'P':            //滑块右移 1 步
                Xcmd = Xpos + 1;
                TR0 = 1;
                break;
              case 'N':            //滑块左移 1 步
                Xcmd = Xpos - 1;
                TR0 = 1;
                break;
              case 'Y':            //滑块右行到终点
                Xcmd = Xpos + 5000;
                TR0 = 1;
                break;
              case 'Z':            //滑块左行到终点
                Xcmd = Xpos - 5000;
```

```
                TR0 = 1;
                break;
            case 'T':           //电机停止命令
                TR0 =0;
                IN1 = IN2 = IN3 = IN4 =0;//定子绕组断电
                break;
            case 'F':           //电机频率指令
                n = atoi(RcvBuf +1);      //取频率值,电机步进频率即 T0 溢出频率
                if(n <15)n =15;           //最小频率为 15Hz
                n = 921600/n;             //计算分频数
                b = TR0;
                TR0 =0;
                TH0 = (65536 - n) >>8;//向 T0 装入计数初值
                TL0 = (65536 - n);
                TR0 = b;
                break;
            case 'W':           //设定位置指令
                n = atoi(RcvBuf +1); //取设定位置值
                Xcmd = n;
                TR0 = 1;
                break;
        }
        for(n =0;n <8;n ++)RcvBuf[n] =0;      //清 RcvBuf 缓存
    }
    if(S1Send && last! = Xpos){              //发送标志
        S1Send = 0;
        last =Xpos;
        if(! SWl || ! SWr)TR0 =0;
        printf(" %d",last);
    }
  }
}
/*
  S1(串口 1)初始化函数,使用 T1 作为 BRT
*/
void S1Init()
{
  AUXR = 0x40;
  TMOD = 0x00; //T1、T0 方式 0:STC15 的自动重装方式
  TL1 = (65536 -288);
  TH1 = (65536 -288) >>8;
  TR1 = 1;
  P_SW1 | =0x80;//S1_S1 S1_S0:00 - P30P31,01 - P36P37,10 - P16P17
```

```
    //P_SW1:S1_S1 S1_S0 CCP_S1 CCP_S0 SPI_S1 SPI_S0 0 DPS
    SM0 =0;SM1 =1;
    REN =1;
    TI =1;
}
/*
    INT3、INT4 初始化函数
*/
void EXInit( )
{
    INT_CLKO |= 0x30;//EX3 =1,开 INT3 中断,INT2,3,4 只能下降沿触发
    //INT_CLKO:外部中断允许和时钟输出寄存器
    //[ - ][EX4][EX3][EX2][MCKO_S2][T2CLKO][T1CLKO][T0CLKO]
}
void EX2isr( ) interrupt 10          //INT3 中断号为 10 */
{
    TR0 =0;
    Xpos =0;
}
void EX3isr( ) interrupt 11          //INT3 中断号为 11 */
{
    TR0 =0;
}
/* T0 初始化函数
    T0:400Hz 定时中断
*/
void T0Init( )
{
    TMOD =0x00;                      //T1、T0 方式 0:STC15 的自动重装方式
    TH0  = (65536 -921600/400)/256;
    TL0  = (65536 -921600/400);
    ET0  = 1;
}
/*
    T0:步进电机相序分配,电机运行频率
*/
void T0_isr( ) interrupt 1
{
    if( Xpos == Xcmd) {
        TR0  = 0;                    //T0 停止
        return;
    }
    /* 相序分配 */
```

```
    if(Xpos < Xcmd){
        SMout = _crol_(SMout,1);
        Xpos ++;
    }
    else{
        SMout = _cror_(SMout,1);
        Xpos--;
    }
    /*输出控制*/
    IN1 = SMout&0x01;//1a
    IN3 = SMout&0x02;//2a
    IN2 = SMout&0x04;//1b
    IN4 = SMout&0x08;//2b
}
/*具有超时检测功能的 S1 接收函数*/
int S1Rcv(char *buf,int len)
{
    int i,n;
    for(i = 0,n = 0;i < 1000;i ++){//若循环 1000 次一直 RI = 0,视为超时
        if(! RI)continue;          //RI = 0,继续循环
        RI = 0;                    //RI = 1,已接收 1 字符,RI 清零
        i = 0;                     //超时次数清零
        buf[n ++] = SBUF;          //存入接收字符
        if(n >= len)break;         //接收字符数超限,退出
    }
    return n;                      //返回接收字符数
}
/*T4 初始化函数
    T4 每 25ms 溢出一次
*/
void T4Init()
{
    /*装入 T4 计数初值,T4 溢出频率为 20Hz*/
    T4H = (65536 - 921600/20)/256;
    T4L = (65536 - 921600/20)%256;
    T4T3M = 0x80;                  //T4R = 1:T4 运行
    IE2 |= 0x40;                   //ET4 = 1,允许 T4 中断(IE2.6 = ET4,IE2.5 = ET3)
    //T4T3M = [T4R][C/T][X12][CLKO][T3R][C/T][X12][CLKO]
}
/*T4 中断服务函数*/
void T4isr() interrupt 20          //T4 中断号为 20
{
    static unsigned char i;
```

```
    if( ++i ==10) {//如果中断了 10 次(0.5s),i 清零
        i =0;
        S1Send = 1; //置 S1Send 标志
    }
}
```

6.5.4 运行调试

首先，把由 E4A 编译生成的 app 文件复制到安卓手机，安装后打开。

单片机电路板上电后，单击手机屏幕的‘搜索蓝牙’。如果搜索到外部蓝牙设备，则在蓝牙列表框显示文本的尾部是‘/True’。随后，单击蓝牙列表框带有‘/True’的表项，则安卓系统进行蓝牙配对连接操作。当连接成功后，蓝牙连接标签显示‘已连接：HC－06’。

对手机屏幕上的按钮、标签、滑块条进行手动操作，观察滑台运行状态及手机屏幕的显示。步进电机滑台系统及运行实况如图 6-22 所示。

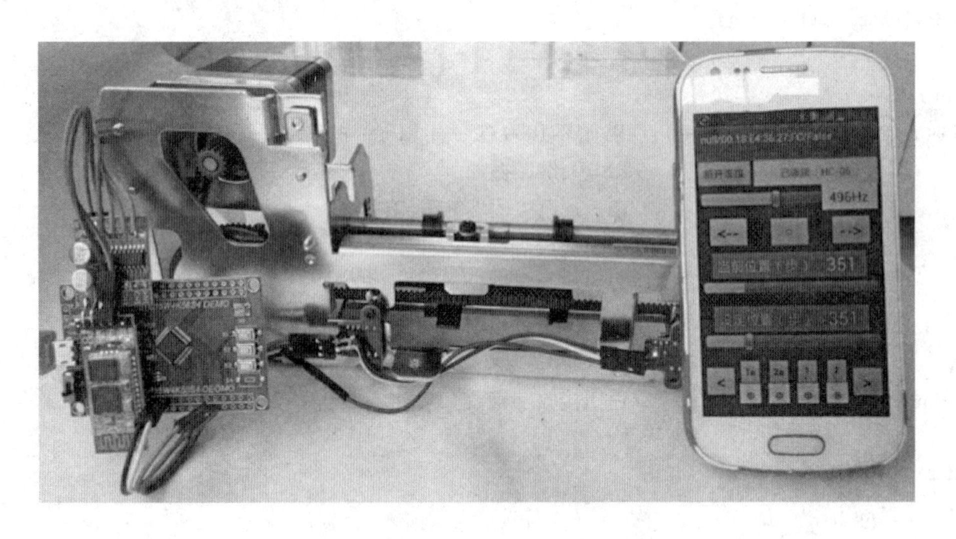

图 6-22 步进电机滑台系统及运行实况

6.6 直流电机滑台与安卓 app 设计

6.6.1 模块配置

本节实践用安卓手机作为人机接口器件，通过蓝牙与 STC15 进行无线通信，实现由直流电机驱动的滑台的控制。

实践器件由 STC15W4K32S4、减速直流电机、滑台机架、MX1508 模块和 HC-05 蓝牙模块组成，模块间的接线如图 6-23 所示。其中，MX1508 模块的 IN1、IN2 分别接到 P2.7/PWM2_2 和 P3.7/PWM2。当 P2.7 输出 PWM 信号且 P3.7 保持低电平时，电机按某一方向转动。当 P2.7 保持低电平且 P3.7 输出 PWM 信号时，电机按相反的方向转动。

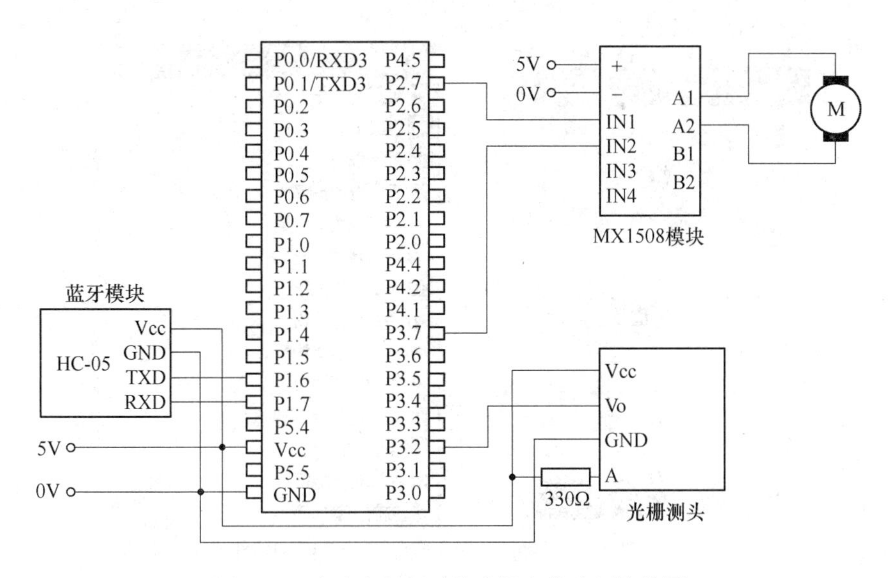

图 6-23　直流电机驱动的光栅定位应用接线图

该滑台采用减速直流电机驱动丝杆上的滑块做直线运动（实物见图 6-28）。滑台上安装有光栅尺和光栅测头组件，光栅尺固定在机架上，光栅测头固定在滑块上，见图 6-24。光栅测头是一只带有内部整形电路的光电开关，其发光二极管阳极 A 需串接限流电阻，5V 电源时取 330Ω。

图 6-24　光栅尺和光栅测头组件

6.6.2　安卓 app 设计

6.6.2.1　app 屏幕界面设计

运行 E4A5.8，新建一个工程。在 E4A 软件的设计区，设计出图 6-25(a)所示的 app 主窗口，主窗口所含的组件列表见图 6-25(b)。

各组件说明如下：

蓝牙列表框、蓝牙 1、蓝牙按钮、蓝牙连接标签这四个组件的作用及设计同 6.5.2 节。

这四个蓝牙组件的下面，从左到右水平布置了三个组件。左边的是“滑台左移按钮”，单击此按钮，命令滑块一直左移到滑台左端区域停止，该区域的坐标值为 0。右边的是“滑台右移按钮”，单击此按钮，命令滑块一直右移到滑台右端区域停止，该区域的坐标值为 275。中间的是“滑台停止按钮”，单击此按钮，命令滑块停止移动。

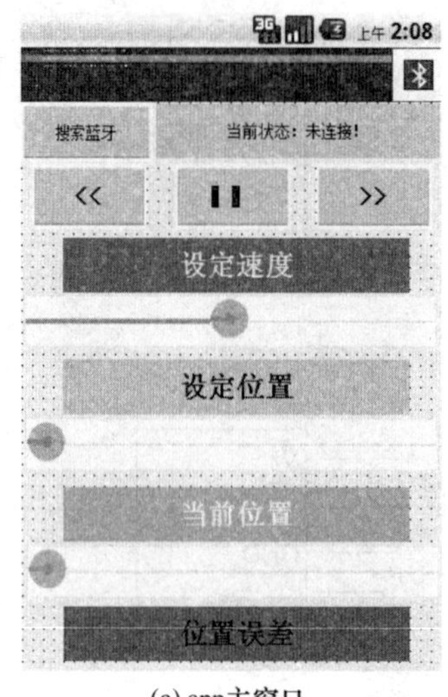

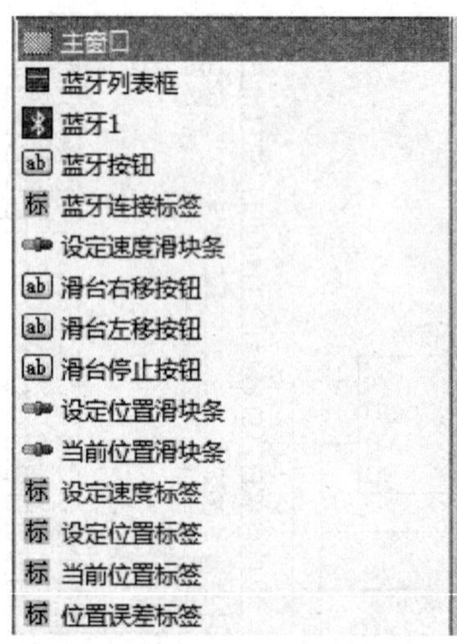

(a) app主窗口　　(b) 主窗口组件列表

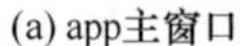

图 6-25　安卓 app 主窗口及其组件列表

"设定速度标签"用于显示由"设定速度滑块条"设定的电机速度。对 PWM 调速，其值对应于 0～100% 的 PWM 占空比。"设定位置标签"用于显示由"设定位置滑块条"设定的滑块停止位置。"设定位置滑块条"的数值设定范围是 0～275，对应于光栅尺从左到右的脉冲计数值。当"设定位置滑块条"的位置被改变后，就命令滑块移动到新的位置，实现由光栅尺检测的滑块定位操作。"位置误差标签"显示的是当前的位置误差，即由光栅尺检测得到的滑块当前位置与由"设定位置滑块条"设定的目标位置之差。

6.6.2.2　app 程序设计

本节实践的 E4A 源程序如下：

```
'蓝牙部分源代码见 6.5.2 节的 app 程序设计
'-----------------------------------------------------------------------------------
事件　滑台左移按钮.被单击()
　　蓝牙1.发送数据(文本到字节("Z","GBK"))　　　　　　　　'蓝牙1 发送:Z
结束　事件
'-----------------------------------------------------------------------------------
事件　滑台右移按钮.被单击()
　　蓝牙1.发送数据(文本到字节("Y","GBK"))　　　　　　　　'蓝牙1 发送:Y
结束　事件
'-----------------------------------------------------------------------------------
事件　滑台停止按钮.被单击()
　　蓝牙1.发送数据(文本到字节("T","GBK"))　　　　　　　　'蓝牙1 发送:T
结束　事件
'-----------------------------------------------------------------------------------
事件　设定速度滑块条.位置被改变(位置　为　整数型)
　　变量　发送文本　为　文本型
　　设定速度标签.标题 = "设定速度 =" & 整数到文本(位置)
```

```
        发送文本 = "F" & 整数到文本(位置)
        蓝牙1. 发送数据(文本到字节(发送文本,"GBK"))        '蓝牙1 发送:F + 数值(0..100)
结束 事件
'----------------------------------------------------------------------------------------------------
事件 设定位置滑块条. 位置被改变(位置 为 整数型)
        变量 发送文本 为 文本型
        设定位置标签. 标题 = "设定位置 =" & 整数到文本(位置)
        发送文本 = "W" & 整数到文本(位置)
        蓝牙1. 发送数据(文本到字节(发送文本,"GBK"))        '蓝牙1 发送:W + 数值
(0..275)
结束 事件
事件 蓝牙1. 收到数据(数据 为 字节型(),设备名称 为 文本型,设备地址 为 文本型)
        变量 接收文本 为 文本型
        变量 首字符 为 文本型
        变量 位置误差 为 整数型
        接收文本 = 删首空(字节到文本(数据,"GBK"))
        首字符 = 取文本左边(接收文本,1)
        接收文本 = 取文本右边(接收文本,取文本长度(接收文本) - 1)
        如果 首字符 = "w" 则     '蓝牙1 接收到:w + 数值,则刷新 当前位置标签. 标题
            当前位置标签. 标题 = "当前位置 =" & 接收文本
            当前位置滑块条. 位置 = 到整数(接收文本)
            位置误差 = 当前位置滑块条. 位置 - 设定位置滑块条. 位置
            位置误差标签. 标题 = "位置误差 =" & 整数到文本(位置误差)
    结束 如果
结束 事件
'----------------------------------------------------------------------------------------------------
```

源程序中，‘滑台左移按钮．被单击’事件执行发送滑台左移命令的操作。‘滑台右移按钮．被单击’事件执行发送滑台右移命令的操作。‘滑台停止按钮．被单击’事件执行发送滑台停止移动命令的操作。‘设定速度滑块条．位置被改变’事件执行根据新的设定值刷新相关显示信息，并发送设定速度命令的操作。‘设定位置滑块条．位置被改变’事件执行根据新的设定值刷新相关显示信息，并发送设定位置命令的操作。‘蓝牙1．收到数据’事件执行蓝牙1收到数据后，显示滑台当前位置和位置误差的操作。

6.6.3 STC15 程序设计

本节实践使用的 STC15 片内模块有 T0、PWM2、INT0、CCP0、S1、T2，如图 6-26 所示。

T0 定时并作为 CCP脉冲源	PWM2 直流电机 调速、换向	INT0 光栅测头 信号输入	CCP0 软件定时器	S1 串行通信	T2 波特率 发生器

图 6-26 STC15 片内模块的使用

下面是源程序代码：

```
/ * File:P6_6. c * /
#include <stc15. h>
#include <stdlib. h>
#include <stdio. h>
#include <P01234Init. c>
void T0CCP0Init( );
void Int0Init( );
void PWMInit( );
void SetPwm( int n);
void SetDir( char dir);
void SetMotor( char run);
void T2S1Init( );
int S1Rcv( char  * buf,int len);
char RcvBuf[8];                        //S1 接收缓冲区
volatile int Xcmd;                     //X 轴目标位置(光栅脉冲数)
volatile int Xpos;                     //X 轴当前位置(光栅脉冲数)
bit Xdir;                              //X 轴移动方向,向右 =1;向左 =0
bit Second;                            //秒定时标志
char RunMode;                          //滑台运行方式
void main( )
{
    P01234Init( );                     //置 STC15 并口为准双向口
    Int0Init( );                       //初始化 INT0
    PWMInit( );                        //初始化 PWM
    T0CCP0Init( );                     //初始化 T0、T1、CCP0
    T2S1Init( );                       //初始化 T2、S1
    EA  =  1;                          //开 CPU 中断
    while(1){                          //主循环
      unsigned int n;
        if(S1Rcv(RcvBuf,7)){           //如果 S1 成功接收了信息
            switch(RcvBuf[0]){
              case 'F':                //电机 PWM 指令
                n  =  atoi(RcvBuf+1);  //取 PWM 值
                SetPwm(n);
                break;
              case 'T':                //滑台停止指令
                SetMotor(0);           //电机停止
                CR  =  0;              //CCP 停止计数
                RunMode  =  0;         //置运行模式为 0,停止
                break;
              case 'Z':                //滑台一直向左移动指令
```

```
            Xcmd = Xpos - 1000;//设置超限的目标位置
            Xdir = 0;
            SetDir(0);              //置电机转动方向:左
            CCF0 = 0;               //清 CCF0 标志
            CH = CL = 0;            //清 CCP 计数器
            SetMotor(1);            //电机运行
            CR = 1;                 //CCP 开始计数
            RunMode = 1;            //置运行模式为 1
            break;
          case 'Y':                 //滑台一直向右移动指令
            Xcmd = Xpos + 1000;//设置超限的目标位置
            Xdir = 1;
            SetDir(1);              //置电机转动方向:右
            CCF0 = 0;               //清 CCF0 标志
            CH = CL = 0;            //清 CCP 计数器
            SetMotor(1);            //电机运行
            CR = 1;                 //CCP 开始计数
            RunMode = 2;            //置运行模式为 2
            break;
          case 'W':                 //滑台运动到目标位置指令
            Xcmd = atoi(RcvBuf+1);//取目标值,光栅脉冲数
            if(Xcmd == Xpos)break;//当前脉冲数 = 目标脉冲数 时,跳出
            Xdir = (Xcmd > Xpos)? 1:0;
            SetDir(Xdir);
            CCF0 = 0;               //清 CCF0 标志
            CH = CL = 0;            //清 CCP 计数器
            SetMotor(1);            //电机运行
            CR = 1;                 //CCP 开始计数
            RunMode = 3;            //置运行模式为 3
            break;
          default:
            break;
    }
    for(n=0;n<8;n++)RcvBuf[n]=0;//清 RcvBuf 缓存
}
switch(RunMode){
    case 1:                         //滑台一直向左
        if(CCF0){                   //CCP0 发生匹配
            CCF0 = 0;               //CCF0 清零
            CH = CL =0;             //CCP 计数器清零
            if(P32){                //如果光栅为高电平(光栅左端区域)
                SetMotor(0);        //电机停止
```

```
                    CR = 0;         //CCP 停止计数
                    Xpos = 0;       //当前坐标为 0
                    RunMode = 0;    //滑台停止移动
                }
            }
            break;
        case 2: //滑台一直向右
            if(CCF0){                   //CCP0 发生匹配
                CCF0 = 0;               //CCF0 清零
                CH = CL =0;             //CCP 计数器清零
                if(! P32){              //如果光栅为低电平(光栅右端区域)
                    SetMotor(0);    //电机停止
                    CR = 0;         //CCP 停止计数
                    Xpos = 275;     //当前坐标为 275
                    RunMode = 0;    //滑台停止移动
                }
            }
            break;
        case 3: //滑台移动到指定坐标
            if(Xdir){//滑台向右移动
                if(Xpos > = Xcmd){
                    SetMotor(0);    //电机停止
                    CR = 0;         //CCP 停止计数
                    RunMode = 0;    //滑台停止移动
                }
            }
            else{                       //滑台向左移动
            if(Xpos < = Xcmd){
                    SetMotor(0);    //电机停止
                    CR = 0;         //CCP 停止计数
                    RunMode = 0;    //滑台停止移动
                }
            }
        default:
            break;
    }
    if(Second){                         //秒定时标志
        Second = 0;
        printf("w%d",Xpos);             //发送滑台当前坐标值
    }
  }
}
```

```
/*T2,S1 初始化函数
    T2:S1、S3 波特率发生器,9600bps
    S1 方式 1,9600bps,管脚配置在 P1.6、P1.7
*/
void T2S1Init()
{
    T2L = (65536 - 288);                  //(FOSC/4/BAUD) = 288,设置波特率重装值
    T2H = (65536 - 288) >> 8;             //波特率 = 9600bps
    AUXR |= 0x15;                         //启动 T2,T2 1T 模式,选择 T2 为串口 S1 的波特率发生器
    P_SW1 |= 0x80;                        //S1S0 = 10:S1 在 P1.6、P1.7
    SM0 = 0;SM1 = 1;                      //S1 方式 1
    REN = 1;                              //允许 S1 接收
    TI = 1;                               //TI 置位
}
/*具有超时检测功能的 S1 接收函数*/
int S1Rcv(char *buf,int len)
{
    int i,n;
    for(i = 0,n = 0;i < 1000;i++){        //若循环 1000 次一直 RI = 0,视为超时
        if(!RI)continue;                  //RI = 0,继续循环
        RI = 0;                           //RI = 1,已接收 1 字符,RI 清零
        i = 0;                            //超时次数清零
        buf[n++] = SBUF;                  //存入接收字符
        if(n >= len)break;                //接收字符数超限,退出
    }
    return n;                             //返回接收字符数
}
/*INT0 初始化函数*/
void Int0Init()
{
    IT0 = 0;                              //置 INT0 双边沿触发中断
    EX0 = 1;                              //开 INT0 中断
}
/*INT0 中断服务函数*/
void Int0_isr() interrupt 0               //INT0 中断号为 0*/
{
    Xdir ? Xpos++ : Xpos--;               //根据滑台移动方向更新 X 轴当前坐标
    CL = 0;                               //CL 清零,CH 一直为零
}
/*T0、CCP0 初始化函数*/
void T0CCP0Init()
{
```

```
    TMOD = 0x00;                        //T1、T0 方式 0:STC15 的自动重装方式
    TH0 = (65536 - 921600/36)/256;      //T0:36Hz
    TL0 = (65536 - 921600/36);
    ET0 = 1;
    TR0 = 1;
    CMOD = 0x04;                        //CCP 计数 T0 的溢出脉冲
    CCAP0L = 18;                        //CCP0 的匹配值为 18,18/36 = 0.5Sec
    CCAP0H = 0;
    CCAPM0 = 0x48;                      //ECOM0 = MAT0 = 1,ECCF0 = 0:比较 + 匹配,不中断
}
void T0_isr() interrupt 1   /* T0 中断号 = 1 */
{
    static unsigned char n;
    if( ++n == 36) {
        n = 0;
        Second = 1;
    }
}
void PWMInit()
{
    P_SW2 |= 0x80;                      //使能访问 XSFR
    PWMCFG = 0x00;                      //配置 PWM 的输出初始电平为低电平
    PWMCKS = 11;                        //PWM 时钟源为 FOSC/(11 + 1) = 921600Hz
    PWMC = 18432;                       //(FOSC/12/50)置 PWM 每周期计数次数,PWM 频率 = 50Hz
    PWM2T1 = 0;                         //PWM2T1、PWM2T2 置初值
    PWM2T2 = 18432/2;
    P_SW2 &= ~0x80;                     //禁止访问 XSFR
}
/* 设置 PWM2 的 PWM 占空比 */
void SetPwm(int n)
{
    n = n * 184;                        //100 × 184 = 18400( ≈PWMC)
    if(n < 1) n = 1;                    //保证 PWM2T2≠PWM2T1( = 0)
    P_SW2 |= 0x80;                      //使能访问 XSFR
    PWM2T2 = n;                         //存入 PWM2T2
    P_SW2 &= ~0x80;                     //禁止访问 XSFR
}
/* PWM2 输出引脚设置
    dir:滑台移动方向
 */
void SetDir(char dir)
{
```

```
    P_SW2 |= 0x80;                      //使能访问 XSFR
    PWM2CR = dir? 0x00:0x08;            //dir=1,P3.7 输出;dir=0,P2.7 输出
    P_SW2 &=~0x80;                      //禁止访问 XSFR
}
/*通过对 PWM 的设置,使电机处于运行或停止状态
    run:要设定的电机状态,=1:电机运行,=0:电机停止
*/
void SetMotor(char run)
{
    P_SW2 |= 0x80;                      //使能访问 XSFR
    PWMCR = run? 0x81:0;//run=1,使能 PWM、使能 PWM2 输出;run=0,禁止 PWM 输出
    P_SW2 &=~0x80;                      //禁止访问 XSFR
    P27 = P37 = 0;
}
```

6.6.4 运行调试

首先，把由 E4A 编译生成的 apk 文件复制到安卓手机，安装后打开。

源程序经编译生成 HEX 文件，下载到单片机，连接 HC-05 模块。单片机上电运行后，完成手机与 HC-05 模块的连接。

手动改变设定速度滑块条的位置，对电机速度进行设定。单击滑台右移按钮，观察滑块移动与屏幕显示，直到滑块停止，当前位置为 275，见图 6-27(a)。单击滑台左移按钮，观察滑块移动与屏幕显示，直到滑块停止，当前位置为 0，见图 6-27(b)。改变设定位置滑块条的位置，观察滑块移动与屏幕显示，直到滑块停止，见图 6-27(c)。在滑块运动过程中，也可以随时重新设定电机速度，或单击停止按钮使滑块停止移动。经测试，由于所用直流电机经减速后的转速很小（5V 时为 22 转/分钟），其定位操作所得的位置误差不大于 1，见图 6-27（d）。图 6-28 为直流电机滑台的硬件组成和运行实况。

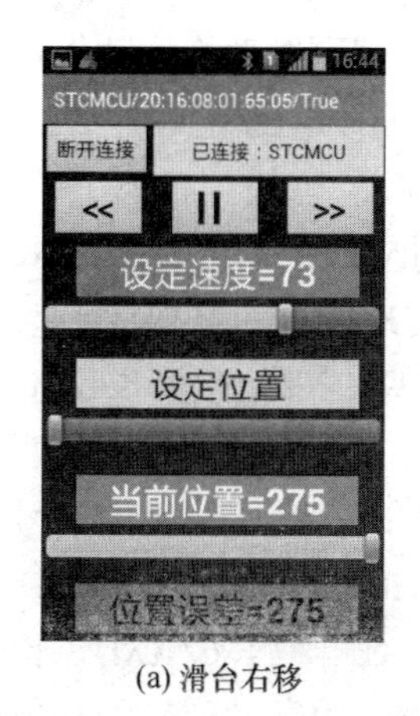

(a) 滑台右移

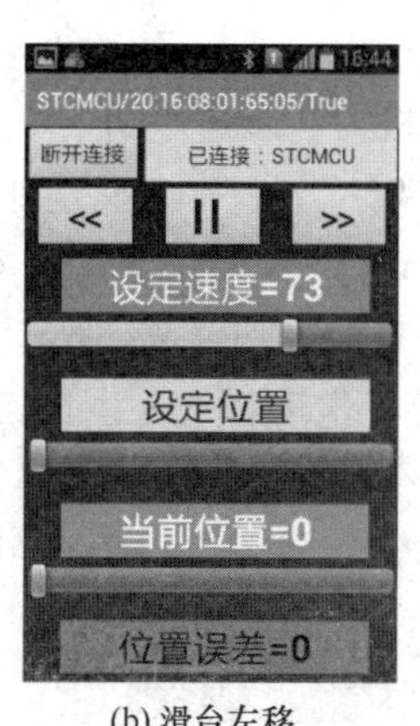

(b) 滑台左移

(c) 定位操作 I

(d) 定位操作 II

图 6-27　滑台定位操作

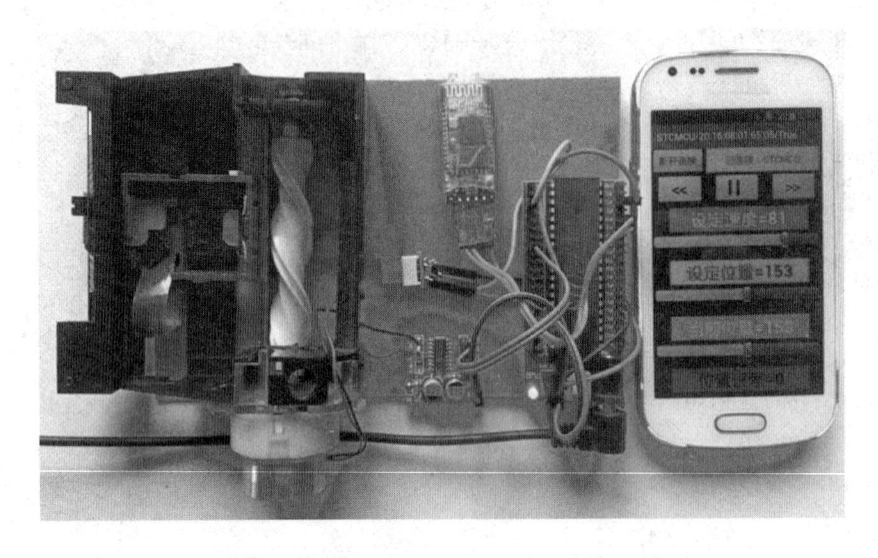

图6-28 直流电机滑台的硬件组成和运行实况

6.7 圆盘式点胶机与安卓app设计

6.7.1 点胶机组成与模块配置

本节实践是制作一款圆盘式点胶机模型。该点胶机的机体系通过对6.6节的直流电机滑台进行扩充得到。具体就是在滑台的滑块上安装一只步进电机，在一个悬臂梁上安装一只推杆电磁铁（实物参见图6-33）。其中，安装于丝杆轴端的直流电机用于驱动滑块做直线运动，即X轴运动。步进电机通过输出轴驱动圆盘式工作台作绕Z轴的旋转运动，即C轴运动。该电机减速后的步距角为0.5°。推杆电磁铁产生推杆的伸出与缩回动作，推杆的前端可安装胶头或记号笔。该推杆电磁铁为自保持型电磁铁，特点是：当通正电压时，推杆缩回，断电后推杆靠内部的磁铁吸住并保持缩回状态；当反接电源时，推杆伸出，断电后推杆靠内部磁铁吸住并保持伸出状态。这个电磁铁只须短时通电即可驱动推杆动作。

控制系统硬件由STC15W4K48S4、直流电机M、步进电机SM、推杆电磁铁YA、三只MX1508模块、光栅尺与光栅测头组件、HC-05蓝牙串口模块组成，模块间的接线如图6-29所示。其中，X轴直流电机M由一只MX1508模块驱动，对应的控制端IN1、IN2分别接到P2.7/PWM2_2和P3.7/PWM2，由STC15的PWM2通道实现电机的PWM调速，并通过引脚置换方法实现电机正反转控制。推杆电磁铁YA由第二只MX1508模块驱动，相应的控制端IN1、IN2分别接到P2.5和P2.4。C轴步进电机由第三只MX1508模块驱动，其控制端IN1、IN2、IN3、IN4分别接到P2.0、P2.1、P2.2、P2.3。光栅测头的信号输出端Vo接到P3.2/INT0，其二极管供电端A接330Ω限流电阻。HC-05模块用于STC15与安卓手机的蓝牙无线通信，模块的RXD、TXD端分别接到P1.7/TXD和P1.6/RXD。推杆电磁铁YA的控制有定时要求，本节实践用T3计数器对T4定时器输出脉冲信号的计数来实现无中断的硬件计时，在连线上是把P0.6/T4CLKO接入P0.5/T3。

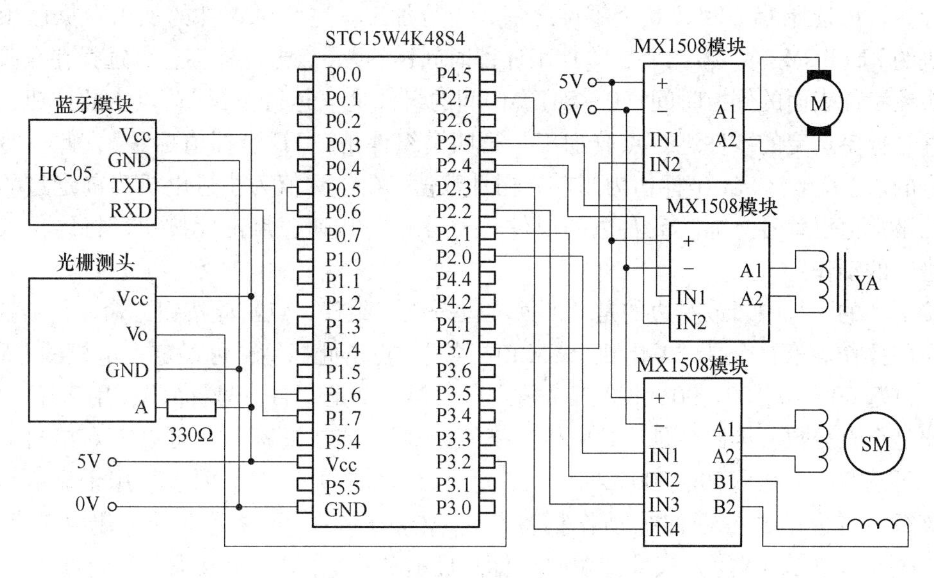

图 6-29　圆盘式点胶机控制接线图

6.7.2　安卓 app 设计

6.7.2.1　app 屏幕界面设计

用 E4A5.8 新建一个工程。在 E4A 软件的设计区，设计出图 6-30(a)所示的 app 主窗口，主窗口所含的组件列表示于图 6-30(b)。

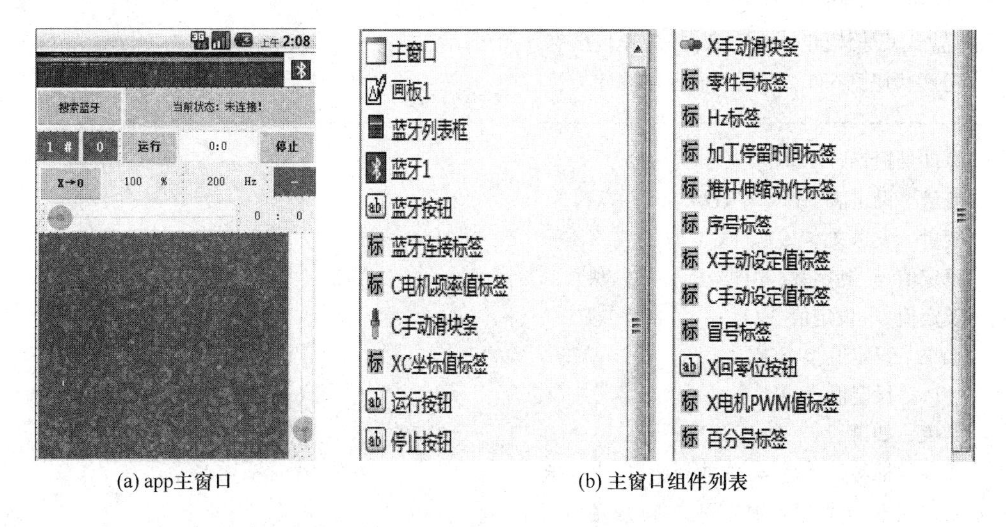

(a) app主窗口　　(b) 主窗口组件列表

图 6-30　安卓 app 主窗口及其组件列表

各组件说明如下：

蓝牙列表框、蓝牙 1、蓝牙按钮、蓝牙连接标签这四个组件的作用及设计同 6.5.2 节。

这四个组件的下面，从左到右水平布置了五个组件。最左边的是“零件号标签”，点击此标签，可选择1#～8#共8个零件之一，以待加工。这8个零件的加工数据已预存于单片机的EEPROM区。第二个是“加工停留时间标签”，点击此标签，可选择在点胶加工时胶头在零件表面的停留时间（0～5s）。中间的组件是“运行按钮”，点击此按钮，可对由零件号标签选定的零件进行点胶加工。第四个组件是“XC坐标值标签”，此标签显示当前点的X、C坐标，X坐标值为当前光栅计数值，C坐标值为步进电机当前走过的脉冲数，两坐标值以冒号分隔。最右边的组件是“停止”按钮，点击此按钮，将停止点胶机正在进行的动作。

接下来的一行中，最左边的是“X回零位按钮”组件，点击此按钮，命令机器执行X回零位的操作。第二个是“X电机PWM值标签”，点击此标签，可设定X电机的PWM占空比，可选60、70、80、90、100五个值之一。第三个是“百分号标签”，用于显示PWM占空比是个百分数。第四个是“C电机频率值标签”，点击此标签，可设定C电机的运行频率，可选50、100、150、200四个值之一。该组件右边的“Hz标签”用于显示频率单位。该行最右边是“推杆伸缩动作标签”，点击此标签，可命令推杆伸出（标签显示‘+’，对应于胶头下降），或推杆缩回（标签显示‘-’，对应于胶头上升）。

再下一行，是“X手动滑块条”，改变该组件滑块的位置，可使X轴移动到其所指定的坐标，范围是0～250个光栅脉冲数，即0～40mm。该组件右边的“X手动设定值标签”“冒号标签”“C手动设定值标签”用于显示与各自标签相应的信息。

主窗口下半部分的“画板1”组件用于以圆点显示点胶加工时X、C点所在的位置。其右边的是“C手动滑块条”组件，改变该组件滑块的位置，可使C轴转动到其所指定的坐标，范围是0～720个步进脉冲数，即0～360°。

6.7.2.2 app程序设计

圆盘式点胶机的E4A源程序如下：

```
'蓝牙部分源代码见6.5.2节的app程序设计
'-----------------------------------------------------------------------------------------------------------
事件  零件号标签.被单击()
      变量  设定值  为  整数型
      变量  发送文本  为  文本型
      设定值 = 到整数(零件号标签.标题)
      设定值 = 设定值 + 1
      如果  设定值 > 8 则
            设定值 = 1
      结束  如果
      零件号标签.标题 = 整数到文本(设定值)
      发送文本 = "P" & 整数到文本(设定值)
      蓝牙1.发送数据(文本到字节(发送文本,"GBK"))          '蓝牙1发送:P+整数值(1..8)
结束  事件
'-----------------------------------------------------------------------------------------------------------
事件  运行按钮.被单击()
      '发送多点运行指令
      蓝牙1.发送数据(文本到字节("R","GBK"))              '蓝牙1发送:R
```

```
结束 事件
'----------------------------------------------------------------------------------------------------
事件 停止按钮.被单击()
    '发送停止运行指令
    蓝牙1.发送数据(文本到字节("T","GBK"))                 '蓝牙1发送:T
结束 事件
'----------------------------------------------------------------------------------------------------
事件 X回零位按钮.被单击()
    '发送X回零位指令
    蓝牙1.发送数据(文本到字节("Z","GBK"))                 '蓝牙1发送:Z
结束 事件
'----------------------------------------------------------------------------------------------------
事件 X手动滑块条.位置被改变(坐标值 为 整数型)
    变量 发送文本 为 文本型
    X手动设定值标签.标题 = 整数到文本(坐标值)
    发送文本 = "X" & 整数到文本(坐标值)
    蓝牙1.发送数据(文本到字节(发送文本,"GBK"))            '蓝牙1发送:X+坐标值(0..250)
结束 事件
'----------------------------------------------------------------------------------------------------
事件 C手动滑块条.位置被改变(坐标值 为 整数型)
    变量 发送文本 为 文本型
    C手动设定值标签.标题 = 整数到文本(坐标值)
    发送文本 = "C" & 整数到文本(坐标值)
    蓝牙1.发送数据(文本到字节(发送文本,"GBK"))            '蓝牙1发送:C+坐标值(0..720)
结束 事件
'----------------------------------------------------------------------------------------------------
事件 加工停留时间标签.被单击()
    变量 设定值 为 整数型
    变量 发送文本 为 文本型
    设定值 = 到整数(加工停留时间标签.标题)
    设定值 = 设定值 + 1
    如果 设定值 > 5 则
        设定值 = 0
    结束 如果
    加工停留时间标签.标题 = 整数到文本(设定值)
    发送文本 = "D" & 整数到文本(设定值)                   '蓝牙1发送:D+整数值(0..5)
    蓝牙1.发送数据(文本到字节(发送文本,"GBK"))
结束 事件
'----------------------------------------------------------------------------------------------------
事件 X电机PWM值标签.被单击()
    变量 设定值 为 整数型
    变量 发送文本 为 文本型
    设定值 = 到整数(X电机PWM值标签.标题)
```

```
        设定值 = 设定值 + 10
        如果  设定值 > 100 则
              设定值 = 60
        结束  如果
        X电机PWM值标签.标题 = 整数到文本(设定值)
        发送文本 = "E" & 整数到文本(设定值)                    '蓝牙1发送:E+整数值(60..100)
        蓝牙1.发送数据(文本到字节(发送文本,"GBK"))
结束  事件
'---------------------------------------------------------------------------------------------
事件  C电机频率值标签.被单击()
        变量  设定值  为  整数型
        变量  发送文本  为  文本型
        设定值 = 到整数(C电机频率值标签.标题)
        设定值 = 设定值 + 50
        如果  设定值 > 200 则
              设定值 = 50
        结束  如果
        C电机频率值标签.标题 = 整数到文本(设定值)
        发送文本 = "F" & 整数到文本(设定值)                    '蓝牙1发送:F+整数值(50..200)
        蓝牙1.发送数据(文本到字节(发送文本,"GBK"))
结束  事件
'---------------------------------------------------------------------------------------------
事件  推杆伸缩动作标签.被单击()
        '命令推杆动作
        如果  推杆伸缩动作标签.标题 = "+"则
              推杆伸缩动作标签.标题 = "-"
              蓝牙1.发送数据(文本到字节("H","GBK"))            '命令推杆缩回,蓝牙1发送:H
        否则
              推杆伸缩动作标签.标题 = "+"
              蓝牙1.发送数据(文本到字节("S","GBK"))            '命令推杆伸出,蓝牙1发送:S
        结束  如果
结束  事件
'---------------------------------------------------------------------------------------------
事件  画板1.触摸手势(手势类型 为 整数型)
        如果  手势类型 = 右滑  则
              画板1.清空()
              画板1.背景颜色 = 灰色
              画板1.画笔类型 = 2
              画板1.画笔粗细 = 1
              画板1.画笔颜色 = 白色
              画板1.画矩形(14,10,400,400)                      '绘图区域:400*400
              画板1.画笔类型 = 1
              画板1.画笔颜色 = 黄色
```

```
        结束  如果
结束  事件
'------------------------------------------------------------------------------------------------------
事件  蓝牙1. 收到数据(数据  为  字节型(),设备名称  为  文本型,设备地址  为  文本型)
        变量  接收文本  为  文本型
        变量  X 文本  为  文本型
        变量  C 文本  为  文本型
        变量  最右文本  为  文本型
        变量  X 坐标值  为  整数型
        变量  C 坐标值  为  整数型
        变量  n  为  整数型
        变量  len  为  整数型
        接收文本 = 删首空(字节到文本(数据,"GBK"))
        最右文本 = 取文本右边(接收文本,1)
        接收文本 = 删尾空(接收文本)
        XC 坐标值标签. 标题 = 接收文本
        如果  最右文本 = "" 则
            n = 寻找文本(接收文本,":",0)
            len = 取文本长度(接收文本)
            X 文本 = 取文本左边(接收文本,n)
            X 坐标值 = 到整数(X 文本)
            C 文本 = 取文本右边(接收文本,len - n - 1)
            C 坐标值 = 到整数(C 文本)
            画板1. 旋转画布(14 + 200,10 + 200, - C 坐标值/2)      '在画板 1 上画圆点
            画板1. 画圆(14 + 200 + X 坐标值 * 4/5,10 + 200,5)
            画板1. 旋转画布(14 + 200,10 + 200,C 坐标值/2)
        结束  如果
结束  事件
'------------------------------------------------------------------------------------------------------ -
```

6.7.3 STC15 程序设计

本节实践使用的 STC15 片内模块有 T0、T1、T2、T3、T4、INT0、CCP0、S1，如图 6-31 所示。其中，T0 用作 CCP 计数脉冲源及每秒定时（STC15 串口发送坐标值的周期）；T1 用于 C 轴步进电机的相序分配；T2 用作串口波特率发生器；T3 用于推杆电磁铁的通、断电延时操作，具体是通过对 T4 输出的脉冲信号进行计数来实现无中断的硬件计时；T4 用于输出 20Hz 的方波信号。INT0 用于对光栅脉冲信号进行加 1/减 1 计数。CCP0 对 T0 溢出进行计数，每当光栅测头的输出信号触发 INT0 中断后，就使 CCP0 从零开始计数。如果 CCP0 一直计数到发生匹配时，都没有 INT0 中断发生，便判定滑台已经处于光栅尺的极限区域。此方法用在 X 轴回零位操作中。S1 用于 STC15 与安卓手机的串行通信。

主函数首先是对上述各片内模块初始化。主循环部分采用即时扫描事件和分步执行任务的程序框架。当 CPU 查询到 S1 成功接收了一条信息，就根据接收的信息进行相应的操作。这其实就是执行来自安卓手机的指令。其中，执行推杆伸出指令的过程，就是使电磁

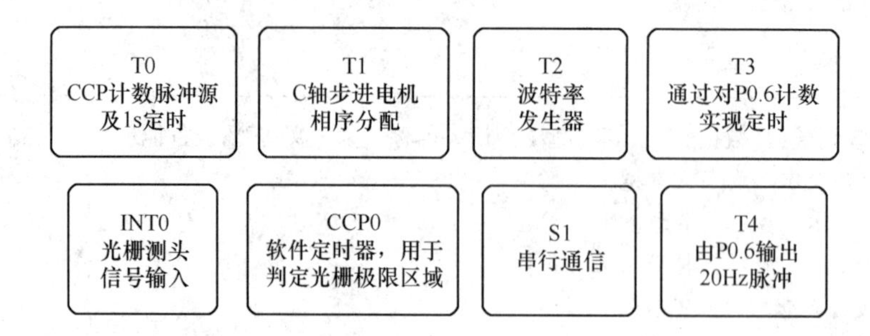

图6-31 STC15片内模块的使用

铁反向通电1s后断电，执行推杆缩回指令的过程，就是使电磁铁正向通电1s后断电。

执行*X*轴运动到目标位置指令的过程是：首先将命令位置与当前位置相比较，以确定出移动方向；然后启动CCP计数，使电机运行并转入运行模式2，当在运行模式2扫描到CR为0时结束。在INT0中断服务函数中，当比较出*X*轴移动到命令位置时，就停止电机运行并停止CCP计数。

执行*C*轴运动到目标位置指令的过程是：首先将命令脉冲数与当前脉冲数相比较，以确定出电机旋转方向，然后启动T1计数并转入运行模式3，当在运行模式3扫描到TR1为0时结束。在T1中断服务函数中，当比较出C轴步进到命令位置时，就停止电机运行并停止T1计数；否则，进行相序分配并驱动电机步进。

执行*X*轴回零位指令的过程是：首先预设一个超限的目标值、驱动电机反向转动并启动CCP计数；然后转入运行模式1，在运行模式1扫描到CCF0为0时，即判定滑台已处于光栅尺右端的极限区域，这时设*X*轴的当前位置为-1，设*X*轴目标位置为0，驱动电机正向转动并启动CCP计数；然后转入运行模式2，在运行模式2扫描到CR为0时结束。

多点加工按分步执行的任务进行处理。执行该指令的过程是：首先根据当前零件号从EEPROM区取出该零件的当前点数和总点数，然后转入运行模式4。在运行模式4，当扫描到当前加工点数等于总点数时，就进行零件加工结束处理；否则，就进行*X*轴、*C*轴的运行准备工作，使加工点数加1。之后进入运行模式5。在运行模式5，当扫描到*X*轴、*C*轴都已经停止运行，就使推杆电磁铁反向通电，并进入运行模式6。在运行模式6，当扫描到电磁铁已经反向通电1s，即推杆已经产生伸出动作，就使电磁铁断电，置位屏幕画点标志，并进入运行模式7。在运行模式7，当扫描到电磁铁已经断电预设的秒数，就使电磁铁正向通电，并进入运行模式8。在运行模式8，当扫描到电磁铁已经正向通电1s，即推杆已经产生缩回动作，就使电磁铁断电；然后再次进入运行模式4，进行下一点的加工。从运行模式4到运行模式8，是一次点胶加工的5个步骤。

当CPU查询到每秒定时标志置位时，就通过串口发送*X*、*C*当前坐标值。如果有屏幕画点要求，则在发送信息的尾部有一个空格。

下面是源程序代码：

```
/ * File:P6_7. c * /
#include < stc15. h >
#include < stdlib. h >
```

```
#include <stdio.h>
#include <P01234Init.c>
#define IN1      P25          /* 推杆电磁铁 MX1508 模块 IN1 引脚 */
#define IN2      P24          /* 推杆电磁铁 MX1508 模块 IN2 引脚 */
#define C_A1     P23          /* MX1508.IN1 <--> P4.2          */
#define C_A2     P22          /* MX1508.IN2 <--> P4.1          */
#define C_B1     P21          /* MX1508.IN1 <--> P3.7          */
#define C_B2     P20          /* MX1508.IN2 <--> P3.6          */
void T01CCP0Init();
void Int0Init();
void PWMInit();
void T4init();
void SetXpwm(int n);
void SetXdir(char dir);
void SetXmotor(char run);
void T2S1Init();
int S1Rcv(char *buf,int len);
char RcvBuf[8];               //S1 接收缓冲区
volatile int Xcmd;            //X 轴命令位置(光栅脉冲数)
volatile int Xpos;            //X 轴当前位置(光栅脉冲数)
volatile int Ccmd,Cpos;       //C 轴命令位置、目标位置
unsigned char HoldSec;        //加工停留时间,秒
bit Xdir;                     //X 移动方向
bit Cdir;                     //C 旋转方向
bit Second;                   //秒定时标志
bit DrawFlag;                 //屏幕画点标志
char RunMode;                 //机器运行方式
int totalPoint,Point;         //总点数,当前运行点数
int SectorNum = 0;            //XC 坐标值所在的扇区号:0..7
int code *XCptr;              //代码区 XC 坐标值指针
void main()
{
    P01234Init();             //置 STC15 并口为准双向口
    Int0Init();               //初始化 INT0
    PWMInit();                //初始化 PWM
    T01CCP0Init();            //初始化 T0、T1、CCP0
    T2S1Init();               //初始化 T2、S1
    T4init();                 //初始化 T4
    EA = 1;                   //开 CPU 中断
    while(1){                 //主循环
        unsigned int n;
        if(S1Rcv(RcvBuf,7)){  //如果 S1 成功接收了信息
            switch(RcvBuf[0]){
```

```
case 'P':  /*指定多点坐标数据所在的扇区号*/
  n = atoi(RcvBuf+1);           //取扇区号
  SectorNum = n-1;              //0~7
  break;
case 'R':  /*多点加工指令*/
  if(RunMode)break;             //仅 RunMode 为零时有效
  XCptr =(int code *)(0xC000 + SectorNum*512);//XC 数据区首地址
  Point = *XCptr++;             //第一个数据为当前加工点数,值为0
  totalPoint = *XCptr++;        //第二个数据为总点数,之后为坐标值
  RunMode = 4;                  //置运行模式为4
  break;
case 'D':  /*设定加工停留时间值指令*/
  n = atoi(RcvBuf+1);           //取加工停留时间值
  HoldSec = n;
  break;
case 'E':  /*X 轴电机 PWM 设定指令*/
  n = atoi(RcvBuf+1);           //取 PWM 值
  SetXpwm(n);
  break;
case 'F':  /*C 轴电机频率设定指令*/
  n = atoi(RcvBuf+1);           //取频率值,电机频率即 T1 溢出频率
  n = 921600/n;                 //计算分频数
  TH1 = (65536-n)>>8;           //向 T0 装入计数初值
  TL1 = (65536-n);
  break;
case 'T':  /*机器停止指令*/
  SetXmotor(0);                 //电机停止
  CR = 0;                       //CCP 停止计数
  TR1 = 0;
  IN1 = IN2 = 0;
  RunMode = 0;                  //置运行模式为0,停止
  break;
case 'S':  /*推杆伸出指令*/
  if(RunMode)break;             //仅 RunMode 为零时有效
  IN1 = 0,IN2 = 1;              //推杆伸出
  T4T3M = 0x90;                 //T3 停止
  T3L = 0;
  T4T3M = 0x9C;                 //T3 运行,计数器
  while(T3L<20);                //延时 1s
  IN1 = IN2 = 0;                //电磁铁断电
  T4T3M = 0x90;                 //T3 停止
  break;
case 'H':  /*推杆缩回指令*/
```

```
      if(RunMode)break; //仅 RunMode 为零时有效
      IN1 = 1,IN2 = 0;                //推杆缩回
      T4T3M = 0x90;                   //T3 停止
      T3L = 0;
      T4T3M = 0x9C;                   //T3 运行,计数器
      while(T3L<20);                  //延时 1s
      IN1 = IN2 = 0;                  //推杆电磁铁断电
      T4T3M = 0x90;                   //T3 停止
      break;
    'Z': /*X 轴回零位指令*/
      Xcmd = -1000;                   //预设一个超限的目标值
      Xdir = 0;
      SetXdir(0);                     //X 反向移动
      SetXmotor(1);                   //电机运行
      CCF0 = 0;                       //清 CCF0 标志
      CH = CL = 0;                    //清 CCP 计数器
      CR = 1;                         //CCP 开始计数
      RunMode = 1;                    //置运行模式为 1
      break;
    case 'X': /*X 轴运动到目标位置指令*/
      Xcmd = atoi(RcvBuf+1);          //取目标值,光栅脉冲数
      if(Xcmd==Xpos)break;            //命令位置=当前位置,跳出
      Xdir = (Xcmd > Xpos)?1:0;
      SetXdir(Xdir);
      CCF0 = 0;                       //清 CCF0 标志
      CH = CL = 0;                    //清 CCP 计数器
      SetXmotor(1);                   //电机运行
      CR = 1;                         //CCP 开始计数
      RunMode = 2;                    //置运行模式为 2
      break;
    case 'C': /*C 轴运动到目标位置指令*/
      Ccmd = atoi(RcvBuf+1);          //取目标值,光栅脉冲数
      if(Ccmd==Cpos)break;            //命令脉冲数=当前脉冲数时,跳出
      Cdir = (Ccmd > Cpos)?1:0;
      TR1 = 1;                        //T1 开始计数
      RunMode = 3;                    //置运行模式为 3
      break;
    default:
      break;
  }
  for(n=0;n<8;n++)RcvBuf[n]=0;        //清 RcvBuf 缓存
}
switch(RunMode){
```

```
        case 1:                                         //X 回零
            if(CCF0){                                   //CCP0 发生匹配
                CCF0 = 0;                               //CCF0 清零
                CH = CL =0;                             //CCP 计数器清零
                CR = 1;                                 //CCP 开始计数
                Xpos = -1;
                Xcmd = 0;
                Xdir = 1;
                SetXdir(1);
                RunMode = 2;                            //置运行模式为 2
    }
    break;
        case 2:                                         //X 轴移动到指定坐标
            if(! CR) RunMode = 0;                       //CCP 停止计数
            break;
        case 3:                                         //C 轴移动到指定坐标
            if(! TR1)RunMode = 0;                       //如果 C 轴停止
            break;
        case 4:   /*多点运行方式*/
            if(Point == totalPoint){                    //当前加工点数等于总点数时
                SetXmotor(0);                           //电机停止
                CR = 0;                                 //CCP 停止计数
                TR1 = 0;
                IN1 = IN2 = 0;
                RunMode = 0;                            //置运行模式为 0,停止
                break;
            }
            /*X 轴运行准备*/
            Xcmd = *XCptr++;                            //取 X 坐标值
            if(Xcmd! =Xpos){                            //命令位置≠当前位置时
              Xdir = (Xcmd > Xpos)? 1:0;
              SetXdir(Xdir);
              CCF0 = 0;                                 //清 CCF0 标志
              CH = CL = 0;                              //清 CCP 计数器
              SetXmotor(1);                             //电机运行
              CR = 1;                                   //CCP 开始计数
            }
            /*C 轴运行准备*/
            Ccmd = *XCptr++;                            //取 C 坐标值
            if(Ccmd! =Cpos){                            //当前脉冲数=目标脉冲数 时,跳出
              Cdir = (Ccmd > Cpos)? 1:0;
              TR1 = 1;                                  //T1 开始计数
            }
```

```
        Point ++;                               //加工点数加 1
        RunMode = 5;                            //下次进入 case 5
        break;
    case 5: /* 推杆伸出 */
        if(TR1)break;                           //T1 正在运行,退出
        if(CR)break;                            //CCP 正在运行,退出
        IN1 = 0,IN2 = 1;                        //推杆伸出
        T4T3M = 0x90;                           //T3 停止
        T3L = 0;
        T4T3M = 0x9C;                           //T3 运行,计数器
        RunMode = 6;                            //下次进入 case 6
        break;
    case 6: /* 推杆伸出延时 */
        if(T3L > 20){                           //推杆伸出已持续 1s
            IN1 = IN2 = 0;                      //电磁铁断电
            RunMode = 7;                        //下次进入 case 7
            DrawFlag = 1;                       //画点标志置位
        }
        break;
    case 7: /* 推杆停留延时 */
        if(T3L > 40 + HoldSec * 20){           //电磁铁断电达 HoldSec + 1s
            IN1 = 1,IN2 = 0;                    //推杆缩回
            RunMode = 8;                        //下次进入 case 8
        }
        break;
    case 8: /* 推杆缩回延时 */
        if(T3L > 60 + HoldSec * 20){           //推杆缩回已持续 1s
            IN1 = IN2 = 0;                      //推杆停止
            RunMode = 4;                        //下次进入 case 4,开始下一点
        }
        break;
    default:
        break;
}
if(Second){                                     //秒定时标志
    Second = 0;
    if(DrawFlag){
        DrawFlag = 0;
        printf("%d:%d ",Xpos,Cpos);             //发送当前坐标值,带右空格
    }
    else
        printf("%d:%d",Xpos,Cpos);              //发送当前坐标值
}
```

```
    }
}
/*T2,S1 初始化函数
    T2:S1、S3 波特率发生器,9600bps
    S1 方式 1,9600bps,管脚配置在 P1.6、P1.7
*/
void T2S1Init()
{
    T2L = (65536 - 288);                //(FOSC/4/BAUD)=288,设置波特率重装值
    T2H = (65536 - 288)>>8;             //波特率=9600bps
    AUXR |= 0x15;                       //启动T2,T2 1T 模式,选择T2为串口S1的波特率发生器
    P_SW1 |= 0x80;                      //S1S0=10:S1 在 P1.6、P1.7
    SM0=0;SM1=1;                        //S1 方式 1
    REN = 1;                            //允许 S1 接收
    TI = 1;                             //TI 置位
}
/*具有超时检测功能的S1接收函数*/
int S1Rcv(char *buf,int len)
{
    int i,n;
    for(i=0,n=0;i<1000;i++){            //若循环 1000 次一直 RI=0,视为超时
        if(!RI)continue;                //RI=0,继续循环
        RI = 0;                         //RI=1,已接收 1 字符,RI 清零
        i = 0;                          //超时次数清零
        buf[n++] = SBUF;                //存入接收字符
        if(n>=len)break;                //接收字符数超限,退出
    }
    return n;                           //返回接收字符数
}
/*INT0 初始化函数
    INT0 为双边沿触发中断
*/
void Int0Init()
{
    IT0 = 0;                            //置 INT0 双边沿触发中断
    PX0 = 1;
    EX0 = 1;                            //开 INT0 中断
}
/*INT0 中断服务函数
    根据 X 轴移动方向刷新 X 轴当前位置坐标
*/
void Int0_isr() interrupt 0             //INT0 中断号为 0*/
{
```

```
    Xdir ? Xpos ++ : Xpos -- ;
    if(Xpos == Xcmd){
        SetXmotor(0);                          //电机停止
        CR = 0;                                //CCP 停止计数
    }
    CL = 0;                                    //CL 清零,CH 一直为零
}
/* T0、CCP0 初始化函数
    T0:36Hz 定时中断
    CCP:对 T0 的溢出脉冲计数
    CCP0:比较加匹配模式(即软件定时器),不中断
*/
void T01CCP0Init()
{
    TMOD =0x00;                                //T1、T0 方式 0:STC15 的自动重装方式
    TH0 = (65536 -921600/36)/256;//T0:36Hz
    TL0 = (65536 -921600/36);
    ET0 = 1;
    TR0 = 1;
    TH1 = (65536 -921600/100)/256;//T1:100Hz
    TL1 = (65536 -921600/100);
    ET1 = 1;
    CMOD = 0x04;                               //CCP 计数 T0 的溢出脉冲
    CCAP0L = 72;                               //CCP0 的匹配值为 18,18/36 =0.5s
    CCAP0H = 0;
    CCAPM0 = 0x48;                             //ECOM0 = MAT0 =1,ECCF0 =0:比较 + 匹配,不中断
}
void T0_isr()interrupt 1   /* T0 中断号 =1 */
{
    static unsigned char n;
    if( ++n ==36){
        n =0;
        Second = 1;
    }
}
void PWMInit()
{
    P_SW2 | = 0x80;                            //使能访问 XSFR
    PWMCFG = 0x00;                             //配置 PWM 的输出初始电平为低电平
    PWMCKS = 11;                               //PWM 时钟源为 FOSC/(11 +1) =921600Hz
    PWMC = 18432;                              //(FOSC/12/50)置 PWM 每周期计数次数,PWM 频
率 =50Hz
    PWM2T1 = 0;
```

```
    PWM2T2 = 18400;
    P_SW2 &= ~0x80;                    //禁止访问XSFR
}
/*设置PWM2的PWM占空比
    n:[0..100],PWM占空比
*/
void SetXpwm(int n)
{
    n = n*184;                         //100×184=18400(≈PWMC)
    if(n<1)n=1;                        //保证PWM2T2≠PWM2T1(=0)
    P_SW2 |= 0x80;                     //使能访问XSFR
    PWM2T2 = n;
    P_SW2 &= ~0x80;                    //禁止访问XSFR
}
/*PWM2输出引脚设置
    dir:X轴移动方向
*/
void SetXdir(char dir)
{
    P_SW2 |= 0x80;                     //使能访问XSFR
    PWM2CR = dir? 0x00:0x08;           //dir=1,P3.7输出;dir=0,P2.7输出
    P_SW2 &= ~0x80;                    //禁止访问XSFR
}
/*通过对PWM的设置,使电机处于运行或停止状态
    run:要设定的电机状态,=1:电机运行,=0:电机停止
*/
void SetXmotor(char run)
{
    P_SW2 |= 0x80;                     //使能访问XSFR
    PWMCR = run? 0x81:0;//run=1,使能PWM、使能PWM2输出;run=0,禁止PWM输出
    P_SW2 &= ~0x80;                    //禁止访问XSFR
    P27 = P37 = 0;
}
/*T1中断服务函数
    C轴终点判别
    根据C轴移动方向调整步进电机相序
*/
void T1isr() interrupt 3               //T1中断号为3
{
    static unsigned char i;            //步进电机相序序号
    if(Cpos == Ccmd){
        TR1 = 0;                       //T1停止
        return;
```

```
    }
    Cdir ? Cpos ++ : Cpos -- ;
    Cdir ? i ++ : i -- ;                        //相序序号调整
    i &= 0x03;                                  //i 取值范围:0..3
    /*根据相序序号进行输出控制*/
    switch(i){
        case 0:                                 //(C_A1)→(C_A2)通电
            C_A1 =1;C_A2 =0;C_B1 =0;C_B2 =0;
            break;
        case 3:                                 //(C_B1)→(C_B2)通电
            C_A1 =0;C_A2 =0;C_B1 =1;C_B2 =0;
            break;
        case 2:                                 //(C_A2)→(C_A1)通电
          C_A1 =0;C_A2 =1;C_B1 =0;C_B2 =0;
          break;
        case 1:                                 //(C_B2)→(C_B1)通电
          C_A1 =0;C_A2 =0;C_B1 =0;C_B2 =1;
          break;
    }
}
void T4init()
{
    /*装入 T4 计数初值,T4 溢出频率为 40Hz,输出 20Hz 方波*/
    T4H = (65536 -921600/40)/256;
    T4L = (65536 -921600/40)%256;
    T4T3M = 0x90;                               //T4R =1,T4CLKO =1,T4 输出方波,无中断
    //T4T3M =[T4R][C/T][X12][CLKO][T3R][C/T][X12][CLKO]
}
```

6.7.4 加工数据的 EEPROM 写入

点胶机的控制程序采用从单片机 EEPROM 区读取零件加工数据的方法，零件号由‘P’命令指定，零件数据预存于 EEPROM 扇区中。这种方法能够使加工数据独立于控制程序。这里，约定每个扇区存储一个零件的加工数据，则 STC15W4K48S4 的 20 个扇区最多可以存储 20 个零件的加工数据。下面的程序，可以把 8 个零件的加工数据顺序存储于 EEPROM 的前 8 个扇区中。每个零件加工数据中的第一个数为 0，第二个数为总加工点数，再后就是成对出现的各加工点的 X、C 坐标值。

下面是源程序代码：

```
/*File:P6_7_eeprom.c*/
#include <stc15.h>
#include <stdio.h>
#include <stdlib.h>
#include <ctype.h>
```

```
#define FOSC      11059200L       //系统频率
#define BAUD      9600            //串口波特率
/* STC15W4K48S4 片内集成有 4K 的 XRAM,EEPROM 的每个扇区为 512 字节 */
int xdata dat1[256] = {0,3,25,0,25,240,25,480};             //三点
int xdata dat2[256] = {0,4,50,0,50,180,50,360,50,540};     //四点
int xdata dat3[256] = {0,5,60,0,70,0,70,60,70,660,80,0}; //五点
int xdata dat4[256] = {0,6,100,180,100,324,100,468,
                              100,612,100,36,0,0};          //六点
int xdata dat5[256] = {0,7,100,0,120,60,120,660,140,0,
                    160,60,160,660,180,0};                  //七点
int xdata dat6[256] = {0,8,170,180,210,225,250,270,210,315,
                    170,360,130,315,90,270,130,225};        //八点
int xdata dat7[256] = {0,9,200,0,200,80,200,160,200,240,200,320,
                    200,400,200,480,200,560,200,640};       //九点
int xdata dat8[256] = {0,10,250,0,250,72,250,144,250,216,250,288,
                    250,360,250,432,250,504,250,576,250,648}; //十点
int code *CodePtr;      //MOVC 指令读 STC15W4K48S4 EEPROM 的地址 C000H ~ E7FFH
void EraseSector(unsigned int n);
void WriteChar(unsigned int addr,char c);
void WriteStr(unsigned int addr,char *buf,int size);
void main()
{
    /* T0,T1 , S1 初始化 */
    AUXR = 0xC0;                        //T0,T1 1T 模式(AUXR.7 = T0x12,AUXR.D6 = T1x12)
    TMOD = 0x00;                        //T0,T1 方式 0(16 位自动重载)
    TL1 = (65536 - (FOSC/4/BAUD));      //设置波特率重装值
    TH1 = (65536 - (FOSC/4/BAUD)) >>8;
    TR1 = 1;                            //启动 T1
    SM0 =0;SM1 =1;                      //串口方式 1
    REN = 1;                            //允许 S1 接收
    TI =1;                              //TI 置 1
    while(1){
        unsigned int i,n;
        char rcvbuf[8];
        printf("\n 请输入命令:\n");
        /* 接收第一个字符 */
        while(RI ==0);
        RI =0;
        rcvbuf[0] = SBUF;
        /* 接收后续字符 */
        for(n = 1,i =0;i <1000;i ++){
            if(RI ==0)continue;         //接收没有完成,继续循环
            RI = 0;                     //接收完成,RI 清零
```

```
            i = 0;                    //超时次数清零
            rcvbuf[n++] = SBUF;       //存入接收字符
        }
        rcvbuf[n] = '\0';
        switch(_toupper(rcvbuf[0])){      //判断命令字符
            case 'E'://Erase Sector
                n = atoi(rcvbuf+1);   //读取扇区号
                printf("\nIAP Erase Sector %d...\n",n);
                EraseSector(n);       //擦除扇区
                break;
            case 'W'://IAP Write
                n = atoi(rcvbuf+1);   //读取扇区号
                printf("\nIAP Write Sector %d...\n",n);
                WriteStr(n*512+0,(char *)dat1+n*512,512);//在地址 0 开始编程
            case 'R'://MOVC Read
                n = atoi(rcvbuf+1);   //读取扇区号
                CodePtr = 0xC000 + n*512;
                printf("\nMOVC Read from %p...\n",CodePtr);
                for(i=0;i<256;i++)
                    printf("%d,",*CodePtr++);//MOVC 读,格式化后经串口发送
                break;
            default:
                break;
        }
    }
}
/*扇区擦除函数,每扇区 512 字节
   n:扇区号,[0..19],STC15W4K32S4 共 10K EEPROM,扇区数 20
   IAP 读 STC15W4K32S4 EEPROM 的地址:0000H~27FFH
   MOVC 指令读 STC15W4K32S4 EEPROM 的地址 C000H~E7FF
*/
void EraseSector(unsigned int n)
{   /*第一扇区(n=0):0000H~01FFH;第二扇区(n=1):0200H~03FFH;…… */
    IAP_ADDRH = n+n;          //IAP Flash 地址寄存器高 8 位
    IAP_ADDRL = 0;            //地址寄存器低 8 位
    IAP_CONTR = 0x84;         //使能 IAP,装入 WT2、WT1、WT0,Fosc<12MHz 时为 100
    IAP_CMD = 3;              //置 IAP 命令寄存器写擦除命令
    IAP_TRIG = 0x5a;          //先送 5AH,再送 A5H 到 IAP 触发寄存器
    IAP_TRIG = 0xa5;          //送完 A5H 后,IAP 命令立即被触发起动
    //CPU 等待 IAP 动作完成后,才会继续执行程序
    IAP_CONTR = 0;            //IAP stop
}
/*IAP 写一个字节函数
```

```
    addr:要写入的地址
    c:字节数据
*/
void WriteChar(unsigned int addr,char c) //写字节函数
{
    IAP_DATA  =  c;                  //IAP Flash 数据寄存器装入一字节数据
    IAP_ADDRH  =  (addr  >>  8);     //IAP Flash 地址寄存器高 8 位
    IAP_ADDRL  =  addr;              //地址寄存器低 8 位
    IAP_CONTR  =  0x84;              //使能 IAP, 装入 WT2、WT1、WT
    IAP_CMD  =  2;                   //置 IAP 命令寄存器写字节命令
    IAP_TRIG  =  0x5a;               //先送 5AH,再送 A5H 到 IAP 触发寄存器
    IAP_TRIG  =  0xa5;               //送完 A5H 后,IAP 命令立即被触发起动
    //CPU 等待 IAP 动作完成后,才会继续执行程序
    //IAP_CONTR  =  0;                //IAP stop
}
/* IAP 写字符串函数 */
void WriteStr(unsigned int addr,char *buf,int size)
{
    int i;
    for(i=0; i<size; i++)
        WriteChar(addr++,buf[i]);//每次 1 字节编程
    IAP_CONTR  =  0;                 //IAP stop
}
```

源程序经编译后，写入单片机运行。打开 STC－ISP 中的串口助手，在发送缓冲区输入‘w0’，点击‘发送数据’，则把第 1 个零件的加工数据写入 EEPROM 的第 1 个扇区。写入后在接收缓冲区中有显示，可与原始数据对照，见图 6-32。以此方法完成其他零件加工数据的写入。

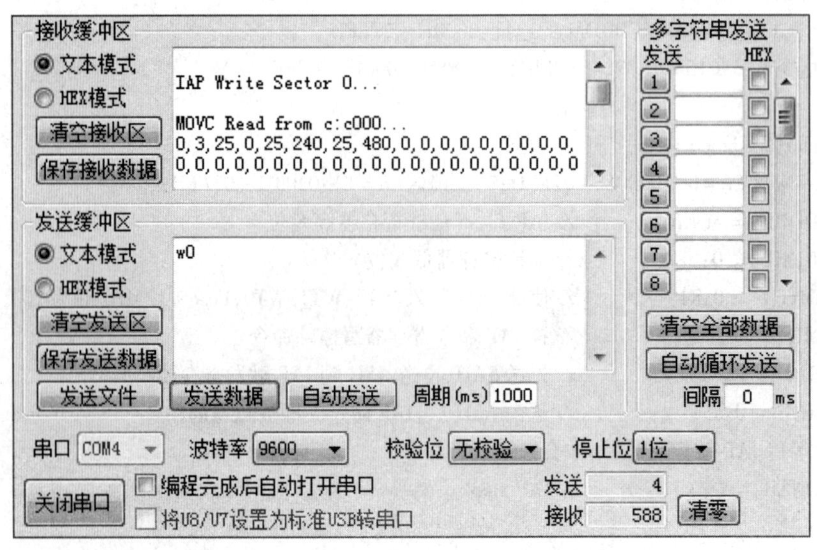

图 6-32　第 1 个零件的加工数据写入操作

6.7.5　运行调试

圆盘式点胶机的实际硬件组成如图 6-33 所示。

(a) 圆盘式点胶机侧视图

(b) 圆盘式点胶机正视图

图 6-33　圆盘式点胶机硬件组成

首先，把由 E4A 生成的 apk 文件复制到安卓手机，安装后打开。

控制程序经编译生成 HEX 文件，下载到单片机，HC-05 模块与单片机连接。单片机上电运行后，完成手机与 HC-05 模块的连接。

系统默认圆盘工作台（*C* 轴）在上电时处于零位。在 *X* 轴光栅的左边，有一处全透光区域，见图 6-33(b)。该区域右侧第一个光栅条的起始处就是 *X* 轴零位，点击手机屏幕上‘*X*→0’按钮，可完成 *X* 轴回零位操作。在 *X* 轴处于零位后，可调整电磁铁的位置，使其推杆轴线与 *C* 轴步进电机轴线对准。

滑动 *X* 手动滑块条，*X* 轴电机将带动滑台移动到相应的位置。*X* 轴的移动速度可通过点击屏幕上‘%’左边的标签调整。滑动 *C* 手动滑块条，*C* 轴步进电机将带动圆盘工作台转动到相应的角度。*C* 轴电机的运行频率，可通过点击屏幕上‘Hz’左边的标签调整。点击‘Hz’右边的标签，可进行推杆伸出与缩回操作。该标签显示‘-’，表示推杆当前处在缩回的位置；显示‘+’，表示推杆当前处在伸出的位置；点击‘#’，左边的标签，可选择 1 号～8 号件之一，以待加工。点击‘运行’按钮左边的标签，可设置推杆在点胶加工时的停留时间。点击‘运行’按钮，即按已选定的零件号进行加工。加工时，在手机屏幕的绘图区会以圆点显示当前的加工点。图 6-34 显示了加工 2 号零件时的系统实况。通过右滑屏幕绘图区

图 6-34　加工 2 号零件时的系统实况

域，可清除已经绘出的图形。点击停止按钮，即停止 *X*、*C* 轴及推杆的动作。*X*、*C* 轴的手动以及零件的加工过程，都有相应的屏幕显示。

6.8 XY打标机与安卓app设计

6.8.1 打标机组成与模块配置

本节实践是制作一款 *XY* 打标机模型。该打标机机体有 *X*、*Y* 两个由步进电机驱动的滑台和一只推杆电磁铁组成（实物见图6-38）。*X*、*Y* 滑台步进电机的步距角为18°，丝杆螺距为3mm，电机每步丝杆移动0.15mm；滑台全程为36mm，需电机运行240步。推杆电磁铁安装于 *X* 滑台，在推杆的前端可安装打标头或冲头。该电磁铁的特点详见6.7.1节。打标机的工作台安装于 *Y* 滑台。

控制系统的硬件由STC15W4K48S4、2只步进电机SM1、SM2，2个A4988模块、1只自保持型推杆电磁铁YA，1只MX1508模块和1只HC-05蓝牙串口模块组成，模块间的接线如图6-35所示。其中，推杆电磁铁YA由MX1508模块驱动，该模块的IN1、IN2用P2.7和P2.6引脚控制，实现电磁铁推杆的伸出与缩回动作。*X* 轴步进电机SM1由A4988模块1驱动，模块的DIR和STEP分别接到P3.6和P2.1。*Y* 轴步进电机SM2由A4988模块2驱动，模块的DIR和STEP分别接到P3.7和P2.2。步进电机SM1、SM2，电磁铁YA都使用5V直流电源供电。HC-05模块用于单片机与手机蓝牙无线通信。该模块的RXD、TXD端分别接到P3.1/TXD和P3.0/RXD。推杆电磁铁YA的控制有定时要求。本节实践用T1计数器对T4定时器输出脉冲信号的计数来实现无中断的硬件计时，在连线上是把P0.6/T4CLKO接入P3.5/T1。

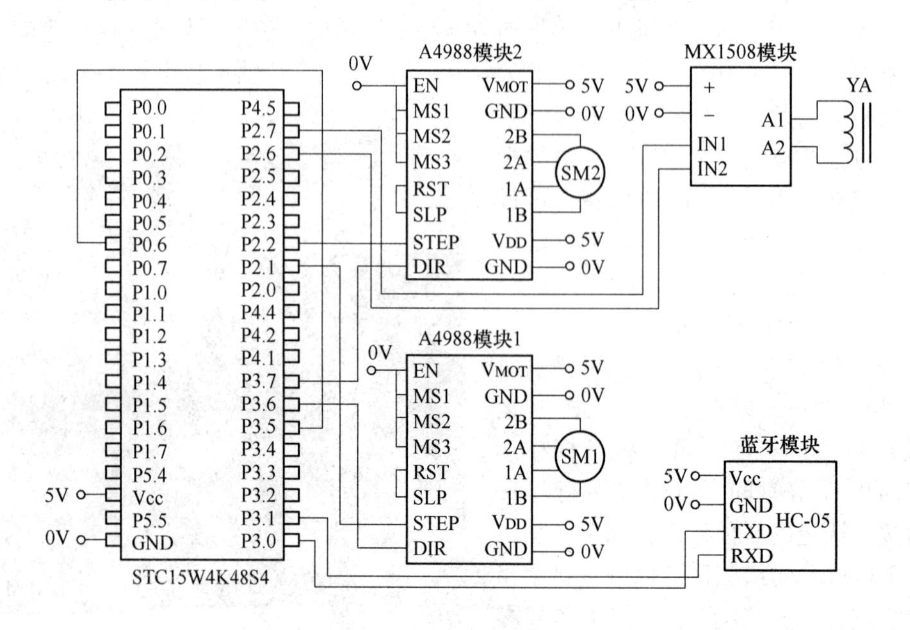

图6-35 XY打标机控制接线图

6.8.2 安卓 app 设计

6.8.2.1 app 屏幕界面设计

运行 E4A5.8，新建一个工程。在 E4A 软件的设计区，设计出如图 6-36(a)所示的 app 主窗口，主窗口所含的组件列表示于图 6-36(b)。

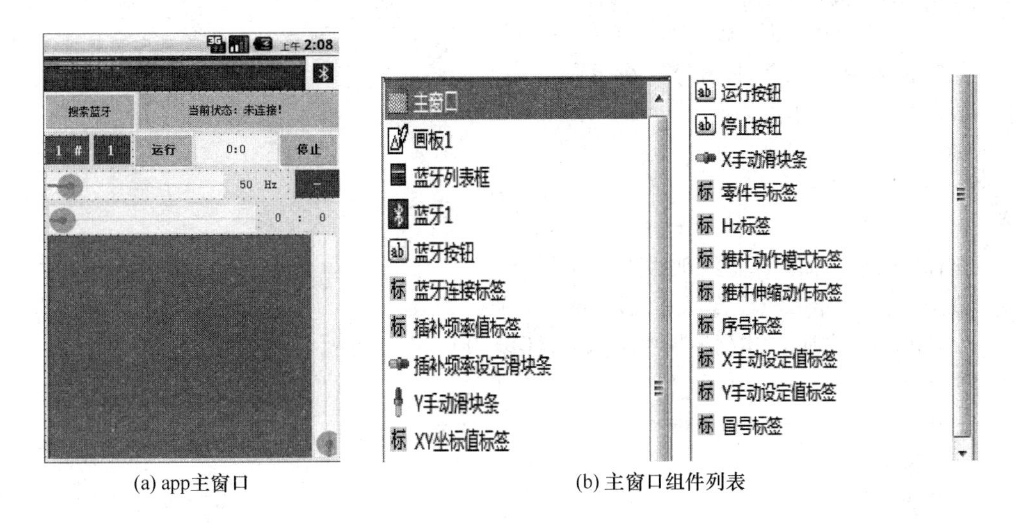

(a) app主窗口　　(b) 主窗口组件列表

图 6-36 安卓 app 主窗口及其组件列表

各组件说明如下：

蓝牙列表框、蓝牙 1、蓝牙按钮、蓝牙连接标签这四个组件的作用及设计同 6.5.2 节。

这四个蓝牙组件的下面，从左到右水平布置了五个组件。最左边的是“零件号标签”，点击此标签，可选择 1 号 ~ 8 号共 8 个零件之一，以待加工，这 8 个零件的加工数据已预存于单片机的 EEPROM 区。第二个是“推杆动作模式标签”，点击此标签，可选择推杆在零件加工时进行打标动作（标签显示‘1’），或静止不动（标签显示‘0’）。中间的组件是“运行按钮”，点击此按钮，可对由零件号标签选定的零件进行加工。第四个组件是“*XY* 坐标值标签”，此标签显示当前打标点的 *X*、*Y* 坐标，坐标值以冒号分隔。最右边的组件是“停止”按钮，点击此按钮，将停止打标机正在进行的动作。

接下来，“插补频率设定滑块条”组件用于设定单片机进行 *XY* 直线插补计算的频率，范围是 15 ~ 800Hz。该组件右边的“插补频率值标签”“Hz 标签”用于显示插补频率的数值和单位。该行最右边是“推杆伸缩动作标签”，点击此标签，可命令推杆伸出（标签显示‘+’）或推杆缩回（标签显示‘-’）。

再下一行，是“*X* 手动滑块条”，改变该组件滑块的位置，可使 *X* 轴移动到其所指定的坐标，范围是 0 ~ 240。该组件右边的“*X* 手动设定值标签”、“冒号标签”、“*Y* 手动设定值标签”用于显示与各自标签相应的信息。

主窗口下半部分的“画板 1”组件用于以圆点显示当前打标点所在的位置，其右边的“*Y* 手动滑块条”组件，作用与“*X* 手动滑块条”类似。

6.8.2.2 app程序设计

XY打标机的E4A源程序如下：

```
' 蓝牙部分源代码见6.7.2节的app程序设计
'-------------------------------------------------------------------------------------------
事件 零件号标签.被单击()
	变量 设定值 为 整数型
	变量 发送文本 为 文本型
	设定值 = 到整数(零件号标签.标题)
	设定值 = 设定值 + 1
	如果 设定值 > 8 则
		设定值 = 1
	结束 如果
	零件号标签.标题 = 整数到文本(设定值)
	发送文本 = "P" & 整数到文本(设定值)
	蓝牙1.发送数据(文本到字节(发送文本,"GBK"))
结束 事件
'-------------------------------------------------------------------------------------------
事件 运行按钮.被单击()
	'发送多点运行指令
	蓝牙1.发送数据(文本到字节("R","GBK"))		'蓝牙1发送:R
结束 事件
'-------------------------------------------------------------------------------------------
事件 停止按钮.被单击()
	'发送停止运行指令
	蓝牙1.发送数据(文本到字节("T","GBK"))		'蓝牙1发送:T
结束 事件
'-------------------------------------------------------------------------------------------
事件 插补频率设定滑块条.位置被改变(频率值 为 整数型)
	变量 发送文本 为 文本型
	如果 频率值 < 15 则
		频率值 = 15
	结束 如果
	插补频率设定滑块条.位置 = 频率值
	插补频率值标签.标题 = 整数到文本(频率值)
	发送文本 = "F" & 整数到文本(频率值)
	蓝牙1.发送数据(文本到字节(发送文本,"GBK"))	'蓝牙1发送:F+插补频率值(15..800)
结束 事件
'-------------------------------------------------------------------------------------------
事件 X手动滑块条.位置被改变(坐标值 为 整数型)
	变量 发送文本 为 文本型
	X手动设定值标签.标题 = 整数到文本(坐标值)
	发送文本 = "X" & 整数到文本(坐标值)
```

```
        蓝牙1. 发送数据(文本到字节(发送文本,"GBK"))      '蓝牙1发送:X+坐标值(0..240)
结束  事件
'-----------------------------------------------------------------------------------------------
事件  Y手动滑块条. 位置被改变(坐标值 为 整数型)
        变量  发送文本  为  文本型
        Y手动设定值标签. 标题 = 整数到文本(坐标值)
        发送文本 = "Y" & 整数到文本(坐标值)
        蓝牙1. 发送数据(文本到字节(发送文本,"GBK"))      '蓝牙1发送:Y+坐标值(0..240)
结束  事件
'-----------------------------------------------------------------------------------------------
事件  推杆动作模式标签. 被单击()
        '设置推杆动作模式
        如果  推杆动作模式标签. 标题 = "1" 则
        推杆动作模式标签. 标题 = "0"
        蓝牙1. 发送数据(文本到字节("J","GBK"))          '多点工作时推杆静止,蓝牙1发送:J
        否则
        推杆动作模式标签. 标题 = "1"
        蓝牙1. 发送数据(文本到字节("D","GBK"))          '多点工作时推杆动作,蓝牙1发送:D
        结束  如果
结束  事件
'-----------------------------------------------------------------------------------------------
事件  推杆伸缩动作标签. 被单击()
        '命令推杆动作
        如果  推杆伸缩动作标签. 标题 = "+" 则
        推杆伸缩动作标签. 标题 = "-"
        蓝牙1. 发送数据(文本到字节("H","GBK"))          '命令推杆缩回,蓝牙1发送:H
  否则
        推杆伸缩动作标签. 标题 = "+"
        蓝牙1. 发送数据(文本到字节("S","GBK"))          '命令推杆伸出,蓝牙1发送:S
  结束  如果
结束  事件
'-----------------------------------------------------------------------------------------------
事件  画板1. 触摸手势(手势类型 为 整数型)
        如果  手势类型 = 右滑 则
                画板1. 清空()
                画板1. 背景颜色 = 灰色
                画板1. 画笔类型 = 2
                画板1. 画笔粗细 = 1
                画板1. 画笔颜色 = 白色
                画板1. 画矩形(14,10,400,400)            '绘图区域:400*400
                画板1. 画笔类型 = 1
                画板1. 画笔颜色 = 黄色
  结束  如果
```

```
结束　事件
'-------------------------------------------------------------------------------------------------------------------
事件　蓝牙1.收到数据(数据　为　字节型(),设备名称　为　文本型,设备地址　为　文本型)
  变量　接收文本　为　文本型
  变量　X文本　为　文本型
  变量　Y文本　为　文本型
  变量　最右文本　为　文本型
  变量　X坐标值　为　整数型
  变量　Y坐标值　为　整数型
  变量　n　为　整数型
  变量　len　为　整数型
      接收文本 = 删首空(字节到文本(数据,"GBK"))
      最右文本 = 取文本右边(接收文本,1)
      接收文本 = 删尾空(接收文本)
      XY坐标值标签.标题 = 接收文本
      如果　最右文本 = " "则
          n = 寻找文本(接收文本,":",0)
          len = 取文本长度(接收文本)
          X文本 = 取文本左边(接收文本,n)
          X坐标值 = 到整数(X文本)
          Y文本 = 取文本右边(接收文本,len - n - 1)
          Y坐标值 = 到整数(Y文本)
          画板1.画圆(14 + X坐标值 * 5/3,410 - Y坐标值 * 5/3,5)'在画板1上画圆点
  结束　如果
结束　事件
'-------------------------------------------------------------------------------------------------------------------
```

6.8.3　STC15 程序设计

本节实践使用的 STC15 片内模块有 T0、T1、T2、T4、S1，如图 6-37 所示。

T0 逐点比较法 直线插补	T1 对T4输出的 脉冲计数	T2 S1波特率 发生器	T4 由P0.6输出20Hz 脉冲，1s定时	S1 通过HC-05模块 与手机蓝牙通信

图 6-37　STC15 片内模块的使用

主函数开始是对以上各模块进行初始化。主循环部分采用即时扫描事件和分步执行任务的程序框架。当 S1 已经接收到一条信息，就对信息进行判断并处理。安卓手机共可发出分别以字符 P、D、J、R、T、F、S、H、X、Y 开头的十条命令，其中 R、X、Y 命令需要通过插补计算驱动 X、Y 坐标轴运动。程序中采用的是逐点比较法直线插补算法，且在 T0 中断服务函数进行，T0 的溢出频率就是插补频率。通过把待插补的直线段的起点平移到原点，终点代以平移后终点坐标的绝对值，按直线走向判定 X、Y 轴运动方向，以插补

总点数作为插补结束判据，可以把逐点比较法四象限的直线插补全部化为第一象限直线插补。在插补计算之前所进行的与上述这些内容相关的工作，就是插补准备。

由于 *X*、*Y* 插补运动是一个动态过程，且在 R 命令所对应的多点加工时还要有电磁铁推杆的伸缩动作，程序中采用了对全局变量 RunMode 赋以不同值的方法，分别完成。具体来说，对 *X*、*Y* 轴手动移动，RunMode 赋的值是 1 和 2，其操作就是查询 TR0 标志。当 TR0 为 0 时表示插补结束，RunMode 清零。对多点加工，按分步执行既定任务的方法，RunMode 首先赋值为 3。当一个直线段插补结束，若设置了推杆伸缩动作，则根据推杆下降、推杆下降延时（电磁铁反向通电 1s）、推杆停留延时（电磁铁断电 1s）、推杆上升延时（电磁铁正向通电 1s）的步序，分别对 RunMode 赋以 4、5、6、7，之后再把 RunMode 赋值为 3，以进行下一个直线段的插补。推杆电磁铁的延时操作是通过判断 T1 的计数值实现的。T1 对 T4 输出的 20Hz 方波信号进行计数，当 TL0 从 0 计数到 20，时间间隔为 1s。也可以不使用 T1，而使用 T3 对 T4 的输出信号计数。但 T3 只有方式 0，该方式下，当 T3 运行时，对 T3H、T3L 的写入实质是对 RL_ TH3、RL_ TL3 的写入，所以需要首先停止 T3 运行，才能实现对 T3H、T3L 的写入。

当 CPU 查询到每秒定时标志置位时，就通过串口发送 *X*、*Y* 当前坐标值。如果有屏幕画点要求，则在发送信息的尾部有一个空格。

下面是源程序代码：

```
/* File:P6_8.c */
#include <stc15.h>
#include <stdlib.h>
#include <stdio.h>
#include <P01234Init.c>
/*引脚预定义*/
#define IN1   P27          //MX1508 模块 IN1 引脚
#define IN2   P26          //MX1508 模块 IN2 引脚
#define Xdir  P36          //X 移动方向,向右=1;向左=0
#define Ydir  P37          //Y 移动方向,向右=1;向左=0
#define Xout  P21          //X 脉冲输出引脚
#define Yout  P22          //Y 脉冲输出引脚
/*函数声明及全局变量定义*/
void T01Init();
void T2S1Init();
void T4Init();
int S1Rcv(char *buf,int len);
char RcvBuf[8];            //S1 接收缓冲区
volatile int Xpos,Ypos;    //X,Y 当前坐标
volatile int Xcmd,Ycmd;    //X,Y 命令坐标
volatile int Xend,Yend;    //X,Y 插补终点坐标
volatile int Error,Sum;    //X,Y 插补误差,总脉冲数
bit RodMode=1;             //多点运行时推杆动作方式
bit Second;                //秒定时标志
```

```
bit DrawFlag;              //屏幕显示圆点标志
char RunMode;              //XY 运行方式
int totalPoint,Point;      //总点数,当前运行点数
int SectorNum =0;          //XY 坐标值所在的扇区号:0..7
int code * XYptr;          //代码区 XY 坐标值指针
/* 主函数 */
void main()
{
    P01234Init();          //置 STC15 并口为准双向口
    T01Init();             //初始化 T0、T1
    T2S1Init();            //初始化 T2、S1
    T4Init();              //初始化 T4
    EA = 1;                //开 CPU 中断
    while(1){              //主循环
        unsigned int n;
        if(S1Rcv(RcvBuf,7)){                //如果 S1 成功接收了信息
            switch(RcvBuf[0]){
              case 'P': /* 指定零件坐标数据所在的扇区号 */
                n = atoi(RcvBuf+1);         //取扇区号
                SectorNum = n-1;            //0~7
                break;
            case 'D': /* 多点工作时推杆动作命令 */
                RodMode = 1;
                break;
            case 'J': /* 多点工作时推杆静止命令 */
                RodMode = 0;
                break;
            case 'R': /* 多点加工命令 */
                if(RunMode)break;            //仅 RunMode 为零时有效
                XYptr =(int code *)(0xC000 + SectorNum*512);//XY 数据区首地址
                Point = *XYptr++;            //第一个数据为当前运行点数,值为0
                totalPoint = *XYptr++;       //第二个数据为总点数,之后为坐标值
                RunMode = 3;                 //置运行模式为3
                break;
            case 'T': /* 停止命令 */
                TR0 = 0;                //T0 停止
                IN1 = IN2 = 0;          //电磁铁断电
                Error = 0;              //插补偏差清零
                RunMode = 0;            //运行模式置为0
                break;
            case 'F': /* 插补频率设定命令 */
                n = atoi(RcvBuf+1);         //取频率值,插补频率即 T0 溢出频率
                n = 921600/n;               //计算分频数
```

```
        TH0 = (65536 - n) >> 8;          //向 T0 装入计数初值
        TL0 = (65536 - n);
        break;
    case 'S':  /* 推杆伸出命令 */
        if(RunMode)break;                //仅 RunMode 为零时有效
        IN1 = 1,IN2 = 0;                 //伸出推杆
        TL1 =0;
        while(TL1 <20);                  //延时约 1s
        IN1 = IN2 = 0;                   //电磁铁断电
        break;
    case 'H':                            /* 推杆缩回命令 */
        if(RunMode)break;                //仅 RunMode 为零时有效
        IN1 = 0,IN2 = 1;                 //缩回推杆
        TL1 =0;
        while(TL1 <20);                  //延时约 1s
        IN1 = IN2 = 0;                   //电磁铁断电
        break;
    case 'X':  /* X 手动移动命令 */
        if(RunMode)break;                //仅 RunMode 为零时有效
        Xcmd = atoi(RcvBuf +1);          //取 X 命令坐标值
        if(Xcmd == Xpos)break;
        //插补准备:计算 Xend,Yend,Sum,方向判定
        if(Xcmd > Xpos){
          Xend = Xcmd - Xpos;
          Xdir = 1;                      //X 正向运动
        }
        else {
          Xend = Xpos - Xcmd;
          Xdir = 0;                      //X 反向运动
        }
        Yend = 0;
        Sum = Xend;
        TR0 = 1;                         //T0 工作,开始插补
        RunMode = 1;                     //置运行模式为 1
        break;
    case 'Y':    /* Y 手动移动命令 */
        if(RunMode)break;                //仅 RunMode 为零时有效
        Ycmd = atoi(RcvBuf +1);          //取 Y 命令坐标值
        if(Ycmd == Ypos)break;
        //插补准备:计算 Xend,Yend,Sum,方向判定
        if(Ycmd > Ypos){
            Yend = Ycmd - Ypos;
            Ydir = 1;                    //Y 正向运动
```

```
            }
            else {
                Yend = Ypos - Ycmd;
                Ydir = 0;                   //Y 反向运动
            }
            Xend = 0;
            Sum = Yend;
            TR0 = 1;                        //T0 工作,开始插补
            RunMode = 2;                    //置运行模式为 2
            break;
          default:
            break;
        }
        for(n =0;n <8;n ++)RcvBuf[n] =0;    //清 RcvBuf 缓存
    }
    switch(RunMode){
        case 1:  /* X 手动移动 */
        case 2:  /* Y 手动移动 */
            if(! TR0){
              RunMode =0;                   //插补完成,TR0 为零,结束移动
            }
            break;
        case 3:  /* 多点加工方式 */
            if(Point == totalPoint){        //运行点数等于总点数时,
                TR0 = 0;                    //T0 停止
                IN1 = IN2 = 0;              //电磁铁断电
                RunMode = 0;                //置运行模式为 0,停止
                break;
            }
            /* XY 直线插补准备 */
            Xcmd = *XYptr ++;               //取 X 坐标值
            Ycmd = *XYptr ++;               //取 Y 坐标值
                //如果起点与当前点相同,跳过,取下一点
            if((Xcmd == Xpos)&&(Ycmd == Ypos)){
                    Point ++;
                    Xcmd = *XYptr ++;       //取 X 坐标值
                    Ycmd = *XYptr ++;       //取 Y 坐标值
            }
            //插补准备:计算 Xend,Yend,Sum,方向判定
            if(Xcmd > Xpos){
                    Xend = Xcmd - Xpos;
                    Xdir = 1;               //X 正向运动
            }
```

```
        else {
            Xend = Xpos - Xcmd;
            Xdir = 0;                   //X 反向运动
        }
        if(Ycmd > Ypos){
            Yend = Ycmd - Ypos;
            Ydir = 1;                   //Y 正向运动
        }
        else {
            Yend = Ypos - Ycmd;
            Ydir = 0;                   //Y 反向运动
        }
        Sum = Xend + Yend;
        /* T0 运行,开始插补 */
        TR0 = 1;
        Point ++;                       //运行点数加 1
        RunMode = 4;                    //下次进入 case 4
        break;
    case 4: /* 推杆伸出 */
        if(TR0)break;                   //正在插补,退出
        if(RodMode ==0){                //TR0 =0,插补结束,如果是推杆静止方式
            RunMode = 3;                //下次进入 case 3,开始下一点
            break;
        }
        IN1 = 1,IN2 = 0;                //如果是推杆动作方式,推杆下降
        TL1 =0;
        RunMode = 5;                    //下次进入 case 5
        break;
    case 5: /* 推杆伸出延时 */
        if(TL1 >20){                    //推杆伸出已持续 1s
            IN1 = IN2 = 0;              //电磁铁断电
            RunMode = 6;                //下次进入 case 6
            DrawFlag = 1;               //画点标志置位
        }
        break;
    case 6: /* 推杆停留延时 */
        if(TL1 >40){                    //电磁铁断电达 1s
            IN1 = 0,IN2 = 1;            //推杆缩回
            RunMode = 7;                //下次进入 case 7
        }
        break;
    case 7: /* 推杆缩回延时 */
        if(TL1 >60){                    //推杆缩回已持续 1s
```

```
                    IN1 = IN2 = 0;              //推杆停止
                    RunMode = 3;                //下次进入 case 3,开始下一点
                }
                break;
            default:
                break;
        }
        if(Second){                             //秒定时标志
            Second = 0;
            if(DrawFlag){
                DrawFlag = 0;
                printf("%d:%d ",Xpos,Ypos);    //发送当前坐标值,带右空格
            }
            else
                printf("%d:%d",Xpos,Ypos);     //发送当前坐标值
        }
    }
}
/*T2,S1 初始化函数
  T2:S1、S3 波特率发生器,9600bps
  S1 方式 1,9600bps,管脚配置在 P1.6、P1.7
 */
void T2S1Init()
{
    T2L = (65536 - 288);                        //(FOSC/4/BAUD)=288,设置波特率重装值
    T2H = (65536 - 288)>>8;                     //波特率=9600bps,T2 溢出率=9600*4=38400Hz
    AUXR |= 0x15;//启动 T2,T2 1T 模式,选择 T2 为串口 S1 的波特率发生器,
    //P_SW1 |= 0x80;                            //S1S0=10:S1 在 P1.6、P1.7
    SM0=0;SM1=1;                                //S1 方式 1
    REN = 1;                                    //允许 S1 接收
    TI = 1;                                     //TI 置位
    //AUXR:T0x12 T1x12 UART_M0x6 T2R T2_C/T T2x12 EXTRAM S1ST2
}
/*具有超时检测功能的 S1 接收函数
    buf:接收缓冲区
    len:接收缓冲区长度
 */
int S1Rcv(char *buf,int len)
{
    int i,n;
    for(i=0,n=0;i<1000;i++){                    //若循环 1000 次一直 RI=0,视为超时
        if(!RI)continue;                        //RI=0,继续循环
        RI = 0;                                 //RI=1,已接收 1 字符,RI 清零
```

```
            i = 0;                                  //超时次数清零
            buf[n++] = SBUF;                        //存入接收字符
            if(n >= len)break;                      //接收字符数超限,退出
        }
    return n;                                       //返回接收字符数
}
/* T0、T1 初始化函数
    T0:方式 0,定时器,初始溢出频率为 50Hz
    T1:方式 1,计数器,P3.5/T1 接到 P0.6/T4CLKO
*/
void T01Init()
{
    TMOD = 0x50;                                    //T1 方式 1 计数,T0 方式 0 定时
    TH0 = (65536 - 921600/50) >> 8;
    TL0 = (65536 - 921600/50);
    PT0 = 1;
    ET0 = 1;                                        //允许 T0 中断
    TR1 = 1;                                        //T1 开始计数
}
/* T0 中断服务函数
    逐点比较法 XY 直线插补
*/
void T0_isr() interrupt 1  /* T0 中断号 = 1 */
{
    if(Error < 0){                                  //偏差 <0,Y 向步进
        Yout = 1;                                   //启动 Y 向输出进给脉冲
        if(Ydir) Ypos++;                            //Y 坐标计算
        else Ypos--;
        Error += Xend;                              //偏差计算
    }
    else {                                          //偏差≥0,X 向步进
        Xout = 1;                                   //启动 X 向输出进给脉冲
        if(Xdir) Xpos++;                            //X 坐标计算
        else Xpos--;
        Error -= Yend;                              //偏差计算
    }
    --Sum;                                          //总步数 -1
    if(Sum == 0) TR0 = 0;                           //如果总步数等于 0,插补结束,T0 停止
    Xout = Yout = 0;                                //X、Y 输出低电平,结束一个脉冲输出
}
/* T4 初始化函数
    T4 每 25ms 溢出一次,通过 P0.6/T4CLKO 输出方波
*/
```

```
void T4Init( )
{
    /*装入 T4 计数初值,T4 溢出频率为 40Hz,输出 20Hz 方波*/
    T4H = (65536 - 921600/40)/256;
    T4L = (65536 - 921600/40)%256;
    T4T3M = 0x90;                          //T4R = 1:T4 运行;CLKO = 1:T4 输出方波
    IE2 |= 0x40;                           //ET4 = 1,允许 T4 中断(IE2.6 = ET4,IE2.5 = ET3)
    //T4T3M = [T4R][C/T][X12][CLKO][T3R][C/T][X12][CLKO]
}
/*T4 中断服务函数*/
void T4isr( ) interrupt 20                 //T4 中断号为 20
{
    static unsigned char i;
    if( ++i ==40) {                        //如果中断了 40 次,i 清零
        i =0;
        Second = 1;                        //置 1s 标志
    }
}
```

6.8.4 加工数据的 EEPROM 写入

打标机零件加工数据的写入方法，与 6.7.4 节相同。每个零件加工数据中的第一个数为 0，第二个数为总加工点数，再后就是成对出现的各加工点的 *X*、*Y* 坐标值。

用下面的 8 个数组取代 6.7.4 节源程序中相同的数组，编译、下载并运行程序，把 8 个零件的加工数据写入 EEPROM：

```
int xdata dat1[256] = {0,3,20,20,20,220,120,190,};                              //三点
int xdata dat2[256] = {0,4,42,128,103,68,163,129,102,187};                      //四点
int xdata dat3[256] = {0,5,100,75,183,75,208,152,142,201,75,152};               //五点
int xdata dat4[256] = {0,6,80,96,120,96,141,131,120,165,80,165,61,131,};        //六点
int xdata dat5[256] = {0,7,78,65,143,65,184,116,170,178,
                              112,207,53,178,38,116};                           //七点
int xdata dat6[256] = {0,8,83,56,144,56,187,99,187,160,
              144,203,83,203,40,160,40,99};                                     //八点
int xdata dat7[256] = {0,9,88,41,150,41,196,80,207,141,177,194,
              119,215,61,194,31,141,41,80};                                     //九点
int xdata dat8[256] = {0,10,87,29,150,29,199,65,218,124,199,182,
              150,218,87,218,38,182,19,124,38,65};                              //十点
```

6.8.5 运行调试

XY 打标机的实际硬件组成如图 6-38 所示。

首先，把由 E4A 生成的 apk 文件复制到安卓手机，安装后打开。

控制程序经编译生成 HEX 文件，下载到单片机，HC－05 模块与单片机连接。

由于控制程序默认上电前工作台处于 *X*、*Y* 零位，所以系统每次上电前，应把推杆电

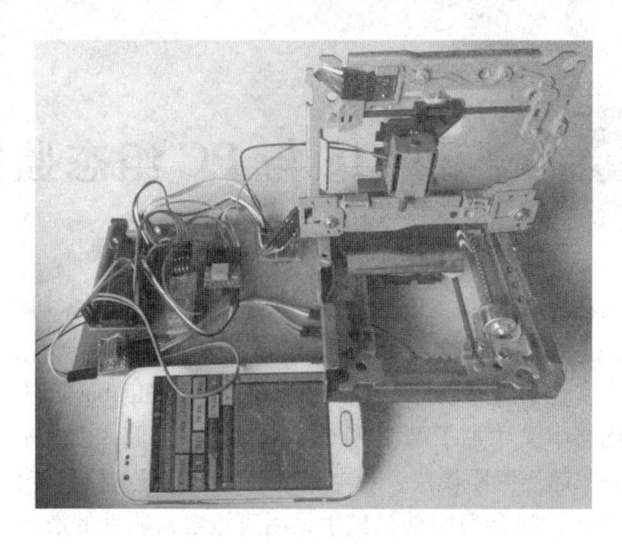

图 6-38 XY 打标机实物

磁铁手动移到 X 轴的最左边，把工作台手动移到 Y 轴的最后边。

单片机上电运行后，完成手机与 HC－05 模块的连接。

滑动 X 手动滑块条，X 轴电机将带动推杆电磁铁移动到相应的位置。滑动 Y 手动滑块条，Y 轴电机将带动工作台移动到相应的位置。滑动插补频率设定滑块条，可重新设定 XY 直线插补频率，此操作即使在 X、Y 轴正在运动时也可进行。点击推杆伸缩动作标签，可进行推杆伸出与缩回操作，该标签显示‘－’，表示推杆当前处在缩回的位置；显示‘＋’，表示推杆当前处在伸出的位置。点击零件号标签，可选择 1 号 ~8 号件之一，以待加工。点击推杆动作模式标签，可选择推杆在零件加工时的动作模式。该标签显示‘0’，表示推杆静止不动；显示‘1’，表示推杆在目标位置将进行打标动作。点击运行按钮，即按已选定的零件和推杆动作模式进行加工。点击停止按钮，即停止 X、Y 轴及推杆的动作。X、Y 轴的手动以及零件的加工过程，都有相应的屏幕显示。图 6-39 显示了加工 2 号、5 号、7 号件时的手机屏幕显示。

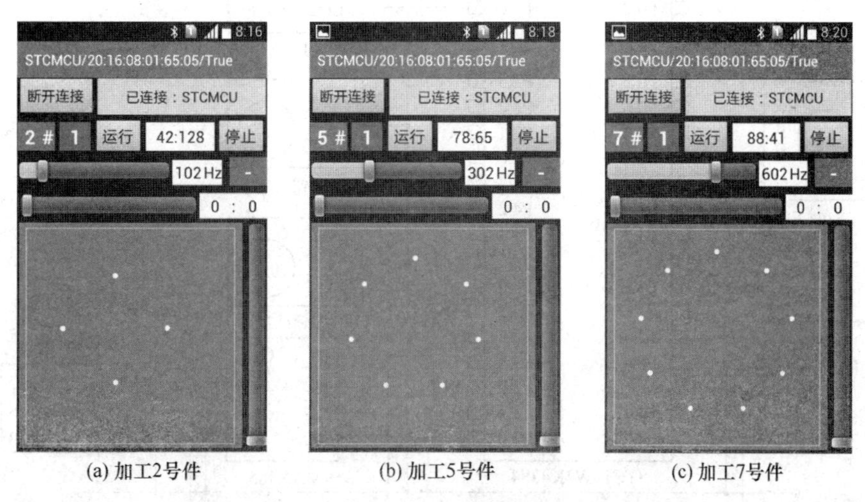

(a) 加工2号件　(b) 加工5号件　(c) 加工7号件

图 6-39 加工 2 号、5 号、7 号件时的手机屏幕显示

7 STC15 与 PC 组态监控

组态软件的应用已经从最初的工业控制扩展到包括服务业、家居在内的多个领域。本章通过使用“快控组态软件”来实践 PC 对 STC15 的组态监控。首先，通过 PC 对一个基本 I/O 从站的监控，实现了组态软件下 PC 与 STC15 之间 Modbus RTU 协议的一主一从通信。接下来，在该网络中又添加了两个 STC15 从站设备。超声测距转台，在由直流电机驱动的转台上安装一只超声测距模块，用电机轴端的光电码盘检测转台角度，实现了多工位的自动循环测距操作。混合型四轴机械手，由直流电机驱动的滑台，舵机驱动的转盘、手臂，步进电机驱动的推杆组成，有手动和自动循环两种操作方式，在控制方面用到了 4 路 15 位增强型 PWM，CCP 的计数、比较、匹配功能，双边沿触发的外部中断，并与双串口通信配合，综合性强。这两个机器都是既可以用 USART 串口屏近地操控，也可以通过 PC 进行远程监控操作，与第一个从站一起，组成了一个 PC 主站与三个 STC15 从站的网络系统。

7.1 I/O 接点的 PC 监控

7.1.1 从站 1 硬件组建

本节实践是以 PC 为主站，对 STC15 从站 AI、AO、DI、DO 四种类型的 I/O 接点进行监控。STC15 从站器件有：STC15W4K48S4，8-LED 模块，三色 LED 模块，电位器模块，2 个按钮，MAX485 模块，PL2303 模块，模块间的接线如图 7-1 所示，实物如图 7-2 所示。

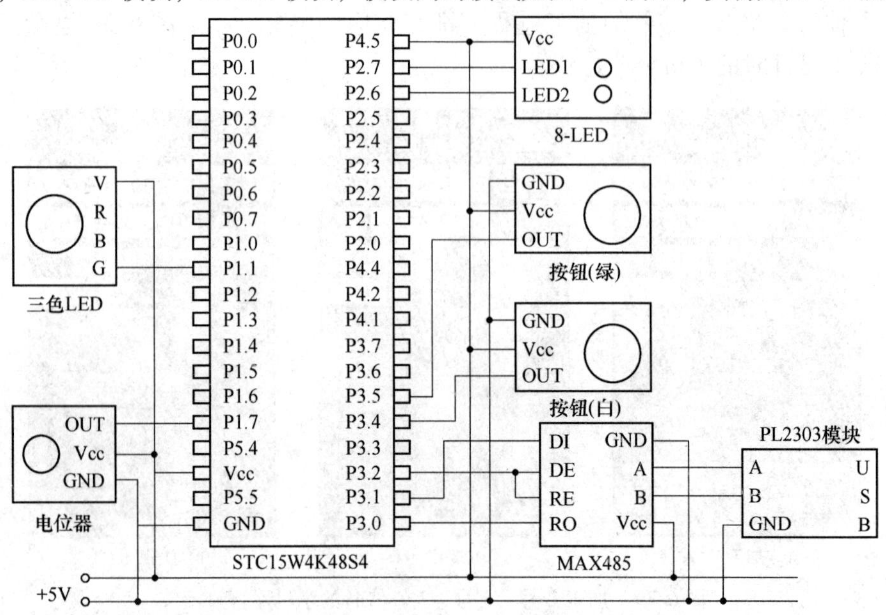

图 7-1 I/O 接点 PC 监控接线

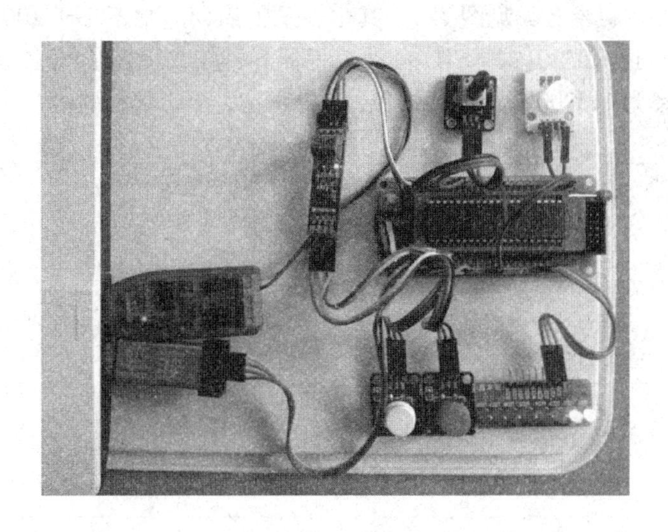

图 7-2 I/O 接点 PC 监控硬件组成

图中，2 个按钮用作数字量输入（DI）；8-LED 模块中的 2 只 LED 用作数字量输出（DO）；电位器接 P1.7/ADC7，用作模拟量输入（AI）；三色 LED 接 P1.1/CCP0，用作模拟量输出（AO）；MAX485 模块用于实现 UART/RS485 信号的转换，使 STC15 具有 RS485 通信能力；PL2303 模块用于实现 USB/RS485 信号的转换，该模块能够连接多个 RS485 接口设备。

7.1.2 PC 监控设计

7.1.2.1 新建工程

启动快控组态软件 V5.0 工程管理器，点击“新建”图标，弹出新建工程对话框。输入工程名称：STC-IO，选择保存该工程的目录，点击“确定”即可建立一个新的工程，见图 7-3。在工程管理器中把 STC-IO 设置为“缺省”，点击“开发”图标，在弹出的“用户认证”窗口点击“确定”，进入组态开发平台 Maker。在 Maker 界面左侧管理树“通用串口”点右键，选择“新建串口”。在系统弹出的“通讯口［普通串口］参数设置”窗

图 7-3 新建工程操作

口设置通用属性和串口参数，见图 7-4。其中，采集周期通常不小于 100ms，串口的端口号应选择 STC15 通过 CH340（即 STC 自动编程器）或 PL2303 与 PC 连接的实际串口号。串口通信的波特率为 115200bps，8 数据位，1 停止位，无奇偶校验。

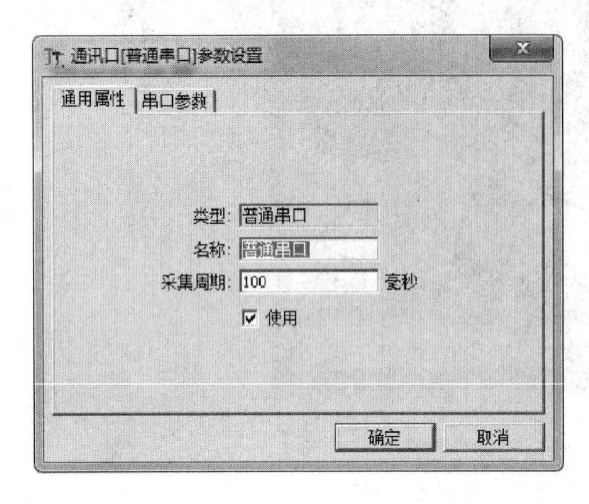

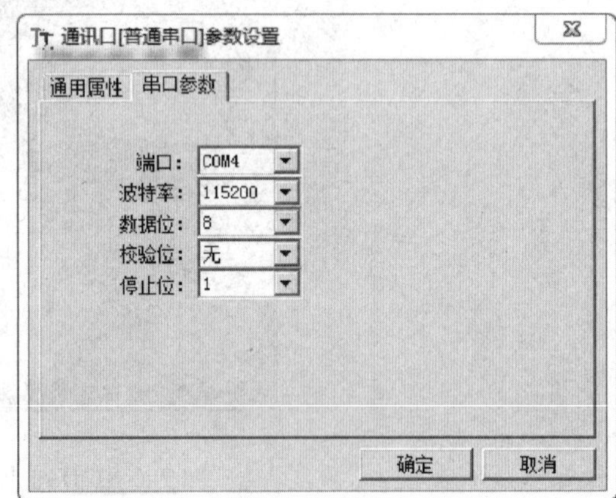

图 7-4　串口通用属性和参数设置

7.1.2.2　添加从站设备

在屏幕左侧管理树“普通串口”上点右键，选“添加设备”。在弹出的“添加新设备”窗口选择“通用协议”为“Modbus_ RTU”，填写设备名称：STC15-1，见图 7-5。点击“确定”后，在“普通串口”下就会出现“STC15-1”的设备图标，表明系统已经添加了名为“STC15-1”的从站设备。

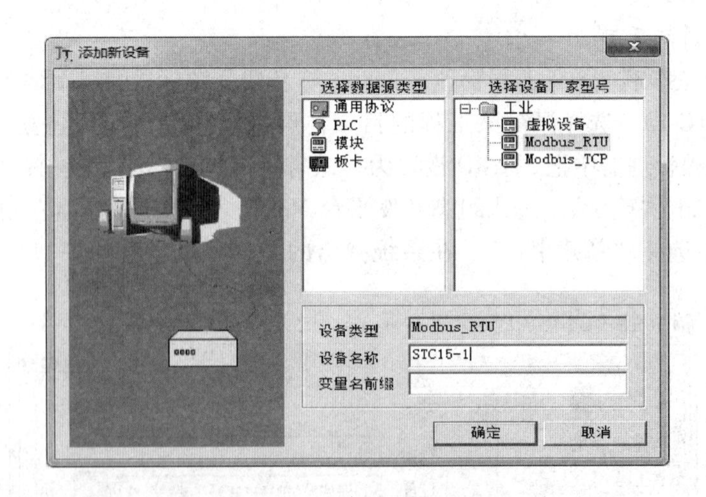

图 7-5　“添加新设备”窗口

双击“STC15-1”图标，弹出“设备参数设置”窗口。在“通用属性”窗口中，可见设备类型、设备名称和设备地址等，见图 7-6。

注意：要把设备地址设置为单片机程序设定的本机地址，本从站的地址取 1。在“数据区管理”窗口，可为该设备设置数据区，见图 7-7。

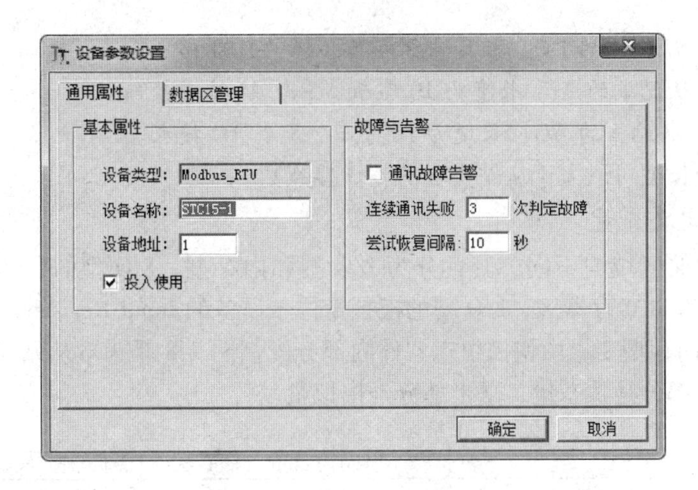

图 7-6　STC15-1 通用属性设置

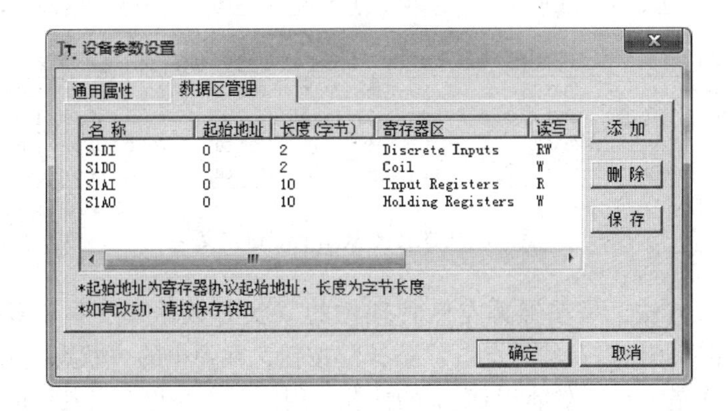

图 7-7　STC15-1 数据区的配置

数据区是快控组态软件中用于存储从设备 I/O 数据的一个内存区域。图 7-7 中，“寄存器区”栏包含了 Modbus RTU 支持的 4 种存储类型，分别是：

Discrete Inputs（离散量输入）：可与设备的数字量输入 DI 对应，每个 DI 需要一个位存储，8 个 DI 占 1 字节；

Coil（线圈）：可与设备的数字量输出 DO 对应，每个 DO 需要一个位存储，8 个 DO 占 1 字节；

Input Registers（输入寄存器）：可与设备的模拟量输入 AI 对应，每个 AI 占用 2 字节；

Holding Registers（保持寄存器）：可与设备的模拟量输出 AO 对应，每个 AO 占 2 字节。

“读写”栏有“RW”“R”“W”三种选择：“RW”表示其数据既可以供主站读取，也可以为主站写入；“R”表示其数据只可以供主站读取；“W”表示其数据只可以为主站写入。

根据图 7-1 所示的从站 I/O 配置，在“数据区管理”窗口分配了以下数据区（见图 7-7）：

S1DI：从站 1 的 DI，长度为 2 字节，16 个 DI 接点；

S1DO：从站 1 的 DO，长度为 2 字节，16 个 DO 接点；

S1AI：从站 1 的 AI，长度为 10 字节，5 个 AI 接点；

S1AO：从站 1 的 AO，长度为 10 字节，5 个 AO 接点。

各数据区的长度可以大于从站实际的 I/O 接点数。

7.1.2.3　定义变量

根据所在存储区域的不同，变量分为 I/O 型和内存型。I/O 型的状态量位于设备的 Discrete Inputs、Coil 寄存器区，I/O 型的模拟量位于设备的 Input Registers、Holding Registers 寄存器区；内存型变量由快控组态软件内部分配。图 7-8 是为本从站设备定义的全部变量，图的上半部分是状态量，下半部分是模拟量。

序号	变量名称	描述	初始值	On描述	Off描述	数据地址	第几位	报警	运行统计
**001	S1DI_1	绿色按钮	0	On	Off	S1DI[0]	0	否	否
**002	S1DI_2	白色按钮	0	On	Off	S1DI[0]	1	否	否
**003	S1DO_1	控制LED1	1	On	Off	S1DO[0]	0	否	否
**004	S1DO_2	控制LED2	1	On	Off	S1DO[0]	1	否	否

序号	变量名称	变量描述	数据地址	数据类型	初始值	报警上限	报警下限	基数	系数	存盘周期	告警
*001	S1AI_0	电位器输入	S1AI[0]	2字节无符号	0.00	1000.00	0.00	0.00	1.000	不保存	否
*002	S1Val_0	电位器电压，内存型	S1AI_0/204.6	4字节浮点	0.00	1000.00	0.00	0.00	1.000	不保存	否
*003	S1AO_0	CCP/PWM0	S1AO[0]	2字节无符号	0.00	1000.00	0.00	0.00	1.000	不保存	否
*004	S1Val_1	PWM电压，内存型	S1AO_0/51	4字节浮点	0.00	1000.00	0.00	0.00	1.000	不保存	否

图 7-8　STC15-1 从站的变量定义

状态量的定义方法，是在屏幕左侧管理树的“实时数据库”栏，双击“状态量管理”，打开状态量管理窗口；然后点击“添加”按钮，在弹出的“状态量属性”窗口进行变量设置。图 7-9 是定义状态量 S1DI_1 的情况。用同样方法可定义其他的状态量。

状态量属性

变量定义

变量名称 S1DI_1　变量描述 绿色按钮

数据定义

初始值 0　On描述 On

转换方式 直接　Off描述 Off

数据源

I/O型　数据区 S1DI　第几位 0

地址 S1DI[0]

内存型　计算式　编辑

告警与存储

变位报警　0—>1报警　1—>0报警　累计运行时间统计

确 定　取 消

图 7-9　状态量 S1DI_1 的定义

模拟量的定义方法，是在屏幕左侧管理树双击“模拟量管理”，打开模拟量管理窗口；然后点击“添加”按钮，在弹出“模拟量属性”窗口进行变量设置。图 7-10 是定义模拟量 S1AI_0 的情况。用同样方法可定义其他的模拟量。

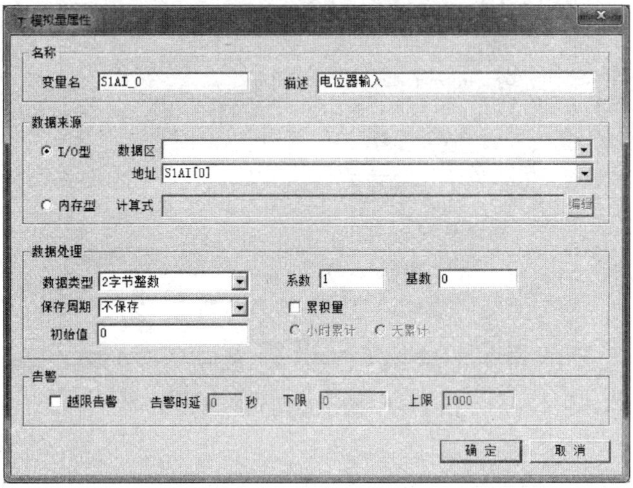

图 7-10　模拟量 S1AI_0 的定义

7.1.2.4　画面设计

在 Maker 界面左侧管理树的“画面”项点右键，添加画面，画面名称：S1 画面。添加后双击“S1 画面”图标，进入画面设计界面。经设计，得到图 7-11 所示的画面。

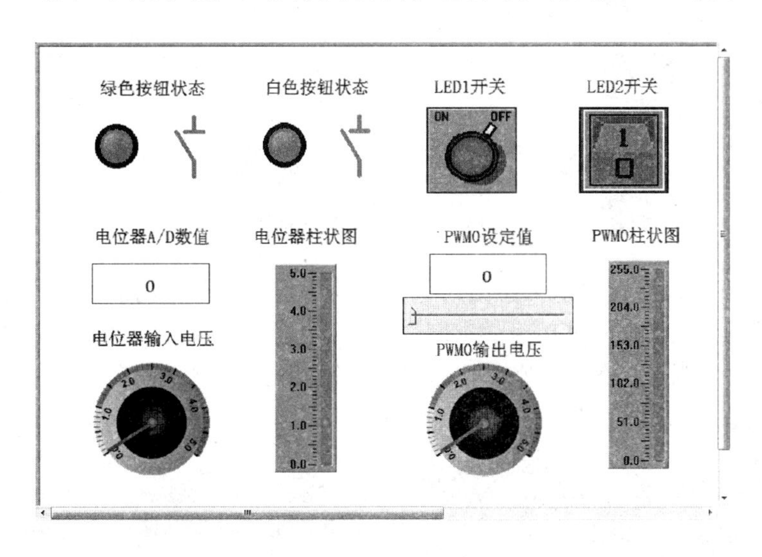

图 7-11　从站 1 的画面

图 7-11 中，左上部分的 2 个指示灯图元和各自右侧的刀闸图元分别用于显示从站绿色按钮和白色按钮的状态，右上部分的 2 个按钮开关图元用于控制从站的 LED1、LED2。

指示灯图元的配置，是双击其图标，在弹出窗口的“关联变量”栏选择某一变量，选择状态“1”和“0”的颜色，点击“确定”，见图 7-12。

按钮开关图元的配置，是双击其图标，在弹出窗口的“动态属性”栏选择某一动作，再点击“设置”对该动作进行定义。图 7-13 是对变量 S1DO_2 进行“单控”动作进行定义，其中操作值为 -1，表示取反操作。

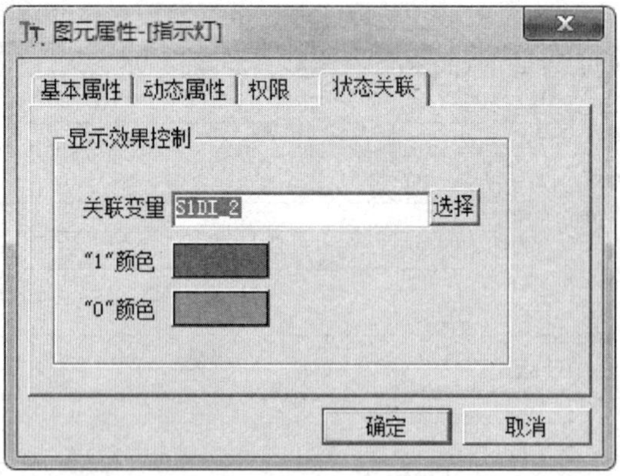

图 7-12 指示灯图元的设置

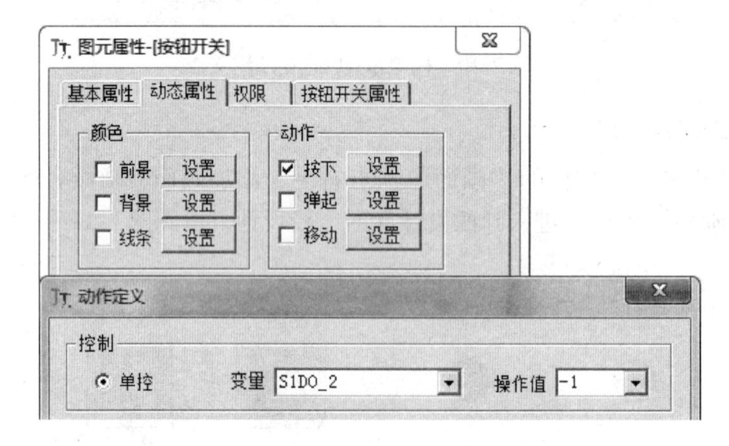

图 7-13 按钮开关图元的设置

图 7-11 的下半部分是对电位器输入和 PWM0 输出进行操作的画面，其中的数字框图元、柱状图图元、表盘图元都用于显示模拟量，双击某一图元，即可进行设置。以右边的数字框图元为例，双击其图标，在弹出窗口的“基本属性”窗口中，勾选“变量”，并选择 S1AO_0 变量；在“数字属性”卡片中，点选“#######”项，见图 7-14。

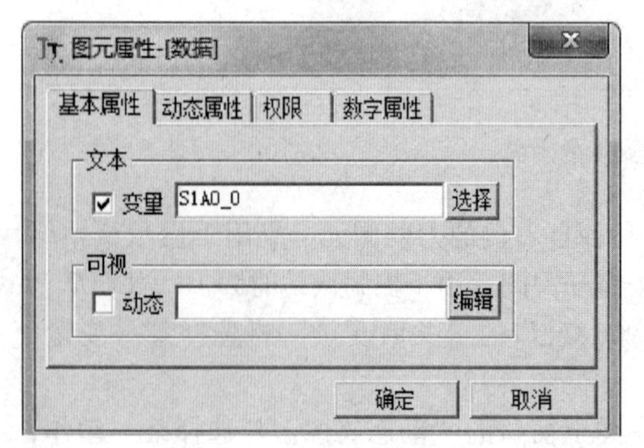

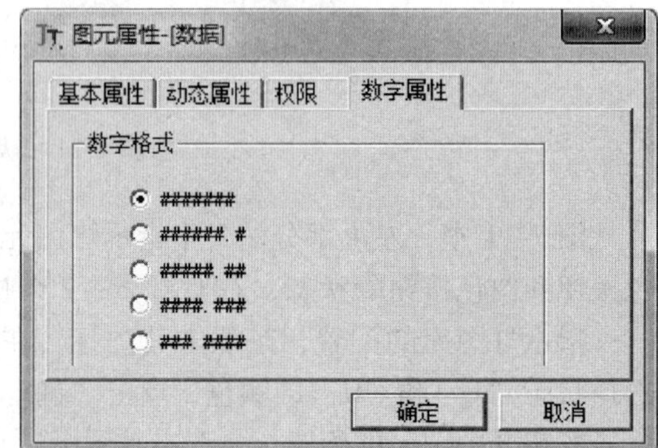

图 7-14 数字框图元的设置

滑动条图元和阀门图元能够实现模拟型变量的赋值操作。双击图 7-11 中的滑动条，在“动态属性”窗口中的“动作”栏，可勾选“弹起”并点击右侧的“设置”按钮，然后在“动作定义”窗口进行设置，见图 7-15。所设置动作的实际效果需要在运行调试时验证。阀门图元的设置方法与滑动条图元相同。

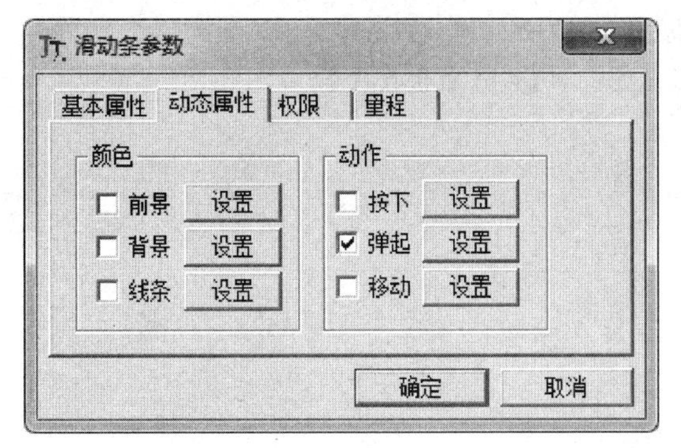

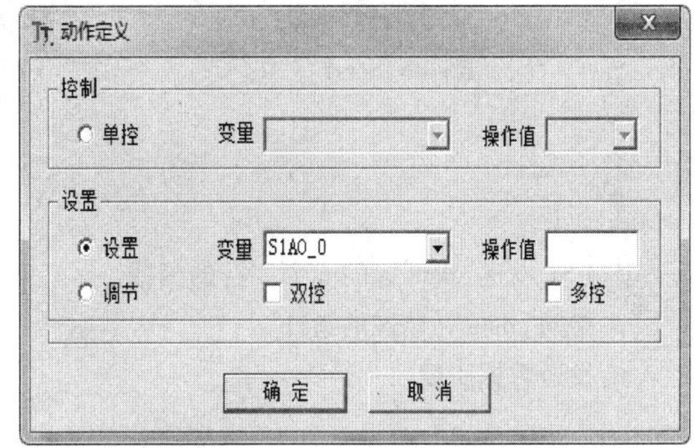

图 7-15　滑动条图元的设置

7.1.3　从站 1 程序设计

7.1.3.1　S1 串口的 RS485 通信函数

Modbus 从站需要通过串口中断接收与中断发送与主站进行信息传输。在下面的 S1forRS485. c 文件中，包含了 STC15 的 S1 串口通过 RS485 进行中断接收与中断发送的函数：

```
/ * File:S1forRS485. c  * /
#define RCVBUF 40                                    //接收信息缓冲区大小
#define SENDBUF 40                                   //发送信息缓冲区大小
static unsigned int SendLen  = 0;                    //发送字符数
static unsigned char  * pSendBuf;                    //发送缓冲区指针
unsigned char xdata RcvBuf[RCVBUF];                  //接收缓冲区
unsigned char xdata SendBuf[SENDBUF];                //发送缓冲区
volatile unsigned char RcvCount  = 0;                //接收字符计数
volatile unsigned char SendCount  = 0;               //发送字符计数
bit UartState  = 0;                                  //串口接收状态标志
/ * 串口 S1 中断接收与发送函数 * /
void UartISR(void) interrupt 4 using 3               //S1 中断号 =4
{
    if(RI) {RI =0;                                   //串口接收中断
            RcvBuf[RcvCount]  = SBUF;                //接收一个字符
            RcvCount ++ ;                            //接收字符计数 +1
            UartState  = 1;                          //1:串口正在接收信息
    }
    if(TI) {TI =0;                                   //串口发送中断
```

```
        if(SendCount <= SendLen){            //未发送完毕,继续发送
            SBUF = pSendBuf[SendCount];      //发送一个字符
            SendCount ++;                    //发送字符计数+1
        }
        else{
            SendCount = 0;                   //发送完成,发送字符计数清零
            RS485_Send = 0;                  //发送完将 MAX485 置接收状态
        }
    }
}
/*串口 S1 发送 xdata 区的 n 个字符的函数
    p:指向 xdata 存储区的指针
    n:发送数据长度
*/
void xUartSend(unsigned char xdata *p, unsigned char n)
{
    RS485_Send = 1;                          //将 RS485 置于发送状态
    while(SendCount);                        //等待上次发送完成
    SendLen = n-1;                           //待发送字符数-1,因本次将发送一个字符
    pSendBuf = p;                            //发送缓冲区指针赋值
    SendCount ++;                            //发送字符计数+1
    SBUF = pSendBuf[0];                      //发送一个字符,下一个由中断发送
}
/*串口 S1 发送 n 个字符的函数
    p:指向存储区的指针
    n:发送数据长度
*/
void UartSend(unsigned char *p, unsigned char n)
{
    RS485_Send = 1;                          //将 RS485 置于发送状态
    while(SendCount);                        //等待上次发送完成
    SendLen = n-1;                           //待发送字符数-1,因本次将发送一个字符
    pSendBuf = p;                            //发送缓冲区指针赋值
    SendCount ++;                            //发送字符计数+1
    SBUF = pSendBuf[0];                      //发送一个字符,下一个由串口中断发送
}
/*清空接收数据缓冲区*/
void UartClearBuffer(void)
{
    unsigned char i;
    i = RCVBUF;                              //缓冲区长度
    while(SendCount);                        //等待上次发送完成
```

```
    do{
        i --;                                   //从高地址向低地址清零
        RcvBuf[i] = 0;
    }while(i);
    RcvCount = 0;                               //接收字符计数清零
    UartState = 0;                              //串口接收状态标志清零
}
```

程序中，UartISR 是 S1 串口的中断服务函数，其过程是：当 S1 接收到一个字符后，就把该字符存入接收缓冲区 RcvBuf，并将标志 UartState 置 1，表示串口正在接收信息；如果是发送中断，就从发送缓冲区 SendBuf 取出一个字符并发送，当全部字符发送完成后，置 RS485_Send 为 0。RS485_Send 在主程序中定义，是 STC15 连接到 MAX485 模块 DE、RE 的引脚，该引脚低电平时，MAX485 为接收状态；高电平时，MAX485 为发送状态。

UartSend 为 S1 串口发送函数，xUartSend 为 S1 串口发送扩展 RAM 区字符的函数，两者过程相同：函数首先将 RS485 置于发送状态，在等待上次信息全部发送完成后，把本次发送信息的第一个字符送入 SBUF。该字符被成功发送后，就通过串口中断发送下一个字符。

Modbus 从站只有在成功接收到主站信息后，才向主站发送应答信息，从而完成一次主从通信。函数 UartClearBuffer 的作用，是待本站应答信息发送完成后，清空本站接收缓冲区，并将接收状态标志 UartState 清零。

7.1.3.2 主程序设计

从站在通过串口中断成功接收到主站信息后，就要进行信息处理，之后向主站发送应答信息，这是通过 ModBus 从站处理函数 ModbusSlave 实现的。ModbusSlave 函数和 ModBus 初始化函数 ModbusInit 不以 C51 源程序的方式给出，而以库文件的方式给出：从站 1 的库文件是 ModBusRS485_1. LIB，从站 2 的库文件是 ModBusRS485_2. LIB，从站 3 的库文件是 ModBusRS485_3. LIB。

函数 ModbusInit 完成初始化本机 I/O 映像区的操作，即把由图 7-7 配置的从站设备数据区与本机的内存区联系起来。为此，在本机定义了 DIMap、DOMap、AIMap、AOMap 共 4 个内存区，分别与图 7-7 中的 S1DI、S1DO、S1AI、S1AO 对应。这种对应并不要求双方的存储区长度相同，但从站的映像区应能够包容 PC 组态时定义的变量。由于所需的存储空间较大，这四个映像区都分配在 STC15 片内扩展的 XRAM 区。

注意：S1DI 区的一个位对应于 DIMap 的一个字节，如 S1DI [0] 的第 0 位对应于 DIMap [0]。同样，S1DO 区的一个位对应于 DOMap 的一个字节。S1AI 与 AIMap、S1AO 与 AOMap 都是以字为单位的对应关系，如 S1AI [0] 对应于 AIMap [0]。

RS485 采用半双工通信方式，其 DE/RE 端为高电平时，只允许发送数据；为低电平时，只允许接收数据。由于从站采用先接收后应答的通信方式，主程序在初始化阶段要置 DE/RE 端为低电平。在主循环阶段，如果判断出串口正在接收 Modbus 信息，即 UartState 为 1，CPU 就执行一个 for 语句，延时等待 Modbus 信息接收完成。对于 115200bps 的波特率，接收 40 个字符（每字符帧为 10 位）的时间约为 3. 5ms，则延时 8ms 后即可判定一条 Modbus 信息接收完成。此时，CPU 须刷新 DIMap、AIMap 这些供主站读入的数据区，程序中是把按钮和电位器的最新输入存入 I/O 映像区，然后调用 ModbusSlave。

ModbusSlave 函数能够处理 01（读线圈状态）、02（读输入状态）、03（读保持寄存器）、04（读输入寄存器）、05（强置单线圈）、06（预置单寄存器）、15（强置多线圈）、16（预置多寄存器）共 8 个 Modbus 功能码。根据功能码的不同，该函数或从 I/O 映像区读取数据，其结果是组态软件中该从站的某些输入型变量被刷新；或将数据写入 I/O 映像区，其结果是 DOMap、AOMap 中的某些数据被改变。所以，在执行 ModbusSlave 函数后，CPU 要根据主站的最新数据对输出进行刷新。程序中是对 LED1、LED2、三色 LED（PWM0）进行刷新。

下面是主程序代码：

```
/* File:P7-1.c */
#include <stc15.h>
#include  <intrins.h>
#include  <P01234Init.c>              /*参见 5.1 节*/
#include <GETADC.c>                   /*参见 2.1 节*/
#define FOSC 11059200L
#define BAUD 115200                   //串口波特率
#define RS485_Send P32                //P3.2 接 MAX485.DE/RE
#include <S1forRS485.c>
/* ModbusSlave, ModbusInit 在库文件 ModBusRS485_1.LIB 中 */
extern void ModbusSlave(void);        //ModBus 从站处理函数
extern void ModbusInit(               //ModBus 初始化函数
    unsigned char xdata *DOMapaddr,unsigned char xdata *DIMapaddr,
    unsigned int xdata *HdDtRegAddr, unsigned int xdata *InDtRegAddr );
unsigned char xdata DIMap[16];        //分配 16 字节的 DI 映像区,可对应 16 个 DI 接点
unsigned char xdata DOMap[16];        //分配 16 字节的 DO 映像区,可对应 16 个 DO 接点
unsigned int xdata AIMap[8];          //分配 8 字的 AI 映像区,可对应 8 个 AI 接点
unsigned int xdata AOMap[8];          //分配 8 字的 AO 映像区,可对应 8 个 AO 接点
void T2S1Init();//T2、S1 初始化函数
void CCP0Init();//CCP0 初始化函数
void main(void)
{
    P01234Init();
    P1ASF = 0xC0;                     //设置 P1.6、P1.7 AIN 功能
    T2S1Init();
    CCP0Init();
    EA = 1;
    RS485_Send = 0;                   //将 RS485 置于接收数据方式
    ModbusInit(DOMap, DIMap, AOMap, AIMap);//ModBus 初始化
    while(1){                         //主循环
        volatile int i;               //1T=1000000/FOSC(us)=1/11.0592(us)
        if(UartState){                //串口正在接收 Modbus 信息
            for(i=0;i<6000;i++);//延时约 8ms,等待接收完成
```

```
            DIMap[0] =~P35;          //KEY1(green)
            DIMap[1] =~P34;          //KEY2(white)
            AIMap[0] = GetADC(7);    //AIMap[0]←A/D
            ModbusSlave();           //ModBus 从站处理
            P27 = ! DOMap[0];        //LED1
            P26 = ! DOMap[1];        //LED2
            CCAP0H = AOMap[0];       //AOMap[0]:0~255
        }
    }
}
/*T2、S1 初始化函数*/
void T2S1Init()
{
    T2L = (65536 - 24);              //(FOSC/4/BAUD)=24,设置波特率重装值
    T2H = (65536 - 24)>>8;           //波特率=115200bps
    AUXR |= 0x14;                    //T2:1T 模式, 启动 T2
    AUXR |= 1;                       //选择 T2 为串口 S1 的波特率发生器
    SM0=0;SM1=1;                     //串口方式 1
    REN = 1;                         //允许 S1 接收
    ES = 1;                          //允许 S1 中断
}
/*CCP0 初始化函数*/
void CCP0Init()
{
    CMOD = 0x08;                     //CCP 对 SYSCLK 计数,则 PWM 频率=SYSCLK/256Hz=43200Hz
    CCAPM0 = 0x42;                   //CCP 0 产生 PWM 输出
    CCAP0H = 0;                      //CCAP0H 是 PCA0 比较值备份寄存器,控制 PWM0 低电平时间
    CR = 1;                          //启动 PCA 计数
}
```

7.1.4 运行调试

添加库文件 ModBusRS485_1.LIB，对源程序进行编译，把生成的 HEX 文件下载到 STC15。

PC 安装 PL2303 模块驱动。

当进行点对点通信时，RS232 兼容 RS485 软件，所以可直接用 STC 自动编程器连接 PC USB 和 STC15 单片机进行调试，调试成功后，再接入 MAX485、PL2303 模块。

PC 运行快控组态软件，把 STC 自动编程器所在的端口号写入‘普通串口’的串口参数栏，见图 7-4。在 Maker 工具栏点击‘运行监控’按钮，登录后便进入运行界面。点击‘打开画面’按钮打开 S1 画面，如果 STC15 未能与主机成功通信，S1 画面的相关图元会显示出问号‘?’；如果 STC15 已与主机成功通信，相关图元会显示正常数值。这时可按动从站的绿色、白色按钮，旋转电位器，观察 S1 画面的变化，见图 7-16；也可点击 S1 画面的滑动条，改变 PWM0 的数值，观察从站三色 LED 亮度的变化。

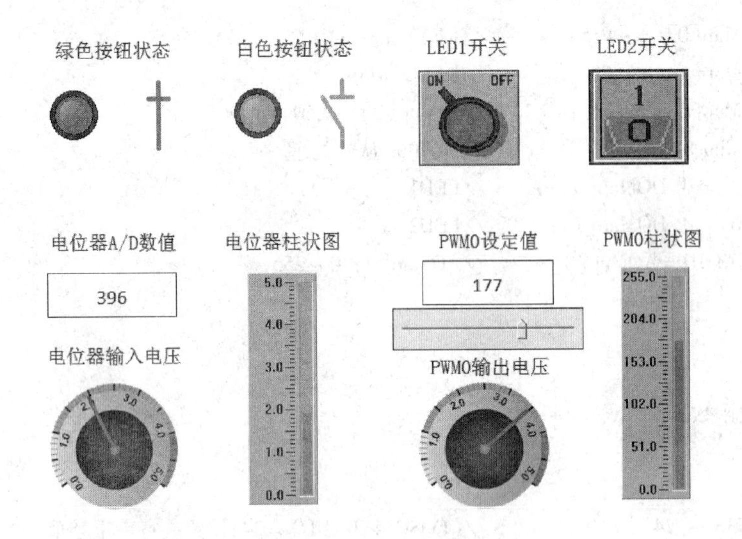

图 7-16　S1 画面的运行显示

在画面上通过鼠标右键，选择“通道数据监视”，能够对选定的通道进行通信监视。图 7-17 为对 PC“普通串口”的监视实况。由图可见，从站 1 的 Modbus 地址为“01”，PC 的“普通串口”与从站 1 成功进行了通信。通信时使用了 Modbus 01、02、03、04 功能码。

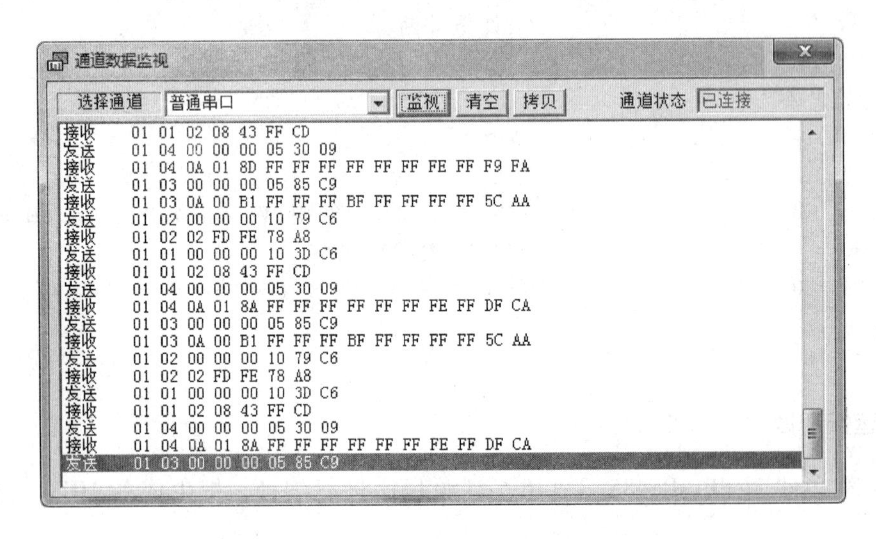

图 7-17　PC 与从站 1 通道数据监视

7.2　超声测距转台与 PC 监控

7.2.1　转台机体制作

超声测距转台由直流电机驱动双蜗轮蜗杆实现转台转动。直流电机的轴端装有 30 线金属码盘及 AB 编码器（详见 3.3.1 节）。双蜗轮蜗杆机构取自某云台减速机，初级传动比为 18，次级传动比为 25，总传动比为 450。在转台次级蜗轮旁侧，安装一只零位光电开关（取自 6.6 节所用光栅尺上的光栅测头）。该开关与安装在转台输出轴上的转位指针配合，产生转台零位信号。上述器件组合起来，就使转台具有了分度能力，实物见图 7-18。在转台次级蜗轮上，再安装一只超声测距模块，便制成了超声测距转台，见图 7-19。

图 7-18　具有分度能力的转台

图 7-19　超声测距转台组成

7.2.2　串口发送测距值的系统设计

7.2.2.1　模块配置

本节的方案是使转台在指定的 5 个位置进行测距操作，并通过单片机串口把测量结果发送到 PC。应用电路由 STC15W4K48S4、MX1508 模块、直流电机及 AB 编码器、零位光电开关模块、HC-SR04 超声测距模块和 STC 自动编程器组成，模块间的接线如图 7-20 所示。

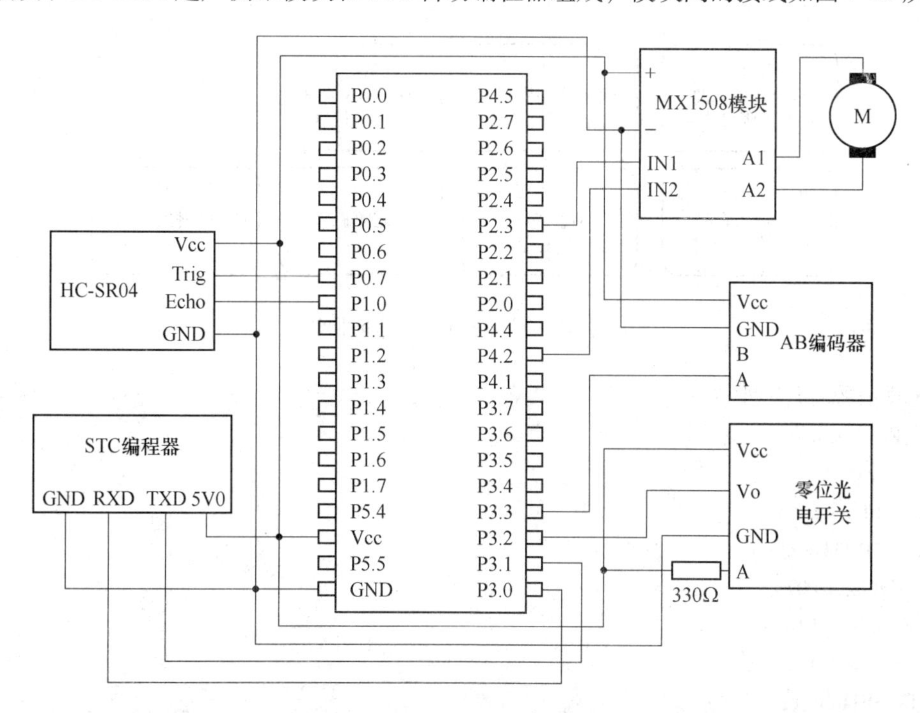

图 7-20　超声测距转台接线图

电路中，MX1508 模块的 IN1、IN2 接入 P2.3/PWM5 和 P4.2/PWM5_2，以便通过这两个引脚的置换实现电机换向。HC-SR04 的 Trig 接入 P0.7，Echo 接入 P1.0，AB 编码器的 A 相信号接入 P3.3/INT1，零位光电开关的输出信号接入 P3.2/INT0。STC 自动编程器用于 STC15 与 PC 之间的串行通信，其输出的 5V 电源为包括电机在内的整个系统供电。为适应 5V 电源输入，需要把 AB 编码器原 110Ω 的电阻 R_1（在电路板最外侧，见 3.3 节）更换为 200Ω，零位光电开关的 A 端需要串接 330Ω 的限流电阻。

7.2.2.2　程序设计

转台采用从零位开始、顺时针转动测距、逆时针回零的工作方式。在上电后，转台首先逆时针转动，到达零位后，转位指针遮挡零位光电开关使其发出上升沿脉冲信号，触发 INT0 中断，INT0 中断服务函数使转台停止转动；之后，转台的顺时针转动又使转位指针离开零位光电开关，该开关发出的下降沿信号又触发 INT0 中断。此时转台的位置为转台零位。

AB 编码器 A 相脉冲信号用于转台角度检测，其上升沿和下降沿都将触发 INT1 中断。由此，转台旋转一周，就会触发 27000 次 INT1 中断。在 INT1 中断服务函数中，首先根据转台转向对 A 相脉冲信号进行 +1/ -1 计数，然后将脉冲计数值与目标计数值比较。两者相等时，使转台停止，以便进行测距操作。

测距操作是通过向 HC-SR04 模块的 Trig 引脚发送一个高电平脉冲信号，之后再检测 Echo 引脚出现高电平的时间完成的，详见 3.6 节。距离值等于 Echo 脉冲宽度乘以声速的 1/2。在使用 T1 对 11.0592MHz 的 12 分频计数时，其值约为[TH1,TL1]/54。一次测距结束后，转台就顺时针转到下一个位置，再次进行测距。

图 7-21 显示了本程序中 STC15 片内使用的相关模块。

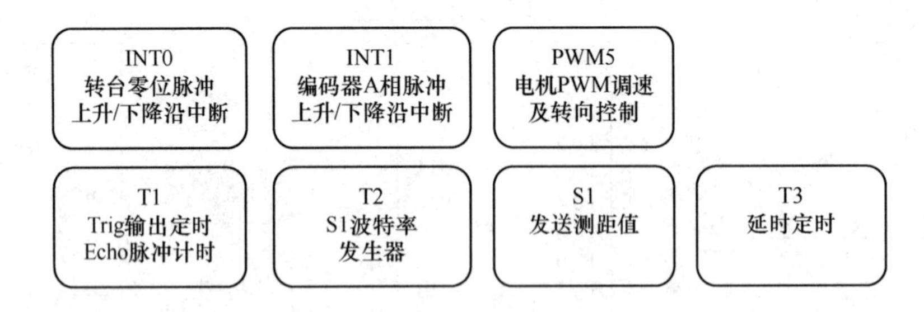

图 7-21　STC15 片内模块的使用

下面是源程序代码：

```
/* File:P7_2_1.c */
#include <stc15.h>
#include <stdio.h>
#include <P01234Init.c>
#define TrigPin    P07
#define EchoPin    P10
#define CH_A       P33
void T1T2T3S1Init();
void Int01Init();
```

```
void PWM5Init( );
void TabCWto( int pos);
void TabCCWtoOrg( );
void Delay( unsigned char seconds);
unsigned int GetDistance( );                 //测距函数
/ * 5 个测距位,每周 450 * 30 * 2(双边沿),75 个脉冲为 1° * /
int TrigAt[5] = {75,15 * 75,30 * 75,45 * 75,60 * 75};//1°,15°,30°,45°,60°
volatile int PWMSetVal = 60;                 //PWM 值设定 [1..100]%
int TabPos;                                  //转台当前脉冲数
int TabAim;                                  //转台目标脉冲数
bit TabAtPos;                                //转台脉冲到位标志
bit  TabAtOrg;                               //转台脉冲达到转台零位
bit TabDir;                                  //转台旋转方向,CW = 1,CCW = 0
unsigned char Second;                        //定时秒数
void main( void)
{
    P01234Init( );
    TrigPin  =  0;                           //Trig 引脚低电平
    Int01Init( );
    T1T2T3S1Init( );
    PWM5Init( );
    EA  =  1;                                //开 CPU 中断
    while(1){                                //主循环
        unsigned int i,d;
        TabCCWtoOrg( );                      //转台 CCW 旋转
        Delay(2);                            //延时 2s
        for( i = 0;i < 5;i ++ ){
            TabCWto( TrigAt[ i]);            //转台顺时针转到测距位
            Delay(1);                        //延时 1s
            d = GetDistance( );              //测距
            printf("% d:% u,% ucm ",i,TabPos,d);//串口发送
        }
    }
}
/ * T1、T2、T3、S1 初始化函数 * /
void T1T2T3S1Init( )
{
    TMOD = 0x10;                             //T1 方式 1
    T2L  =  (65536  -  24);                  //(FOSC/4/BAUD) = 24,设置波特率重装值
    T2H  =  (65536  -  24) >>8;              //波特率 BAUD = 115200bps
    AUXR | = 0x14;                           //T2:1T 模式, 启动 T2
    AUXR | = 1;                              //选择 T2 为串口 S1 的波特率发生器
    SM0 = 0,SM1 = 1;                         //串口方式 1
```

```
    REN = 1;
    TI = 1;
    T3H = (65536 - 921600/20)/256;/ * T3 50ms(20Hz)中断 * /
    T3L = (65536 - 921600/20)%256;
    //T4T3M = 0x08;                //T3R = 1,T3 Run,T3 只有方式 0
    IE2 |= 0x20;                   //ET3 = 1,允许 T3 中断(IE2.6 = ET4,IE2.5 = ET3)
    //T4T3M = [T4R][C/T][X12][CLKO][T3R][C/T][X12][CLKO]
}
/ * PWM5 初始化函数 * /
void PWM5Init()
{
    P23 = P42 = 0;
    P_SW2 |= 0x80;                 //使能访问 XSFR(P_SW2.B7::EAXSFR)
    PWMCFG = 0x00;                 //配置 PWM 的输出初始电平为低电平
    PWMCKS = 11;                   //PWM 时钟源为 FOSC/(11 + 1) = 921600Hz(PWMCKS.4 = 0:Sysclk)
    PWMC = 9216;                   //(FOSC/12/100)置 PWM 每周期计数次数,PWM 频率 = 50Hz
    PWM5T1 = 0;
    PWM5T2 = 1;                    //PWM5T2≠PWM5T1
    PWMCR = 0x88;                  //使能 PWM,使能 PWM5 输出
    P_SW2 & = ~0x80;               //禁止访问 XSFR
}
/ * INT01 初始化函数 * /
void Int01Init()                   //INT2,3,4 只能下降沿触发
{
    IT0 = 0;                       //置 INT0 双边沿触发中断
    EX0 = 1;                       //开 INT0 中断
    IT1 = 0;                       //置 INT1 双边沿触发中断
    EX1 = 1;                       //开 INT1 中断
    PX1 = 1;                       //INT1 高优先级中断
}
/ * 转台顺时针转动函数
    转台顺时针转动,直到到达测距位
 * /
void TabCWto(int pos)
{
    unsigned int cnt;
    TabAim = pos;
    TabAtPos = 0;
    TabDir = 1;
    cnt = 92 * PWMSetVal + 1;//9216/100 * PWMSetVal,PWM5T2 > 0
    EA = 0;
    P_SW2 |= 0x80;                 //使能访问 XSFR
    PWM5CR = 0x00;                 //PWM5--- > P2.3
```

```
    PWM5T2  =  cnt;
    P_SW2 & = ~0x80;                //禁止访问 XSFR
    P42 = 0;
    EA = 1;
    while(! TabAtPos){}             //等待转台到位
}
/*转台逆时针转动函数
    转台逆时针转动,直到到达零位
*/
void TabCCWtoOrg()
{
    unsigned int cnt;
    TabAim = 0x8000;
    TabAtOrg = 0;
    TabDir = 0;
    cnt = 92 * PWMSetVal + 1;//9216/100 * PWMSetVal,PWM5T2 > 0
    EA = 0;
    P_SW2 |= 0x80;                  //使能访问 XSFR
    PWM5CR  =  0x08;                //PWM5--- > P4.2
    PWM5T2  =  cnt;
    P_SW2 & = ~0x80;                //禁止访问 XSFR
    P23 = 0;
    EA = 1;
    while(! TabAtOrg){}             //等待转台回零
}
/*超声测距函数
    通过向 Trig 引脚发送 20μs 的高电平,再检测 Echo 高电平的时间实现测距
    使用 T1 进行计时
    返回:测距结果(cm)
*/
unsigned int GetDistance()
{
    TrigPin  =  1;                  //Trig 引脚高电平
    TMOD |= 0x10;                   //T1 方式 1
    for(TH1 = TL1 = 0,TR1 = 1;TL1 < 20;); //延时约 20μs
    TrigPin  =  0;                  //Trig 引脚低电平
    while(TH1 < 0x60&&! EchoPin);   //等待 Echo 高电平,TH1≥60H,超时
    TH1 = TL1 = 0;                  //检测到 Echo 高电平,T1 从 0 计数
    while(EchoPin);                 //Echo 高电平期间,等待
    TR1  =  0;                      //Echo 变为低电平,T1 停止计数
    return(TH1 * 256 + TL1)/54;     //计算距离(cm)并返回
}
/*INT0 中断服务函数
```

```
    转台零位脉冲的上升沿使转台停止,下降沿 TabPos 清零
*/
void Int0_isr( ) interrupt 0
{
    if(P32 == 1){                    /* P3.2 上升沿:透光-- > 遮光 */
        P_SW2 |= 0x80;               //使能访问 XSFR
        PWM5T2 =1;                   //PWM5T1 =0PWM5T2 =1:转台停止
        P_SW2 &= ~0x80;              //禁止访问 XSFR
        TabAtOrg =1;                 //置转台零位标志
    }
    else{                            /* P3.2 下降沿:遮光-- > 透光从 0°出发 */
        TabPos =0;                   /* 转台真正零位,转台脉冲数清零 */
    }
}
/* INT1 中断服务函数
    A 脉冲计数,TabPos 达到 TabAim 时使转台停止
*/
void Int1_isr( ) interrupt 2         //INT1 中断号为 2 */
{
    if(TabDir)TabPos ++ ;
    else TabPos -- ;
    if(TabPos == TabAim){
        TabAtPos =1;                 //置 AB 到位标志
        P_SW2 |= 0x80;               //使能访问 XSFR
        PWM5T2 =1;                   //PWM5T1 =0PWM5T2 =1:转台停止
        P_SW2 &= ~0x80;              //禁止访问 XSFR
    };
}
/* T3 中断服务函数
    每中断 20 次,Second +1
*/
void T3_Isr( ) interrupt 19          //T3 中断号为 19
{
    static unsigned int i;
    if( ++i <20)return;              //20 * 50ms =1s
    i =0;                            //如果中断了 10 次,i 清零
    Second ++ ;                      //秒 +1
}
/* 使用 T3 定时的延时函数
    seconds:延时秒数
*/
void Delay(unsigned char seconds)
{
```

```
    Second = 0;
    T4T3M | = 0x08;                    //T3 run
    while(Second! = seconds);
    T4T3M & = ~0x08;                   //T3 Stop
}
```

7.2.2.3　运行调试

程序经编译下载到单片机后，便自动运行。具体的动作循环是：转台首先逆时针回零，然后顺时针转动并逐位进行测距操作，可观察到电机及转台的间歇转动。

在 STC - ISP 的串口助手窗口，设置波特率为 115200，打开串口。之后，在串口接收缓冲区会显示转台 5 个位置的脉冲数和测距值，见图 7-22。转台 5 个位置的设定脉冲数依次为 75，1125，2250，3375，4500。由图 7-22 可见，转台实际停止位置大于其设定位置。其中第一个位置的脉冲数为 75，因电机每转一周码盘发出 60 个脉冲，即电机在转台零位启动后转 1.25 周即停止，电机的这种快速启停就使得实际脉冲数与设定脉冲数的差值较大。可通过改变源程序中 PWMSetVal 的数值，重新编译、下载、运行，观察电机不同转速时的情况。

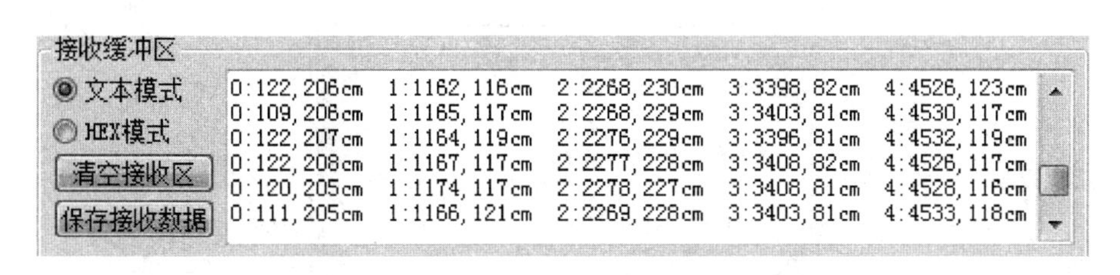

图 7-22　串口输出的测距信息

7.2.3　配有 HMI 的系统设计

7.2.3.1　HMI 画面设计

本节采用串口屏作为超声测距转台系统的人机界面，系统由图 7-20 所示的硬件再加一块 USART HMI 模块构成，USART HMI 的 TX 端接入 P0.0/RXD3，RD 端接入 P1.7/TXD_3。

用 USART HMI 软件建一个应用项目，建一个含有“输入确定起始角度测量次数距值运行停止 PWMC/ + -.0123456789”字符、字高为 24 的宋体字库，添加到项目的字库中，然后设计页面 0 和页面 1。页面 0 如图 7-23 所示。图中，‘起始角’为开始测距的角度，‘角距’为两个相邻测距位置的角度增量，‘测量次数’即转台一次往返的测距次数，‘PWM’用于设定电机 PWM 调速的百分值，具体数值由滑块 h0 设定，‘测量值’为当前转位的测距值，‘角度’为转台当前转位的角度值，亦由指针 z0 显示。起始角、角距、测量次数的数值由页面 1 设定，页面 1 的界面见图 7-23。页面 1 控件 b11 按下事件的部分用户代码如图 7-24 所示。具体过程为：首先把输入的文本 t0.txt 转换为数值并存入系统变量 sys1；然后根据系统变量 sys0 的值，把 sys1 赋值给目标变量。例如 sys0 等于 1，就把 sys1 赋值给页面 0 的 n0，即‘起始角’。页面 0 控件 t0、t1、t3 按下事件的用户代码如图

7-25 所示，h0 弹起事件及 r0、r1 按下事件的用户代码如图 7-26 所示。另外，应把 HMI 串口波特率设置为 115200bps。

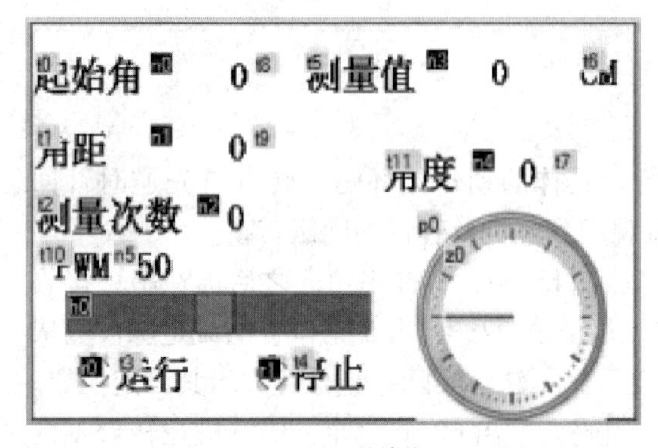

(a) page0的控件

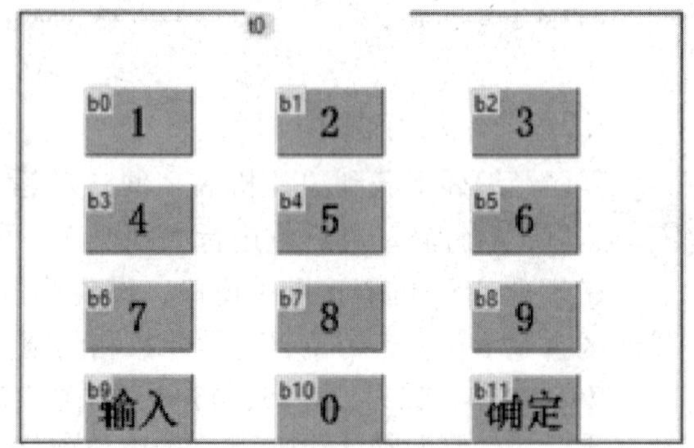

(b) page1的控件

图 7-23　USART HMI 的 page0、page1

```
cov t0.txt,sys1,0
if(sys1<359)
{
  if(sys0==1)
  {
    printh f1
    print sys1
    page0.n0.val=sys1
  }
  if(sys0==2)
```

图 7-24　b11 的部分用户代码

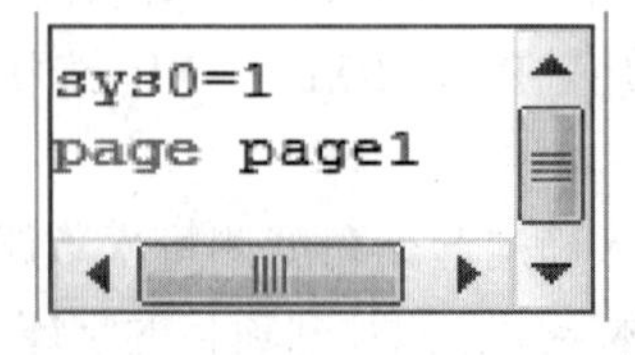

图 7-25　t0、t1、t3 的用户代码

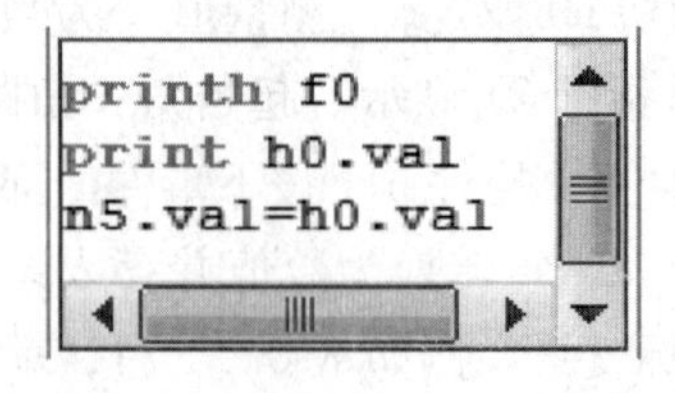

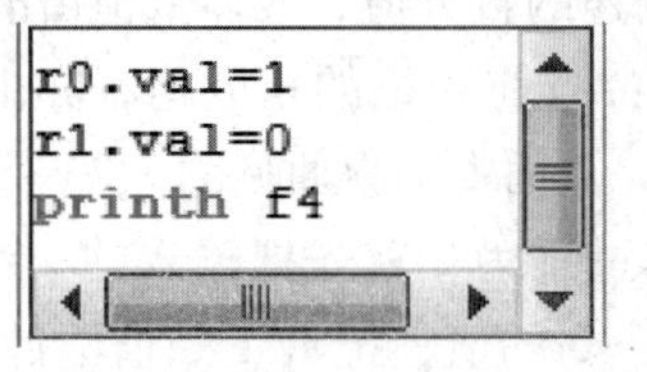

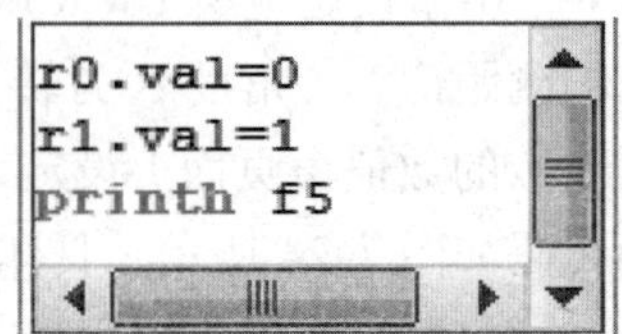

图 7-26　h0、r0、r1 的用户代码

7.2.3.2 程序设计

在配置串口屏后，STC15主程序要不断查询其串口是否接收到了一条USART HMI信息。为在此查询过程中避免遇到像上节源程序中的while(! TabAtPos){}及while(! TabAtOrg){}那样可能耗时较长的语句，要对程序结构加以改变。在下面的主程序中，通过加入一个switch(Step)复合语句，把转台循环测距操作分为若干个依次执行的操作步，实现了机器在进行循环测距的同时，还能够不断查询MsgOK标志并处理HMI信息，并能通过串口S1向HMI发送转台的即时角度值。例如，在步序3(Step=3)，用函数TabCWrun置转台顺时针转动后，并不使用while(! TabAtPos){}语句循环查询转台是否运动到位，而是置Step为4，并在步序4(Step=4)使用if(TabAtPos)语句判断转台是否运动到位。若未到位，则Step值不变。这实际就是利用主循环执行了转台运动到位的查询，而主循环又能对MsgOK标志乃至其他事件标志进行查询。

下面是源程序代码：

```
/* File:P7_2_2.c */
#include <stc15.h>
#include <stdio.h>
#include <string.h>
#include <P01234Init.c>
#define TrigPin    P07
#define EchoPin    P10
#define CH_A    P33
unsigned char S3Rcv[20];         //接收字符缓冲区
unsigned char HmiMsg[20];        //HMI信息缓冲区
unsigned char MsgLen;            //接收字符数
bit MsgOK;                       //HMI信息接收完成标志
void T1T2T3S1S3Init();
void Int01Init();
void PWM5Init();
void TabCWrun();
void TabCCWrun();
void TabStop();
unsigned int GetDistance();      //测距函数
volatile int PWMSetVal=60;       //PWM值设定[1..100]%
int TrigCnt=5;                   //测距次数
int TabBeginPos=75;              //转台起始测距位(脉冲数)
int TabDisp=15*75;               //转台测距角距(脉冲数)
int TabPos;                      //转台当前脉冲数
int TabAim;                      //转台目标脉冲数
bit TabAtPos;                    //转台脉冲到位标志
bit TabAtOrg;                    //转台脉冲达到转台零位
bit TabDir;                      //转台旋转方向,CW=1,CCW=0
bit TabMode=1;                   //转台工作方式:0:停止,1:工作
```

```
unsigned char Second;           //定时秒数
void main(void)
{
    P01234Init();
    TrigPin = 0;                //Trig 引脚低电平
    Int01Init();
    T1T2T3S1S3Init();
    PWM5Init();
    EA = 1;                        //开 CPU 中断
    printf("n0.val=1\xff\xff\xff"); //发送起始角度,1°
    printf("n1.val=15\xff\xff\xff");//发送角距,15°
    printf("n2.val=5\xff\xff\xff"); //发送测距次数,5
    printf("r0.val=1\xff\xff\xff"); //发送运行=1
    printf("r1.val=0\xff\xff\xff"); //发送停止=0
    while(1){                      //主循环
        unsigned int i,d;
        int n;
        unsigned char Step;     //测距操作步步序
        if(MsgOK){              //S3 接收 HMI 信息完成
              MsgOK=0;          //标志清零
            n=HmiMsg[2]*256+HmiMsg[1];//取 HMI 数据
            switch(HmiMsg[0]){  //HMI 首字符为命令
                case 0xF0:          //PWM set
                    PWMSetVal=n;//PWMSetVal
                    break;
                case 0xF1:          //起始角度
                    TabBeginPos=n*75+1;
                    printf("n0.val=%d\xff\xff\xff",n);//S1 发送起始角度
                    break;
                case 0xF2:          //角距
                    TabDisp=n*75;
                    printf("n1.val=%d\xff\xff\xff",n);//S1 发送角距
                    break;
                case 0xF3:          //测距次数
                    TrigCnt=n;
                    printf("n2.val=%d\xff\xff\xff",n);//S1 发送测量次数
                    break;
                case 0xF4:          //转台工作
                    if(!TabMode){
                          TabMode=1;
                          Step=0;
                    }
```

```
                break;
            case 0xF5:          //转台停止
                TabMode = 0;
                TabStop( );
                break;
            default:break;
        }
    }
    if(TabMode){                //机器工作
        switch(Step){
            case 0:             //转台 CCW 旋转
                i = TrigCnt;    //测距次数存入 i
                if(i > 0){      //转台逆时针转动
                    TabAim = 0x8000;
                    TabCCWrun( );
                    Step = 1;
                }
                break;
            case 1:             //等待转台回零,开始延时
                if(TabAtOrg){//转台到达零位
                    Second = 0;
                    T4T3M |= 0x08;//T3 run
                    Step = 2;
                }
                break;
            case 2:             //延时 2s
              if(Second == 2){
                    T4T3M &= ~0x08;//T3 stop
                    TabAim = TabBeginPos;   //取转台目标位
                    Step = 3;
                }
                break;
            case 3:             //转台开始转位
                TabCWrun( );//转台顺时针转动
                Step = 4;
                break;
            case 4:             //转动到位,转台停止并延时
                if(TabAtPos){
                    TabStop( );
                    Second = 0;
                    T4T3M |= 0x08;//T3 run
                    Step = 5;
```

```
                }
                break;
            case 5:            //延时 1s 后,开始测距
                if(Second ==1){
                    T4T3M &= ~0x08;//T3 stop
                    d = GetDistance();//启动测距
                    Step =6;
                }
                break;
            case 6:            //测距结束
                printf("n3.val =%d\xff\xff\xff",d);//S1 发送测量值
                i--;           //测距次数 -1
                if(i >0){
                    TabAim += TabDisp;//取转台下一转位
                    Step =3;
                }
                else Step =0; //开始下一测距循环
                break;
            default:break;
        }
    }
    n = TabPos/75;                         //取转台当前角度,°
    printf("n4.val =%d\xff\xff\xff",n); //发送转台角度
    printf("z0.val =%d\xff\xff\xff",n); //发送转台角度
  }
}
/*T1、T2、T3、S1、S3 初始化函数*/
void T1T2T3S1S3Init()
{
    TMOD =0x10;                //T1 方式 1
    T2L = (65536 - 24);        //(FOSC/4/BAUD) =24,设置波特率重装值
    T2H = (65536 - 24) >>8;    //波特率 BAUD =115200bps
    AUXR |= 0x14;              //T2:1T 模式, 启动 T2
    AUXR |= 1;                 //选择 T2 为串口 S1 的波特率发生器
    P_SW1|=0x80;               //S1 At P1.6 P1.7
    SM0 =0;SM1 =1;             //串口方式 1
    REN =1;
    TI = 1;
    S3CON = 0x10;              //S3:8 位可变波特率,无奇偶校验位,允许接收
    IE2 |= 0x08;               //Enable S3 interrupt
    T3H = (65536 -921600/20)/256;/*T3 50ms(20Hz)中断*/
    T3L = (65536 -921600/20)%256;
```

```
    IE2 |= 0x20;                //ET3 =1,允许 T3 中断(IE2.6 = ET4,IE2.5 = ET3)
}
/*INT01 初始化函数*/
void Int01Init()
{
    IT0 = 0;                    //置 INT0 双边沿触发中断
    EX0 = 1;                    //开 INT0 中断
    IT1 = 0;                    //置 INT1 双边沿触发中断
    EX1 = 1;                    //开 INT1 中断
    PX1 = 1;                    //INT1 高优先级中断
}
/*PWM5 初始化函数*/
void PWM5Init()
{
    P23 = P42 =0;
    P_SW2 |= 0x80;              //使能访问 XSFR(P_SW2.B7::EAXSFR)
    PWMCFG = 0x00;              //配置 PWM 的输出初始电平为低电平
    PWMCKS = 11;                //PWM 时钟源为 FOSC/(11 +1) =921600Hz(PWMCKS.4 =0:Sysclk)
    PWMC = 9216;                //(FOSC/12/100)置 PWM 每周期计数次数,PWM 频率 =50Hz
    PWM5T1 =0;
    PWM5T2 =1;                  //PWM5T2≠PWM5T1
    PWMCR = 0x88;               //使能 PWM,使能 PWM5 输出
    P_SW2 &= ~0x80;             //禁止访问 XSFR
}
/*转台顺时针转动函数
    转台开始顺时针转动
*/
void TabCWrun()
{
    unsigned int cnt;
    TabAtPos =0;
    TabDir =1;
    cnt =92 * PWMSetVal +1;     //9216/100 * PWMSetVal,PWM5T2 >0
    EA =0;
    P_SW2 |= 0x80;              //使能访问 XSFR
    PWM5CR = 0x00;              //PWM5--- >P2.3
    PWM5T2 = cnt;
    P_SW2 &= ~0x80;             //禁止访问 XSFR
    P42 =0;
    EA =1;
}
/*转台逆时针转动函数
```

```
    转台开始逆时针转动
*/
void TabCCWrun()
{
    unsigned int cnt;
    TabAtOrg = 0;
    TabDir = 0;
    cnt = 92 * PWMSetVal + 1;//9216/100 * PWMSetVal,PWM5T2 > 0
    EA = 0;
    P_SW2 |= 0x80;              //使能访问 XSFR
    PWM5CR = 0x08;              //PWM5--- > P4.2
    PWM5T2 = cnt;
    P_SW2 &= ~0x80;             //禁止访问 XSFR
    P23 = 0;
    EA = 1;
}
/* 转台停止函数
    通过置 PWM5T2 = 1 使转台停止
*/
void TabStop()
{
    EA = 0;
    P_SW2 |= 0x80;              //使能访问 XSFR
    PWM5T2 = 1;                 //PWM5T1 = 0,PWM5T2 = 1:转台停止
    P_SW2 &= ~0x80;             //禁止访问 XSFR
    EA = 1;
}
unsigned int GetDistance()
{
    TrigPin = 1;                                //Trig 引脚高电平
    TMOD |= 0x10;                               //T1 方式 1
    for(TH1 = TL1 = 0,TR1 = 1;TL1 < 20;);      //延时约 20μs
    TrigPin = 0;                                //Trig 引脚低电平
    while(TH1 < 0x60&&!EchoPin);               //等待 Echo 高电平,TH1≥60H,超时
    TH1 = TL1 = 0;                              //检测到 Echo 高电平,T1 从 0 计数
    while(EchoPin);                             //Echo 高电平期间,等待
    TR1 = 0;                                    //Echo 变为低电平,T1 停止计数
    return(TH1 * 256 + TL1)/54;                 //计算距离(cm)并返回
}
/* INT0 中断服务函数
    转台零位脉冲的上升沿使转台停止,下降沿 TabPos 清零
*/
```

```
void Int0_isr( ) interrupt 0
{
    if(P32 ==1){                /*P3.2 上升沿:透光-->遮光*/
        P_SW2 | = 0x80;         //使能访问 XSFR
        PWM5T2 =1;              //PWM5T1 =0PWM5T2 =1:转台停止
        P_SW2 & = ~0x80;        //禁止访问 XSFR
        TabAtOrg =1;            //置转台零位标志
    }
    else{                       /*P3.2 下降沿:遮光-->透光从 0°出发*/
        TabPos =0;              /* 转台真正零位,AB 脉冲数清零 */
    }
}
/*INT1 中断服务函数
    A 脉冲计数,TabPos 达到 TabAim 时使转台停止
*/
void Int1_isr( ) interrupt 2//INT1 中断号为 2*/
{
    if(TabDir)TabPos ++;
    else TabPos --;
    if(TabPos ==TabAim){
        TabAtPos =1;            //置转台到位标志
        P_SW2 | = 0x80;         //使能访问 XSFR
        PWM5T2 =1;              //PWM5T1 =0PWM5T2 =1:转台停止
        P_SW2 & = ~0x80;        //禁止访问 XSFR
    };
}
/*T3 中断服务函数*/
void T3_Isr( ) interrupt 19     //T3 中断号为 19
{
    static unsigned int i;
    if( ++i <20)return;         //20*50ms =1s
    i =0;                       //如果中断了 10 次,i 清零
    Second ++;                  //秒 +1
}
//S3CON:[S3SM0][S3ST3][S3SM2][S3REN][S3TB8][S3RB8][S3TI][S3RI]
//IE2:[ ][ET4][ET3][ES4][ES3][ET2][ESPI][ES2]
void S3isr()interrupt 17
{
    static unsigned char RcvCnt,SendCnt;//S3 接收,发送计数
    if(S3CON & 0x01){           //if S3RI ==1
        S3CON & = ~0x01;        //clr S3RI
        if(RcvCnt <20)S3Rcv[RcvCnt ++] =S3BUF;//存字符
```

```
        SendCnt = 0;            //每次接收后,都将发送计数清零
        S3BUF = 'A';            //每次接收后,都启动发送,可发送任意字符
    }
    if(S3CON & 0x02){           //if S3TI == 1
        S3CON &= ~0x02;         //clr S3TI
        SendCnt ++;             //每次成功发送后,把发送计数 +1
        if( ++SendCnt > 3){                     //如果发送计数 >3,进行信息接收完成处理
            memcpy(HmiMsg,S3Rcv,RcvCnt);        //把接收的信息存入 HmiMsg
            MsgLen = RcvCnt;                    //保存信息长度
            RcvCnt = 0;                         //接收计数清零
            MsgOK = 1;                          //置信息完成标志
        }
        else S3BUF = 'B';       //如果发送计数≤3,继续启动发送,可发送任意字符
    }
}
```

7.2.3.3　运行调试

程序编译并下载后，单片机运行，转台开始逆时针转动回零，然后顺时针转动并进行测距操作。在转动运行过程中，可随时通过触摸屏设置各参数，启动或停止转台运行。系统的实物见图 7-27。

图 7-27　配置 USART HMI 的超声测距转台

7.2.4　配有 PC 监控的系统设计

7.2.4.1　模块配置

本节实践的目的是使超声测距转台与 PC 联网，其模块配置就是在 7.2.3 小节的基础上，再用串口 4 实现 STC15 的 RS485 通信，具体接线如图 7-28 所示，其中，P0.2/RXD4、P0.3/TXD4、P0.4 分别接 MAX485 模块的 RO、DI、RE 和 DE 端。

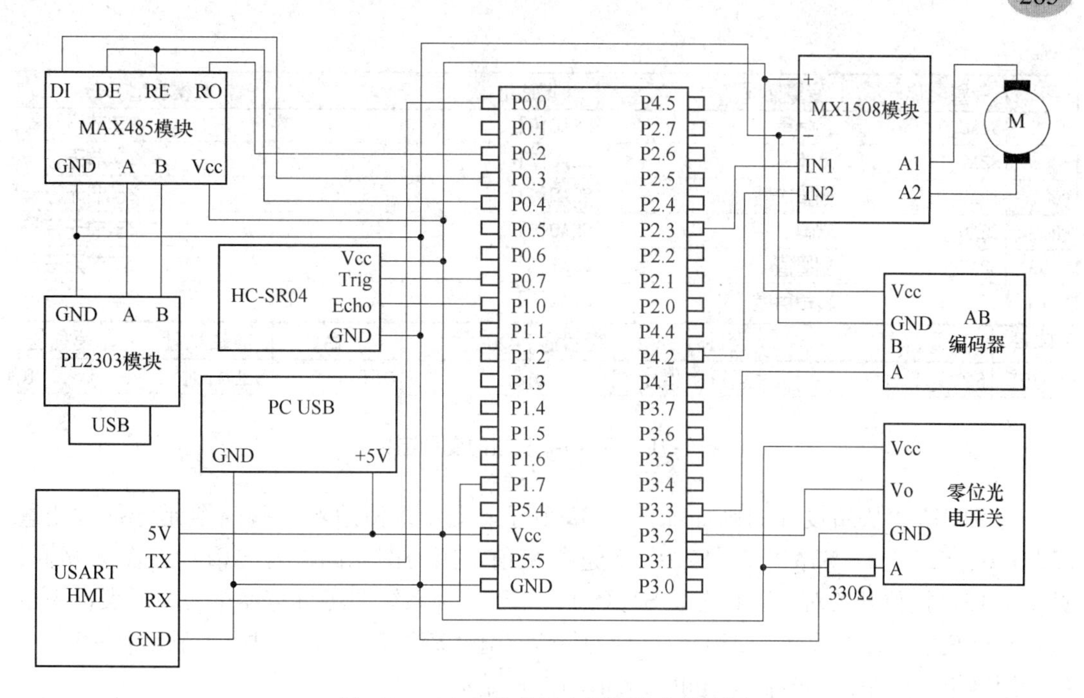

图 7-28 PC 监控的超声测距转台接线图

7.2.4.2 PC 监控设计

在 7.1 节的 STC15-IO 项目中，在“普通串口”下添加名为“STC15-2”的从站设备，见图 7-29；为该设备配置数据区，见图 7-30；进行模拟量和数字量定义，见图 7-31。

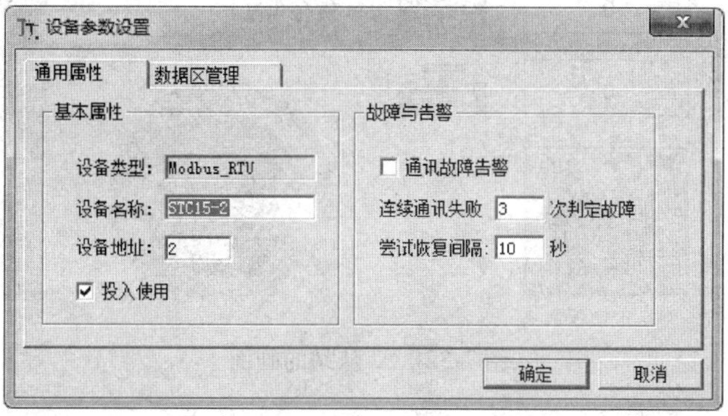

图 7-29 STC15-2 通用属性设置

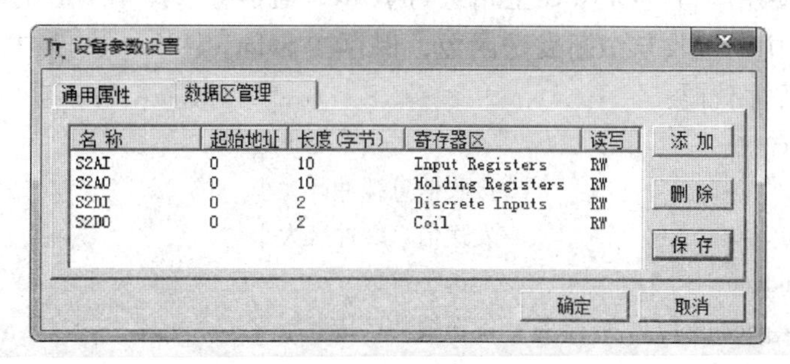

图 7-30 STC15-2 数据区的配置

序号	变量名称	变量描述	数据地址	数据类型
*005	S2AO_0	起始角	S2AO[0]	2字节无符号
*006	S2AO_1	角距	S2AO[2]	2字节无符号
*007	S2AO_2	测量次数	S2AO[4]	2字节无符号
*008	S2AO_3	PWM	S2AO[6]	2字节无符号
*009	S2AI_0	测量值	S2AI[0]	2字节无符号
*010	S2AI_1	转台角度	S2AI[2]	2字节无符号

序号	变量名称	描述	初始值	On描述	Off描述	数据地址	第几位
**005	S2DO_1	运行、停止	0	On	Off	S2DO[0]	0

图 7-31　STC15-2 从站的变量定义

为 STC15-2 从站设计的画面如图 7-32 所示。图中，使用 4 个阀门图元分别对变量 S2AO_0、S2AO_1、S2AO_2、S2AO_3 进行赋值。阀门图元的设置与滑动条图元相同，见图 7-15。挡位开关对应于状态量 S2DO_1，用于控制系统的运行与停止。圆形表盘用于显示转台角度，范围取 0°～360°，以便每隔 72°显示刻度值。柱状图用于显示 0～500cm 的测距结果。测距值和转台角度也以数值的方式显示。

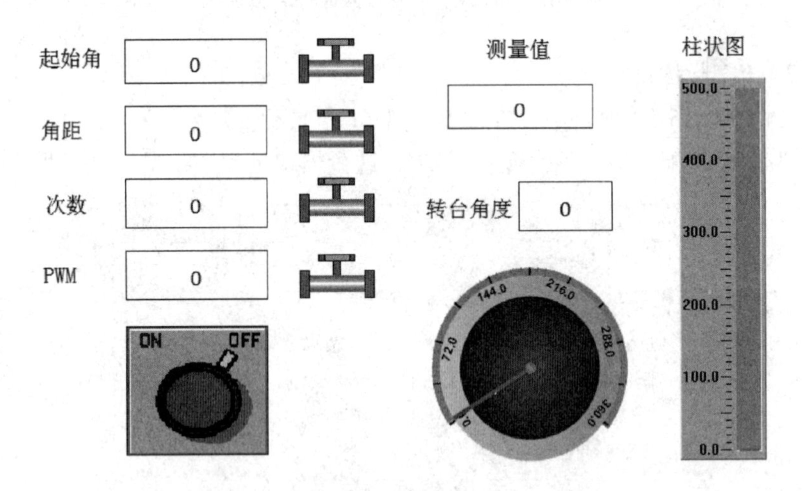

图 7-32　S2 从站的画面

7.2.4.3　S4 串口的 RS485 通信函数

由于 STC14 使用串口 S4 与 PC 主站进行 RS485 通信，参照 7.1 节的 S1forRS485.c 文件，编写了 S4 的中断接收与中断发送函数，保存在 S4forRS485.c 文件中。

下面是其源程序代码：

```
/ * File:S4forRS485.c * /
#define RCVBUF 40                          //接收信息缓冲区大小
#define SENDBUF 40                         //发送信息缓冲区大小
static unsigned int SendLen   = 0;         //发送字符数
static unsigned char * pSendBuf;           //发送缓冲区指针
unsigned char xdata RcvBuf[RCVBUF];        //接收缓冲区
```

```
unsigned char xdata SendBuf[SENDBUF];  //发送缓冲区
volatile unsigned char RcvCount = 0;        //接收字符计数
volatile unsigned char SendCount = 0;       //发送字符计数
bit UartState = 0;                          //串口接收状态标志
/*S4中断接收与发送函数*/
void UartISR(void) interrupt 18   using 3/*S4中断号=18*/
{
    if(S4CON & 0x01){                       //S4接收中断
        S4CON &=~0x01;                      //clr S4RI
        RcvBuf[RcvCount] = S4BUF;           //接收一个字符
        RcvCount++;                         //接收字符计数+1
        UartState = 1;                      //接收状态置1,表示串口正在接收信息
    }
    if(S4CON & 0x02){                       //S4发送中断
        S4CON &=~0x02;                      //clr S4TI
        if(SendCount <= SendLen){           //未发送完毕,继续发送
            S4BUF = pSendBuf[SendCount];//发送一个字符
            SendCount ++;                   //发送字符计数+1
        }else{
            SendCount = 0;                  //发送完成,发送字符计数清零
            RS485_Send = 0;                 //发送完将MAX485置于接收状态
        }
    }
}
/*串口S4发送xdata区的n个字符的函数
    p:指向xdata存储区的指针
    n:发送字符数
*/
void xUartSend(unsigned char xdata *p, unsigned char n)
{
    RS485_Send = 1;                         //将MAX485置于发送状态
    while(SendCount);                       //等待上次发送完成
    SendLen = n-1;                          //待发送字符数-1,因本次将发送一个字符
    pSendBuf = p;                           //发送缓冲区指针赋值
    SendCount ++;                           //发送计数+1
    S4BUF = pSendBuf[0];                    //开始发送一个字符,下一个字符由串口中断发送
}
/*串口S4发送n个字符的函数
    p:指向存储区的指针
    n:发送数据长度
*/
void UartSend(unsigned char *p, unsigned char n)
{
```

```
    RS485_Send = 1;                     //将 MAX485 置于发送状态
    while(SendCount);                   //等待上次发送完成
    SendLen = n-1;                      //待发送字符数 -1,因本次将发送一个字符
    pSendBuf = p;                       //发送缓冲区指针赋值
    SendCount ++;                       //发送字符计数 +1
    S4BUF = pSendBuf[0];                //开始发送一个字符,下一个字符由串口中断发送
}
//清空接收数据缓冲区
void UartClearBuffer(void)
{
    unsigned char i;
    i = RCVBUF;                         /*缓冲区长度*/
    while(SendCount);                   //等待上次发送完成
    do{
        i --;                           //从高地址向低地址清零
        RcvBuf[i] = 0;
    }while(i);
    RcvCount = 0;                       //接收字符计数清零
    UartState = 0;                      //串口接收状态标志清零
}
```

7.2.4.4 从站 2 程序设计

从站 2 在配置上较 7.2.3 小节又增加了以 Modbus RTU 协议通信的 S4 串口，相应地，主程序也要增加对 S4 接收 Modbus 信息的查询。当 CPU 查询到 UartState 为 1 后，就延时等待 Modbus 信息接收完成。由于主站的 AI 型变量 S2AI_0、S2AI_1 是在每次测距操作结束后，在操作步 6（Step =6）被刷新的，故延时后直接调用 ModbusSlave 进行从站 Modbus 信息处理。调用后，如果 DOMap[0]有变化，就进行转台停止工作或循环测距操作方式的处理。

下面是源程序代码：

```
/* File:P7_2_3.c */
#include <stc15.h>
#include <stdio.h>
#include <string.h>
#include <intrins.h>
#include <P01234Init.c>
#define FOSC 11059200L
#define BAUD 115200                     //串口波特率
#define TrigPin    P07
#define EchoPin    P10
#define CH_A    P33
unsigned char S3Rcv[20];                //接收字符缓冲区
unsigned char HmiMsg[20];               //HMI 信息缓冲区
unsigned char MsgLen;                   //接收字符数
bit MsgOK;                              //接收完成标志
```

```
/************ Modbus *********************/
#define RS485_Send P04                    //--->MAX485.DE/RE
#include <S4forRS485.c>
/* ModbusSlave, ModbusInit 在库文件 ModBusRS485_2.LIB 中 */
extern void ModbusSlave(void);            //ModBus 从站处理函数
extern void ModbusInit(                   //ModBus 初始化函数
unsigned char xdata *DOMapaddr,unsigned char xdata *DIMapaddr,
unsigned int xdata *HdDtRegAddr, unsigned int xdata *InDtRegAddr );
unsigned char xdata DIMap[16];            //分配16字节的DI映像区,可对应16个DI接点
unsigned char xdata DOMap[16];            //分配16字节的DO映像区,可对应16个DO接点
unsigned int xdata AIMap[8];              //分配8字的AI映像区,可对应8个AI接点
unsigned int xdata AOMap[8];              //分配8字的AO映像区,可对应8个AO接点
unsigned char LastDOMap_0;
/*****************************************************/
void T1T2T3S1S3S4Init();
void Int01Init();
void PWM5Init();
void TabCWrun();
void TabCCWrun();
void TabStop();
unsigned int GetDistance();               //测距函数
volatile int PWMSetVal=60;                //PWM 值设定 [1..100]%
int xdata TrigCnt=5;                      //测距次数
int xdata TabBeginPos=75;                 //转台起始测距位(脉冲数)
int xdata TabDisp=15*75;                  //转台测距角距(脉冲数)
int xdata TabPos;                         //转台当前脉冲数
int xdata TabAim;                         //转台目标脉冲数
bit TabAtPos;                             //转台脉冲到位标志
bit TabAtOrg;                             //转台脉冲达到转台零位
bit TabDir;                               //转台旋转方向,CW=1,CCW=0
bit TabMode=1;                            //转台工作方式:0:停止,1:工作
unsigned char Second;                     //定时秒数
void main(void)
{
    P01234Init();
    TrigPin = 0;      //Trig 引脚低电平
    Int01Init();
    T1T2T3S1S3S4Init();
    PWM5Init();
    EA = 1;           //开 CPU 中断
    printf("n0.val=1\xff\xff\xff");       //发送起始角度,1°
    printf("n1.val=15\xff\xff\xff");      //发送角距,15°
    printf("n2.val=5\xff\xff\xff");       //发送测距次数,5
```

```
printf("r0. val=1\xff\xff\xff");         //发送运行=1
printf("r1. val=0\xff\xff\xff");         //发送停止=0
RS485_Send = 0;                          //将 RS485 置于接收数据方式
ModbusInit(DOMap, DIMap, AOMap, AIMap);//ModBus 初始化
AOMap[0]=1;                              //起始角度,1°
AOMap[1]=15;                             //角距,15°
AOMap[2]=5;                              //测距次数,5
AOMap[3]=PWMSetVal;                      //PWM
while(1){                                //主循环
    unsigned int i,d;
    int n;
    unsigned char Step;                          //测距操作步
    volatile int j;                              //8ms 延时
    if(UartState){                               //串口正在接收 Modbus 信息
        for(j=0;j<6000;j++);                     //延时约 8ms,等待接收完成
        ModbusSlave();                           //ModBus 从站处理
        if(LastDOMap_0 != DOMap[0]){             //如果 DOMap[0]有变化
            LastDOMap_0 = DOMap[0];              //存本次 DOMap[0]
            if( LastDOMap_0==0){                 //是转台停止命令
                TabMode=0;                       //置转台为停止方式
                TabStop();                       //转台停止
                printf("r0. val=0\xff\xff\xff");
                printf("r1. val=1\xff\xff\xff");
        }
        else{                                    //否则,是转台运行命令
          if(!TabMode){
            TabMode=1;                           //置转台为运行方式
            Step=0;                              //从步序 0 开始运行
            TabBeginPos=AOMap[0]*75;             //取主站数据:初位
            TabDisp= AOMap[1]*75;                //取主站数据:角距
            TrigCnt= AOMap[2];                   //取主站数据:测距次数
            if(AOMap[3]>100)AOMap[3]=100;//PWM:0~100
            PWMSetVal=AOMap[3];                  //取主站数据:PWM
            printf("n0. val=%d\xff\xff\xff",AOMap[0]);//向 HMI 发送
            printf("n1. val=%d\xff\xff\xff",AOMap[1]);
            printf("n2. val=%d\xff\xff\xff",AOMap[2]);
            printf("n5. val=%d\xff\xff\xff",AOMap[3]);
            printf("h0. val=%d\xff\xff\xff",AOMap[3]);
            printf("r0. val=1\xff\xff\xff");
            printf("r1. val=0\xff\xff\xff");
          }
        }
    }
```

```
}
if(MsgOK){                          //S3 接收 HMI 信息完成
    MsgOK =0;                       //标志清零
    n = HmiMsg[2] * 256 + HmiMsg[1];//取 HMI 数据
    switch(HmiMsg[0]){              //HMI 首字符为命令
        case 0xF0:                  //PWM set
            PWMSetVal = n;//PWMSetVal
            break;
        case 0xF1:                  //起始角度
            TabBeginPos = n * 75 +1;
            printf("n0. val = % d\xff\xff\xff",n);//S1 发送起始角度
            break;
        case 0xF2:                  //角距
            TabDisp = n * 75;
            printf("n1. val = % d\xff\xff\xff",n);//S1 发送角距
            break;
        case 0xF3:                  //测距次数
            TrigCnt = n;
            printf("n2. val = % d\xff\xff\xff",n);//S1 发送测量次数
            break;
        case 0xF4:                  //转台工作
            if(!TabMode){
                    TabMode =1;
                    Step =0;
            }
            break;
        case 0xF5:                  //转台停止
            TabMode =0;
            TabStop();
            break;
        default:break;
    }
}
if(TabMode){
    switch(Step){
        case 0:                     //转台 CCW 旋转
            i = TrigCnt;            //测距次数存入 i
            if(i >0){               //转台逆时针转动
                    TabAim =0x8000;
                    TabCCWrun();
                    Step =1;
            }
            break;
```

```
case 1:                         //等待转台回零,开始延时
    if(TabAtOrg){               //转台到达零位
        Second = 0;
        T4T3M |= 0x08;          //T3 run
        Step = 2;
    }
    break;
case 2:                         //延时 2s
    if(Second == 2){
        T4T3M &= ~0x08;         //T3 stop
        TabAim = TabBeginPos;//取转台目标位
        Step = 3;
    }
    break;
case 3:                         //转台开始转位
        TabCWrun();             //转台顺时针转动
        Step = 4;
        break;
case 4:                         //转动到位,转台停止并延时
    if(TabAtPos){
        TabStop();
        Second = 0;
        T4T3M |= 0x08;          //T3 run
        Step = 5;
    }
    break;
case 5:                         //延时 1s 后,开始测距
    if(Second == 1){
        T4T3M &= ~0x08;         //T3 stop
        d = GetDistance();      //启动测距
        Step = 6;
    }
    break;
case 6:                         //测距结束
    AIMap[0] = d;               //取当前测距值
    AIMap[1] = TabPos/75;       //取转台角度
    printf("n3.val = %d\xff\xff\xff",d);//S1 发送测量值
    i--;                        //测距次数 -1
    if(i>0){
        TabAim += TabDisp;      //取转台下一转位
        Step = 3;
    }
    else Step = 0;              //开始下一测距循环
```

```
                break;
            default:break;
        }
    }
    n = TabPos/75;                          //取转台当前角度,°
    printf("n4.val=%d\xff\xff\xff",n);  //发送转台角度
    printf("z0.val=%d\xff\xff\xff",n);  //发送转台角度
  }
}
/*T1、T2、T3、S1、S3、S4 初始化函数*/
void T1T2T3S1S3S4Init()
{
    TMOD=0x00;                              //T0、T1 为定时器
    T2L = (65536 - 24);                     //(FOSC/4/BAUD)=24,设置波特率重装值
    T2H = (65536 - 24)>>8;                  //波特率 BAUD=115200bps
    AUXR |= 0x14;                           //T2:1T 模式, 启动 T2
    AUXR |= 1;                              //选择 T2 为串口 S1 的波特率发生器
    P_SW1|=0x80;                            //S1 At P1.6 P1.7
    SM0=0;SM1=1;                            //串口方式 1
    REN=1;
    TI = 1;
    S3CON = 0x10;                           //S3:8 位可变波特率,无奇偶校验位,允许接收
    IE2 |= 0x08;                            //Enable S3 interrupt
    S4CON = 0x10;                           //S4:8 位可变波特率,无奇偶校验位,允许接收
    IE2 |= 0x10;                            //Enable S4 interrupt
    T3H = (65536-921600/20)/256;/*T3 50ms(20Hz)中断*/
    T3L = (65536-921600/20)%256;
    IE2 |= 0x20;                            //ET3=1,允许 T3 中断(IE2.6=ET4,IE2.5=ET3)
}
/*INT01 初始化函数*/
void Int01Init()                            //INT2,3,4 只能下降沿触发
{
    IT0 = 0;                                //置 INT0 双边沿触发中断
    EX0 = 1;                                //开 INT0 中断
    IT1 = 0;                                //置 INT1 双边沿触发中断
    EX1 = 1;                                //开 INT1 中断
//  PX1 = 1;                                //INT1 高优先级中断
}
/*PWM5 初始化函数*/
void PWM5Init()
{
    P23=P42=0;
    P_SW2 |= 0x80;                          //使能访问 XSFR(P_SW2.B7:EAXSFR)
```

```
    PWMCFG  = 0x00;                 //配置 PWM 的输出初始电平为低电平
    PWMCKS  = 11;                   //PWM 时钟源为 FOSC/(11 +1)=921600Hz(PWMCKS.4=0:Sysclk)
    PWMC  = 9216;                   //(FOSC/12/100)置 PWM 每周期计数次数,PWM 频率 =50Hz
    PWM5T1 =0;
    PWM5T2  =1;                     //PWM5T2≠PWM5T1
    PWMCR  = 0x88;                  //使能 PWM,使能 PWM5 输出
    P_SW2 & = ~0x80;                //禁止访问 XSFR
}
/ * 转台顺时针转动函数
    转台开始顺时针转动
 */
void TabCWrun( )
{
    unsigned int cnt;
    TabAtPos =0;
    TabDir =1;
    cnt =92 * PWMSetVal +1;//9216/100 * PWMSetVal,PWM5T2 >0
    EA =0;
    P_SW2 | = 0x80;                 //使能访问 XSFR
    PWM5CR  = 0x00;                 //PWM5--- >P2.3
    PWM5T2  = cnt;
    P_SW2 & = ~0x80;                //禁止访问 XSFR
    P42 =0;
    EA =1;
}
/ * 转台逆时针转动函数
    转台开始逆时针转动
 */
void TabCCWrun( )
{
    unsigned int cnt;
    TabAtOrg =0;
    TabDir =0;
    cnt =92 * PWMSetVal +1;//9216/100 * PWMSetVal,PWM5T2 >0
    EA =0;
    P_SW2 | = 0x80;                 //使能访问 XSFR
    PWM5CR  = 0x08;                 //PWM5--- >P4.2
    PWM5T2  = cnt;
    P_SW2 & = ~0x80;                //禁止访问 XSFR
    EA =1;
    P23 =0;
}
/ * 转台停止函数
```

```
    通过置 PWM5T2 = 1 使转台停止
 */
void TabStop()
{
    EA = 0;
    P_SW2 |= 0x80;                       //使能访问 XSFR
    PWM5T2 = 1;                          //PWM5T1 = 0,PWM5T2 = 1:转台停止
    P_SW2 &= ~0x80;                      //禁止访问 XSFR
    EA = 1;
}
unsigned int GetDistance()
{
    /*向 Trig 引脚发 20us 脉冲*/
    TrigPin = 1;                             //Trig 引脚高电平
    for(TH1 = TL1 = 0,TR1 = 1;TL1 < 20;);    //延时约 20μs
    TrigPin = 0;                             //Trig 引脚低电平
    while(TH1 < 0x60&&!EchoPin){}            //等待 Echo 高电平,TH1≥60H,超时
    TH1 = TL1 = 0;                           //检测到 Echo 高电平,T1 从 0 计数
    while(EchoPin);                          //Echo 高电平期间,等待
    TR1 = 0;                                 //Echo 变为低电平,T1 停止计数
    return(TH1 * 256 + TL1)/54;              //计算距离(cm)并返回
}
/*INT0 中断服务函数
    转台零位脉冲的上升沿使转台停止,下降沿 TabPos 清零
 */
void Int0_isr( ) interrupt 0
{
    if(P32 == 1){                        /*P3.2 上升沿:透光-->遮光*/
        P_SW2 |= 0x80;                   //使能访问 XSFR
        PWM5T2 = 1;                      //PWM5T1 = 0PWM5T2 = 1:转台停止
        P_SW2 &= ~0x80;                  //禁止访问 XSFR
        TabAtOrg = 1;                    //置转台零位标志
    }
    else{                                /*P3.2 下降沿:遮光-->透光从 0°出发*/
        TabPos = 0;                      /* 转台真正零位,AB 脉冲数清零 */
    }
}
/*INT1 中断服务函数
    A 脉冲计数,TabPos 达到 TabAim 时使转台停止
 */
void Int1_isr( ) interrupt 2             //INT1 中断号为 2*/
{
    if(TabDir)TabPos++;
```

```
    else TabPos --;
    if(TabPos == TabAim){
        TabAtPos = 1;                   //置转台到位标志
        P_SW2 |= 0x80;                  //使能访问 XSFR
        PWM5T2 = 1;                     //PWM5T1 = 0PWM5T2 = 1:转台停止
        P_SW2 &= ~0x80;                 //禁止访问 XSFR
    };
}
/* T3 中断服务函数 */
void T3_Isr() interrupt 19              //T3 中断号为 19
{
    static unsigned int i;
    if(++i < 20)return;                 //20*50ms = 1s
    i = 0;                              //如果中断了 10 次,i 清零
    Second ++;                          //秒 +1
}
//S3CON:[S3SM0][S3ST3][S3SM2][S3REN][S3TB8][S3RB8][S3TI][S3RI]
//IE2:[][ET4][ET3][ES4][ES3][ET2][ESPI][ES2]
void S3isr()interrupt 17
{
    static unsigned char RcvCnt,SendCnt; //S3 接收,发送计数
    if(S3CON & 0x01){                   //if S3RI == 1
        S3CON &= ~0x01;                 //clr S3RI
        if(RcvCnt < 20)S3Rcv[RcvCnt ++] = S3BUF;//存字符
        SendCnt = 0;                    //每次接收后,都将发送计数清零
        S3BUF = 'A';                    //每次接收后,都启动发送,可发送任意字符
    }
    if(S3CON & 0x02){                               //if S3TI == 1
        S3CON &= ~0x02;                             //clr S3TI
        SendCnt ++;                                 //每次成功发送后,把发送计数 +1
        if(++SendCnt > 3){                          //如果发送计数 >3,进行信息接收完成处理
            memcpy(HmiMsg,S3Rcv,RcvCnt); //把接收的信息存入 HmiMsg
            MsgLen = RcvCnt;                        //保存信息长度
            RcvCnt = 0;                             //接收计数清零
            MsgOK = 1;                              //置信息完成标志
    }
    else S3BUF = 'B';                               //如果发送计数≤3,继续启动发送,可发送任意字符
  }
}
```

7.2.4.5 运行调试

添加库文件 ModBusRS485_2.LIB,对源程序进行编译,把生成的 HEX 文件下载到 STC15。

该机在使用 STC 自动编程器的 5V 电源工作后，先测试 USART HMI 串口屏。之后，把 STC 自动编程器的 RXD、TXD 连接到 STC15 的 S4 串口。PC 运行快控组态软件，把 STC 自动编程器所在的端口号写入‘普通串口’的串口参数栏。工具栏点击“运行监控”按钮，登录后便进入运行界面。打开画面 2，进行监控操作，对系统功能进行测试。

上面的测试完成后，将本站 MAX485 模块的 A、B 与从站 1 的 MAX485 模块的 A、B 连接，使 PL2303 模块连接从站 1 和从站 2，见图 7-33。其中，从站 1 通过 PL2303 模块输出的 5V 电源供电，从站 2 通过 PC 的 USB 口供电。

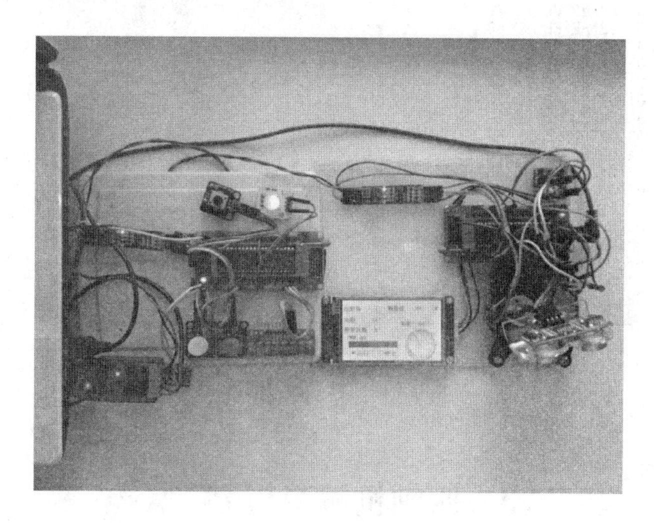

图 7-33 PC 与从站 1、从站 2 的实际联结

PC 运行快控组态软件，把 PL2303 模块所在的端口号写入‘普通串口’的串口参数栏。工具栏点击“运行监控”按钮，登录后便进入运行界面。通过“打开画面”按钮打开 S1 或 S2 画面，如果主机未能与某从站成功通信，该从站画面的相关图元会显示出问号“?”；如果已成功通信，该从站的画面就进行正常显示，并可以通过画面进行监控操作。图 7-34 为 S2 从站画面显示实况。

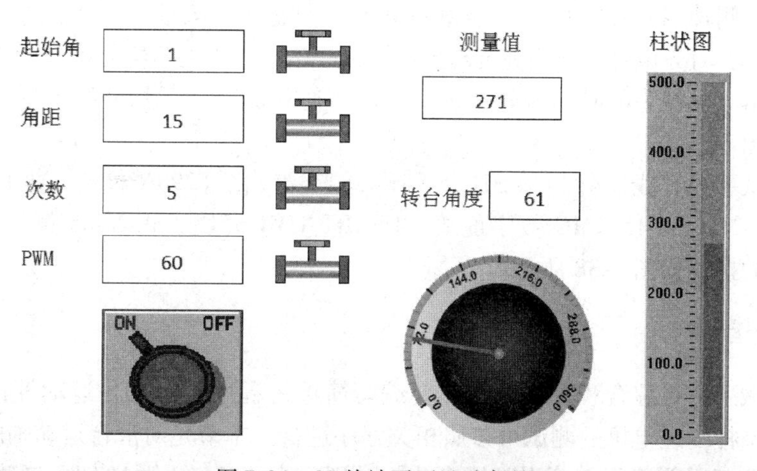

图 7-34 S2 从站画面显示实况

在屏幕上通过鼠标右键，选择“通道数据监视”，能够对选定的通道进行 Modbus 通信监视。图 7-35 为对“普通串口”的监视实况，由图可见，主机与从站 1、从站 2 都建立了通信。

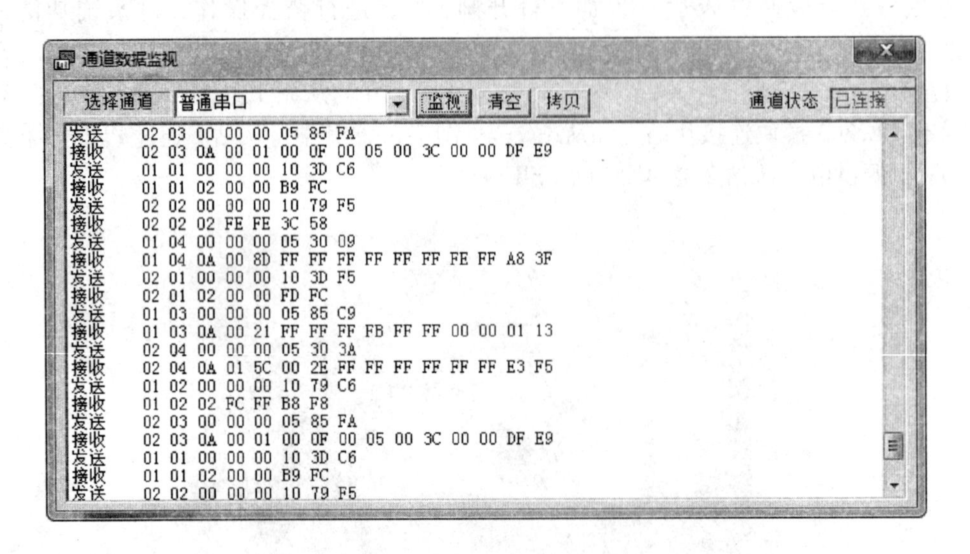

图 7-35　普通串口与 S1、S2 从站通信数据监视

7.3　四轴机械手与 PC 监控

7.3.1　机械手机体制作及模块配置

四轴机械手由滑台走行、转盘旋转、手臂摆动、手指伸缩 4 个独立运动轴组成。其中，滑台取自某型打印机的字车机构，主要由直流电机、减速齿轮组、带有双向螺线槽的螺杆组成，见图 7-36。在螺杆的左右两端，各安装有一只光电开关，滑台下部的挡片能够对光电开关遮光。左、右光电开关的信号分别由滑台电路板插座的 9、10 管脚引出。在直流电机的左侧轴端，安装有一只 14 线的码盘，码盘下方安装有一个光电开关。码盘转动时，其轮齿会对光电开关产生遮光/透光作用。该光电开关的信号由滑台电路板插座的第 8 管脚引出。机械手的转盘旋转，手臂摆动由舵机驱动，手指伸缩由推杆步进电机驱动，实物见图 7-37。

四轴机械手的实践器件包括 STC15W4K48S4、滑台、L298N 模块、推杆步进电机及 A4988 模块、2 只 SR-1501MG 数字舵机、USART HMI 模块、MAX485 模块和 PL2303 模块，模块间的接线如图 7-38 所示。

7.3.2　滑台运动测试

在对机械手进行综合程序设计前，要编写简单的程序，对其各运动轴进行测试。其中，舵机和推杆步进电机的测试可参照相关程序进行。本节是对滑台运动轴的测试。按图 7-38 对直流电机及滑台电路板引脚接线，并用 STC15 的串口 1 通过 STC 自动编程器与 PC

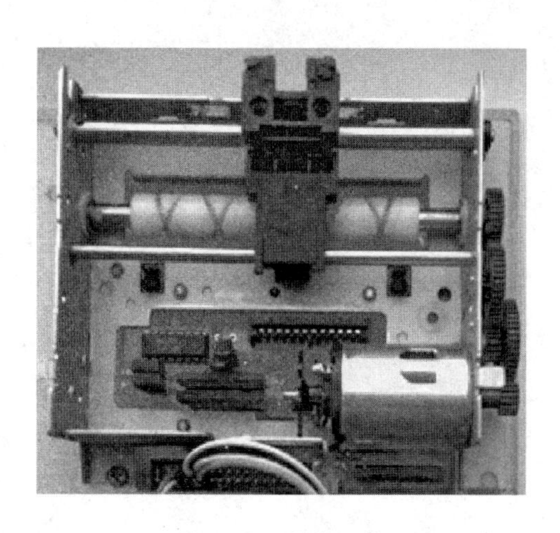

图 7-36　滑台组件

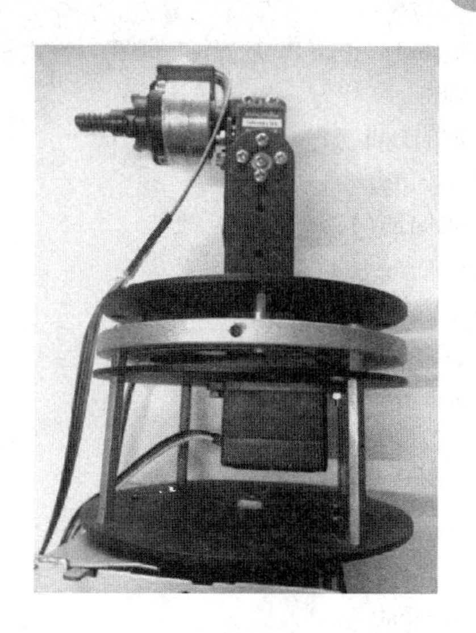

图 7-37　转盘、手臂和推杆

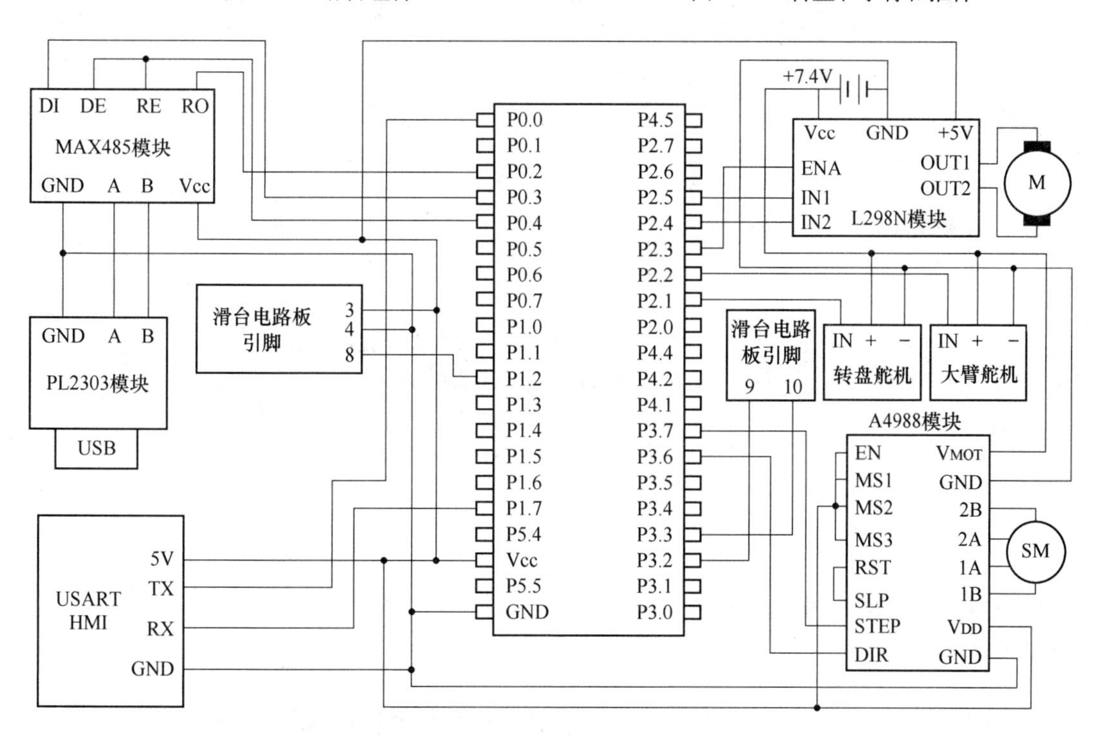

图 7-38　机械手控制电路接线图

连接，然后用下面的程序代码进行测试：

```
/* File:P7_3_1.c */
#include <stc15.h>
#include <stdio.h>
#include <P01234Init.c>
#define IN1   P24
#define IN2   P25
```

```
volatile unsigned int PWMSetVal = 100;   //电机 PWM 设定值,[0..100]%
void T2S1Init()   ;
void PWM5Init();
void SlideRight();
void SlideLeft();
void SlideStop();
void Int01Init();
void CCPInit();
void main(void)
{
    P01234Init();
    Int01Init();
    CCPInit();
    T2S1Init();
    EA = 1;                          //开 CPU 中断
    PWM5Init();
    SlideLeft();                     //滑台向左回零
    while(1){
    }
}
/*T2、S1 初始化函数*/
void T2S1Init()
{
    T2L = (65536 - 24);              //(FOSC/4/BAUD)=24,设置波特率重装值
    T2H = (65536 - 24)>>8;           //波特率 BAUD=115200bps
    AUXR |= 0x14;                    //T2:1T 模式, 启动 T2
    AUXR |= 1;                       //选择 T2 为串口 S1 的波特率发生器
    SM0=0;SM1=1;                     //串口方式 1
    TI = 1;
}
/*PWM5 初始化函数,PWM5 向 L298N.ENA 输出*/
void PWM5Init()
{
    P_SW2 |= 0x80;                   //使能访问 XSFR(P_SW2.B7::EAXSFR)
    PWMCFG = 0x00;                   //配置 PWM 的输出初始电平为低电平
    PWMCKS = 11;                     //PWM 时钟源为 FOSC/(11+1)=921600Hz(PWMCKS.4=0:Sysclk)
    PWMC = 18432;                    //(FOSC/12/50)置 PWM 每周期计数次数,PWM 频率=50Hz
    PWM5T1=0;
    PWM5T2 = 184*PWMSetVal+1;        //18432/100*PWMSetVal
    PWM5CR = 0x00;                   //PWM5--->P2.3
    PWMCR = 0x88;                    //使能 PWM,使能 PWM5 输出
    P_SW2 &=~0x80;                   //禁止访问 XSFR
}
```

```
/＊滑台向右运行函数＊/
void SlideRight()
{                                       //由于是双向螺线螺杆,此函数也可能使滑台向左运行
    IN1 = 1,IN2 = 0;
}
/＊滑台向左运行函数＊/
void SlideLeft()
{                                       //由于是双向螺线螺杆,此函数也可能使滑台向右运行
    IN1 = 0,IN2 = 1;
}
/＊滑台停止(刹车)函数＊/
void SlideStop()
{
    IN1 = IN2 = 1;
}
/＊INT0、INT1 初始化函数＊/
void Int01Init()
{
    IT0  =  0;                          //置 INT0 双边沿触发中断
    EX0  =  1;                          //开 INT0 中断
    IT1  =  0;                          //置 INT1 双边沿触发中断
    EX1  =  1;                          //开 INT1 中断
}
/＊CCP 初始化函数＊/
void CCPInit()
{
    CMOD  = 0x06;                       //CCP 对 ECI(P1.2)计数,禁止 PCA 计数溢出中断
    CR  =  1;                           //CCP 开始计数
}
/＊INT0 中断服务函数＊/
void Int0_isr( ) interrupt 0
{                                       /＊P32 <---左位光电开关＊/
    static int n;
    if(P32 == 1){                       /＊P3.2 上升沿:透光-->遮光＊/
        CR = 0;                         /＊ CCP 停止计数 ＊/
        n = (CH＊256 + CL);             /＊取 CCP 计数值＊/
        SlideRight();                   /＊ 滑台反向 ＊/
    }
    else{                               /＊P3.2 下降沿:遮光-->透光从左位出发＊/
        CH = CL = 0;                    /＊ 滑台零位 ＊/
        CR = 1;                         /＊ CCP 计数开始 ＊/
        printf("Right to Left:%d\t",n);//串口发送滑台从右到左的脉冲数
    }
```

```
}
/*INT1 中断服务函数*/
void Int1_isr( ) interrupt 2
{                                      /*P33<---右位光电开关*/
    static int n;
    if(P33 ==1){                       /*P3.3 上升沿:透光-->遮光*/
        CR =0;                         /* CCP 停止计数 */
        n =(CH*256 + CL);              /*取 CCP 计数值*/
        SlideLeft();                   /* 滑台反向 */
    }
    else{                              /*P3.3 下降沿:遮光-->透光从右位出发*/
        CH = CL =0;                    /* 滑台零位 */
        CR =1;                         /* CCP 计数开始 */
        printf("Left to Right:%d\n",n);//串口发送滑台从左到右脉冲数
    }
}
```

程序中，函数 PWM5Init 设置 PWM 信号的频率为 50Hz，通过 PWM5 输出到 L298N 的 ENA。函数 CCPInit 设置 CCP 对 ECI/P1.2 即电机码盘脉冲计数。INT0、NT1 设置为双边沿触发中断。当 INT0 产生中断且 P3.2 为高电平时，表明滑台从右向左走到终点，这时应记下 CCP 的计数值，并使滑台向右运行。由于惯性作用，滑台会继续向左运行一段后才向右运行，此时又将触发 INT0 中断且 P3.2 为低电平，这时应置 CCP 的计数值为 0，并通过串口输出滑台从右到左脉冲数。INT1 中断的处理与此类似。

程序经编译下载到单片机后，滑台即自动往复运行，这时可通过串口助手的接收缓冲区察看滑台行程脉冲数，结果是 312 个脉冲，见图 7-39。此测试可直接用 STC 自动编程器输出的 5V 电源驱动直流电机。

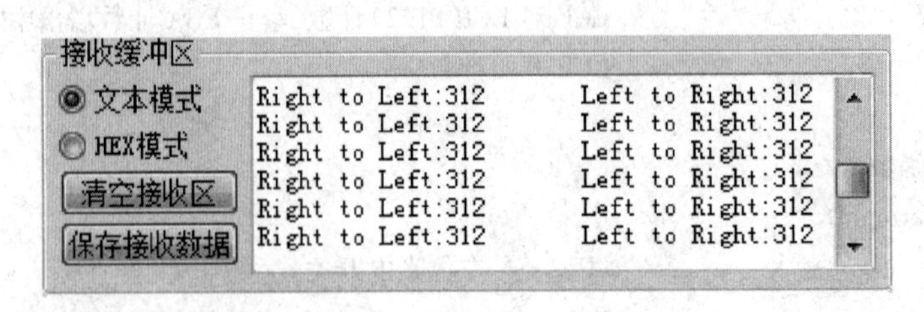

图 7-39　滑台行程脉冲数测试

7.3.3　配有 HMI 的系统设计

7.3.3.1　HMI 画面设计

用 USART HMI 软件建一个应用项目，建一个含有“+ -/.0123456789PWMm°% 滑台转盘大臂推杆舵机手动周期运行停止程终点”字符、字高为 16 的宋体字库，添加到项目的字库中，然后设计页面 0。页面 0 的控件及显示效果如图 7-40 所示。图中，p0、p1 都是图片控件，显示半个表盘；指针控件 z0、z1 用于显示转盘舵机、手臂舵机的当前角度，两者的背景填充方式为切图。切图图片为含有 p0、p1 的整个画面，可在 p0、p1 确定后，

通过对 HMI 整个模拟运行画面截图得到。滑块控件 h0、h1、h2、h3 分别用于设定滑台、转盘、手臂、推杆的手动位置和周期运行方式的初始位置，h4、h5、h6、h7 分别用于设定滑台、转盘、手臂、推杆在周期运行方式时的行程或终点位置，h8 用于设定滑台电机的 PWM。单选框控件 r0、r1、r2 分别用于设定机械手的手动、周期运行、停止三种工作方式。数字控件 n0 ~ n8 分别显示对应于 h0 ~ h8 的数值。文本控件 t0 ~ t20 用于显示相关文字和符号。最后，需要把 HMI 串口波特率设置为 115200bps。

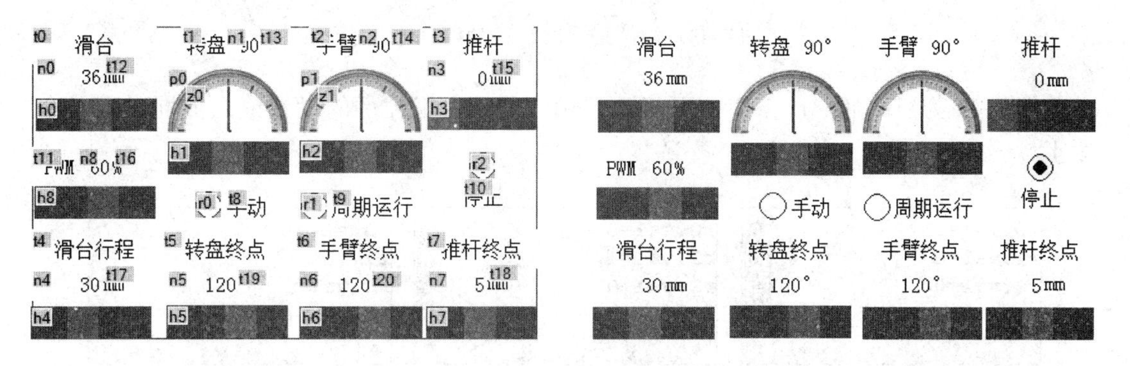

图 7-40　页面 0 的控件及显示效果

图 7-41 为控件 h0、h4、h8 弹起事件的用户代码，由于滑块控件的数值范围是 0 ~ 100，h0、h4 的设置值要转换为毫米，滑台的总行程为 72mm。

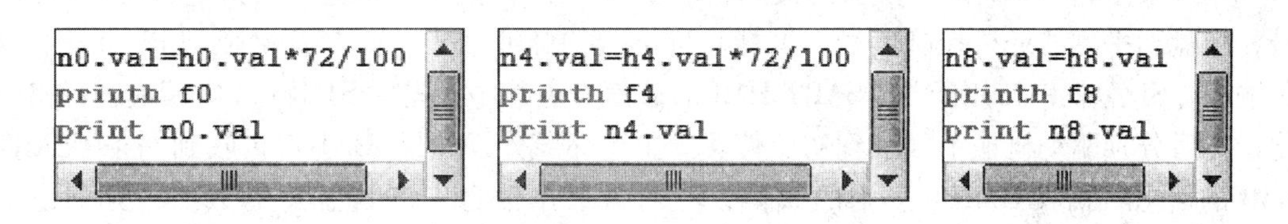

```
n0.val=h0.val*72/100
printh f0
print n0.val
```

```
n4.val=h4.val*72/100
printh f4
print n4.val
```

```
n8.val=h8.val
printh f8
print n8.val
```

图 7-41　控件 h0、h4、h8 的用户代码

图 7-42 为控件 h1、h2、h6 弹起事件的用户代码，各控件的设置值需转换为 0° ~ 100° 的角度，且控制手臂舵机的角度下限为 30°。另外，由于 h1、h2 占用了 z0、z1 的部分区域，在刷新 z0、z1 后，还要再刷新 h1、h2。

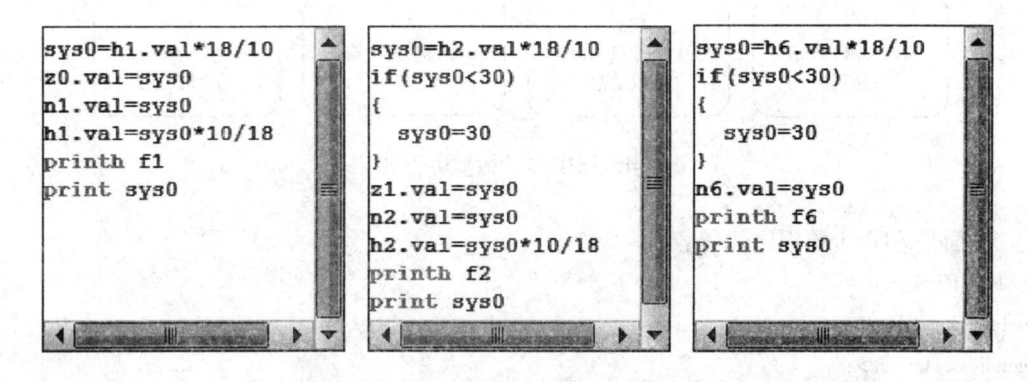

```
sys0=h1.val*18/10
z0.val=sys0
n1.val=sys0
h1.val=sys0*10/18
printh f1
print sys0
```

```
sys0=h2.val*18/10
if(sys0<30)
{
  sys0=30
}
z1.val=sys0
n2.val=sys0
h2.val=sys0*10/18
printh f2
print sys0
```

```
sys0=h6.val*18/10
if(sys0<30)
{
  sys0=30
}
n6.val=sys0
printh f6
print sys0
```

图 7-42　控件 h1、h2、h6 的用户代码

图 7-43 为控件 h3、h5、h7 弹起事件的用户代码，其中，h3、h7 的设置值要转换为推杆位置的毫米值，h5 的设置值要转换为转盘舵机角度值。

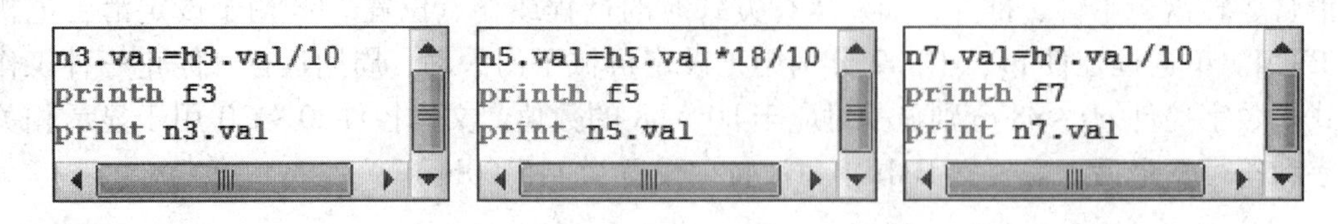

图 7-43 控件 h3、h5、h7 的用户代码

图 7-44 为控件 r0、r1、r2 按下事件的用户代码，三控件的设置值只能同时有一个为 1。

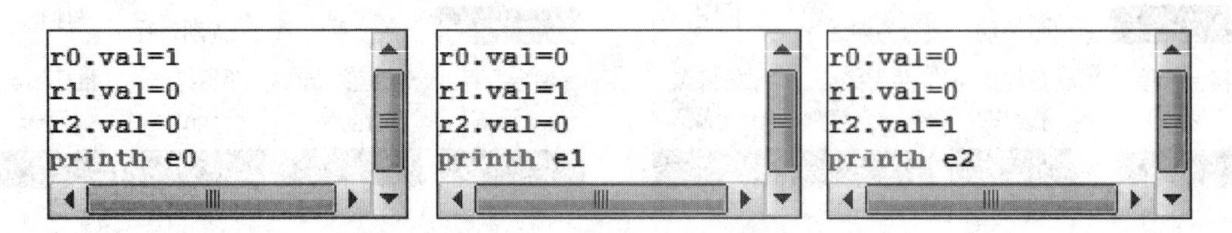

图 7-44 控件 r0、r1、r2 的用户代码

7.3.3.2 STC15 程序设计

本方案中，STC15 片内模块的使用如图 7-45 所示。其中，机械手滑台电机的 PWM 信号，转盘和手臂的舵机控制信号，推杆步进电机的脉冲信号，由 6 路增强型 PWM 中的 4 路输出，S1、S3 串口用于与 USART HMI 的通信。主程序首先对 STC15 片内模块进行初始化，然后分别驱动机械手各轴到初始位置。主循环部分，如果 S3 串口接收到一条 USART HMI 的信息，就取 HMI 信息中的数值，然后再根据信息中的首字符的数值，分别进行处理。

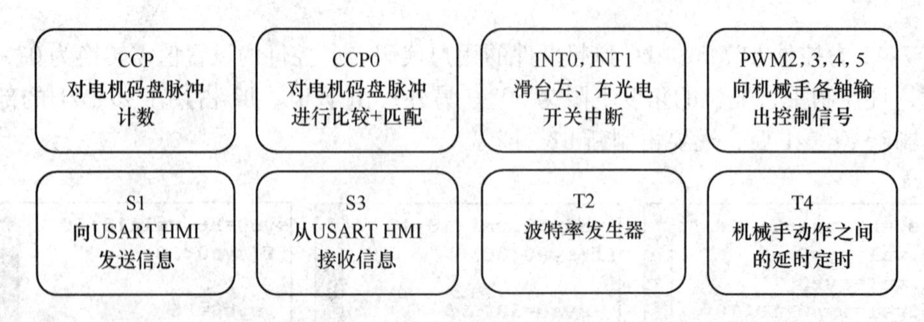

图 7-45 STC15 片内模块的使用

下面是 STC15 源程序代码：

```
/* File:P7_3_2.c */
#include <stc15.h>
#include <stdio.h>
#include <P01234Init.c>
```

```
#define FOSC 11059200L
#define ENA   P23
#define IN1     P24
#define IN2     P25
#define A4988DIR P36
#define A4988STEP P37
void CCPInit();                               /*CCP 初始化函数*/
void Int01Init();                             /*INT0、1 初始化函数*/
void PWM2345Init();                           /*PWM2、3、4、5 初始化函数*/
void T2S1S3T4Init();                          /*T2、S1、S3、T4 初始化函数*/
void SlidePos(unsigned int mmPos);            /*滑台定位函数*/
void PanDeg(unsigned int deg);                /*转盘定位函数*/
void ArmDeg(unsigned int deg);                /*手臂定位函数*/
void RodPos(unsigned int mmPos);              /*推杆定位函数*/
void S1PanDeg(unsigned int deg);              /*S1 发送转盘角度*/
void S1ArmDeg(unsigned int deg);              /*S1 发送手臂角度*/
int nStep;  /*推杆电机剩余步数,[0..300 步]*/
int curStep;  /*推杆电机当前步数,[0..300 步]*/
/**********************************/
#include <string.h>  /* for memcpy */
unsigned char S3Rcv[20];                      //接收字符缓冲区
unsigned char HmiMsg[20];                     //HMI 信息缓冲区
unsigned char MsgLen;                         //接收字符数
bit MsgOK;                                    //接收完成标志
/***************************************************/
unsigned char RbtMode=0;                      /*机器运行方式*/
unsigned int SlideBeginPos=36;                /*滑台起始位置,[0..72mm]*/
unsigned int SlideDisp=30;                    /*滑台行程,[0..72mm]*/
unsigned int SlideNextPos;                    /*滑台下一位置*/
unsigned int PanBeginDeg=90;                  /*转盘起始角度,[0..180°]*/
unsigned int PanEndDeg=120;                   /*转盘终点角度,[0..180°]*/
unsigned int ArmBeginDeg=90;                  /*手臂起始角度,[0..180°]*/
unsigned int ArmEndDeg=120;                   /*手臂终点角度,[0..180°]*/
unsigned int RodBeginPos=0;                   /*推杆起始位置,[0..10mm]*/
unsigned int RodEndPos=5;                     /*推杆终点位置,[0..10mm]*/
unsigned int RbtStep=0;                       /*机器每周期中的步序*/
unsigned char Second;                         /*定时秒数*/
/***************************************************/
void main(void)
{
    /*片内模块初始化*/
    P01234Init();
    CCPInit();
```

```
Int01Init();
PWM2345Init();
T2S1S3T4Init();
EA = 1;                          //开 CPU 中断
/*各轴运动到初始位置*/
SlidePos(36);                    //滑台定位在 36mm
while(CCAPM0);                   //等待滑台停止
PanDeg(90);                      //转盘定位在 90°
curStep = 300;                   //预设推杆已全部伸出
RodPos(0);                       //推杆定位在 0mm
while(nStep);                    //等待推杆停止
ArmDeg(90);                      //手臂定位在 90°
/*主循环*/
while(1){
    unsigned int n;
    if(MsgOK){                   //S3 接收 HMI 信息完成
        MsgOK = 0;               //标志清零
        n = HmiMsg[2]*256 + HmiMsg[1];//取 HMI 信息中的数值
        switch(HmiMsg[0]){
            case 0xe0:           //机器手动工作
                RbtMode = 1;
                break;
            case 0xe1:           //机器周期循环工作
                RbtMode = 2;
                SlideNextPos = SlideBeginPos;
                RbtStep = 0;     //从 0 步开始
                break;
            case 0xe2:           //机器停止
                RbtMode = 0;
                break;
            case 0xf0:           //滑台位置 1
                SlideBeginPos  =  n;
                if(RbtMode == 1){
                    SlidePos(SlideBeginPos);//滑台移位
                }
                break;
            case 0xf1:           //转盘角度 1
                PanBeginDeg  =  n;
                if(RbtMode == 1){
                    PanDeg(PanBeginDeg);//转盘转位
                }
                break;
            case 0xf2:           //手臂角度 1
```

```
                ArmBeginDeg = n;
                if(RbtMode ==1){
                    ArmDeg(ArmBeginDeg);//手臂转位
                }
                break;
            case 0xf3:              //推杆位置 1
                RodBeginPos = n;
                if(RbtMode ==1){
                    RodPos(RodBeginPos);//推杆移位
                }
                break;
            case 0xf4:              //滑台行程
                SlideDisp = n;
                break;
            case 0xf5:              //转盘角度 2
                PanEndDeg = n;
                break;
            case 0xf6:              //手臂角度 2
                ArmEndDeg = n;
                break;
            case 0xf7:              //推杆位置 2
                RodEndPos = n;
                break;
            case 0xf8:              //DC Motor PWM
                PWM5T1 = 18430 - n * 184;
                break;
        }
}                                   //HMI 信息处理结束
if(RbtMode == 2){                   //机器周期循环方式处理
    switch(RbtStep){
      case 0:                       //滑台到下一个位置
        SlidePos(SlideNextPos);
        RbtStep =1;
        break;
      case 1:                       //等待滑台停止
        n = CH * 256 + CL;          //取滑台脉冲数
        if(n >312)n =624 - n;       //滑台回程时的换算
        printf("n0. val =%d\xff\xff\xff",n * 72/312);//S1-- >HMI[n0. val]
        printf("h0. val =%d\xff\xff\xff",n * 100/312);
        if(CCAPM0 ==0)RbtStep =2;//滑台到位,转步 2
        break;
      case 2:                       //转盘到终位
        PanDeg(PanEndDeg);
```

```
    S1PanDeg(PanEndDeg);
    Second = 0;
    T4T3M = 0x80;                    //T4 运行
    RbtStep =3;
    break;
case 3:                              //延时 2s
    if(Second ==2){
        Second =0;
        T4T3M = 0;                   //T4 停止
        RbtStep =4;
    }
    break;
case 4:                              //手臂到终位
    ArmDeg(ArmEndDeg);
    S1ArmDeg(ArmEndDeg);
    RbtStep =5;
    break;
case 5:                              //推杆到终位
    RodPos(RodEndPos);
    RbtStep =6;
    break;
case 6:                              //等待推杆停止
    printf("n3.val =%d\xff\xff\xff",curStep/30);//S1-- >HMI[n3.val]
    printf("h3.val =%d\xff\xff\xff",curStep/3);//S1-- >HMI[n3.val]
    if(nStep ==0)RbtStep =7;
    break;
case 7:                              //推杆到初位
    RodPos(RodBeginPos);
    RbtStep =8;
    break;
case 8:                              //等待推杆停止
    printf("n3.val =%d\xff\xff\xff",curStep/30);//S1-- >HMI[n3.val]
    printf("h3.val =%d\xff\xff\xff",curStep/3);//S1-- >HMI[n3.val]
    if(nStep ==0)RbtStep =9;
    break;
case 9:                              //手臂到初位
    ArmDeg(ArmBeginDeg);
    S1ArmDeg(ArmBeginDeg);
    Second = 0;
    T4T3M = 0x80;                    //T4 运行
    RbtStep =10;
    break;
case 10://Delay 2 Sec
```

```
            if(Second ==2){
                Second =0;
                T4T3M = 0;              //T4 停止
                RbtStep =11;
            }
            break;
          case 11:                      //转盘到初位
            PanDeg(PanBeginDeg);
            S1PanDeg(PanBeginDeg);
            RbtStep =0;
            SlideNextPos += SlideDisp;
            if(SlideNextPos >72)SlideNextPos = SlideBeginPos;
            break;
          }
        }
      }
}
/* T4 中断服务函数 */
void T4_Isr() interrupt 20              //T4 中断号为 20
{
    static unsigned int i;
    if( ++i <20)return;                 //20 * 50ms = 1s
    i =0;                               //如果中断了 10 次,i 清零
    Second ++ ;                         //秒 +1
}
/* CCP 初始化函数 */
void CCPInit()
{
    CMOD = 0x06;//PCA 对 ECI(P1.2)计数,禁止 PCA 计数溢出中断
    CH =0x80;                           //CCP 计数初值:0x8000
    CR = 1;                             //PCA 开始计数
}
/* INT0、1 初始化函数 */
void Int01Init()                        //INT0,INT1 双边沿触发
{
    IT0 = 0;                            //置 INT0 双边沿触发中断
    EX0 = 1;                            //开 INT0 中断
    IT1 = 0;                            //置 INT1 双边沿触发中断
    EX1 = 1;                            //开 INT1 中断
}
/* PWM2、3、4、5 初始化函数 */
void PWM2345Init()                      //PWM2:Rod,3:Pan,4:Arm,5:Slide
{
```

```
    P_SW2 |= 0x80;                  //使能访问 XSFR(P_SW2. B7::EAXSFR)
    PWMCFG = 0x00;                  //配置 PWM 的输出初始电平为低电平
    PWMCKS = 11;                    //PWM 时钟源为 FOSC/(11 +1)=921600Hz(PWMCKS.4 =0:Sysclk)
    PWMC = 18432;                   //PWM 每周期计数次数 =921600/50,PWM 频率 =50Hz
    PWM2T1 = 20000;                 //PWM2 第 1 次反转, >PWMC
    PWM2T2 = 20000;                 //PWM2 第 2 次反转, >PWMC
    PWM2CR = 0x06;                  //使能 PWM2 中断,T2 翻转时中断,T1 翻转时不中断
    PWM5T1 = 18430 - 60 * 184;      //184 =18432/100,PWM =60%
    PWM5T2 = 18432;                 //PWM5T2 =PWMC
    PWM5CR = 0x00;                  //PWM5--- >P2.3
    PWMCR = 0x8f;                   //使能 PWM,使能 PWM2,3,4,5 输出
//PWMCR =[ENPWM][ECBI][ENC7O][ENC6O][ENC5O][ENC4O][ENC3O][ENC2O]
}
/* T2、S1、S3、T4 初始化函数 */
void T2S1S3T4Init()
{
    T2L = (65536 - 24);             //(FOSC/4/BAUD) =24,设置波特率重装值
    T2H = (65536 - 24) >>8;         //波特率 BAUD =115200bps
    AUXR |= 0x14;                   //T2:1T 模式, 启动 T2
    AUXR |= 1;                      //选择 T2 为串口 S1 的波特率发生器
    P_SW1|=0x80;                    //S1 At P1.6/RXD,P1.7/TXD
    SM0 =0;SM1 =1;                  //串口方式 1
    REN =0;
    TI = 1;
    S3CON = 0x10;                   //S3:8 位可变波特率,无奇偶校验位,允许接收
    IE2 |= 0x08;                    //Enable S3 interrupt
    T4H = (65536 -921600/20)/256;   //T4 脉冲源 =FOSC/12 =921600Hz
    T4L = (65536 -921600/20)%256;   //T4:20Hz
    IE2 |= 0x40;                    //允许 T4 中断(IE2.6 =ET4,IE2.5 =ET3)
}
/* CCP 中断服务函数 */
void CCP_Isr() interrupt 7
{
    CCF0 = 0;                       //CCP0 比较匹配中断
    CCAPM0 = 0;                     //CCP0 stop
    IN1 =IN2 =1;                    //滑台停止
}
/* INT0 中断服务函数 */
void Int0_isr( ) interrupt 0/* P32 <---左位光电开关 */
{
    if(P32 ==1){                    /* P3.2 上升沿:透光-- >遮光 */
        CR =0;                      /* CCP 停止计数 */
    }
```

```
    else{                          /* P3.2 下降沿:遮光-->透光从左位出发 */
        CH = CL = 0;               /*  滑台零位  */
        CR = 1;                    /*  CCP 开始计数  */
    }
}
/* INT1 中断服务函数 */
void Int1_isr( ) interrupt 2/* P33 <---右位光电开关 */
{
    if(P33 == 1){                  /* P3.3 上升沿:透光-->遮光 */
        CR = 0;                    /*  CCP 停止计数  */
    }
    else{                          /* P3.3 下降沿:遮光-->透光从右位出发 */
        CR = 1;                    /*  CCP 计数开始  */
    }
}
/* PWM 中断服务函数 */
void PWM_isr( ) interrupt 22/* 15bit PWM 中断号 = 22 */
{
    PWMIF = 0/* & = ~0x01 */;      //PWM2(C2IF):硬件自动置 1,软件清零
    if( --nStep == 0){             //推杆停止
        PWM2T1  =  20000;          //PWM2 第 1 次反转, > PWMC
        PWM2T2  =  20000;          //PWM2 第 2 次反转, > PWMC
    }
    if(A4988DIR) curStep ++ ;
    else curStep -- ;
    //PWMIF:[ - ][CBIF][C7IF][C6IF][C5IF][C4IF][C3IF][C2IF]
}
/* S3 中断服务函数 */
void S3isr( )interrupt 17
{
    static unsigned char RcvCnt,SendCnt;//S3 接收,发送计数
    if(S3CON & 0x01){              //if S3RI == 1
        S3CON & = ~0x01;           //clr S3RI
        if(RcvCnt < 20)S3Rcv[RcvCnt ++ ] = S3BUF;//存字符
        SendCnt = 0;               //每次接收后,都将发送计数清零
        S3BUF = 'A';               //每次接收后,都启动发送,可发送任意字符
    }
    if(S3CON & 0x02){              //if S3TI == 1
        S3CON & = ~0x02;           //clr S3TI
        SendCnt ++ ;               //每次成功发送后,把发送计数 +1
        if( ++ SendCnt > 3){       //如果发送计数 >3,进行信息接收完成处理
            memcpy(HmiMsg,S3Rcv,RcvCnt);//把接收的信息存入 HmiMsg
            MsgLen = RcvCnt;             //保存信息长度
```

```
            RcvCnt = 0;                         //接收计数清零
            MsgOK = 1;                          //置信息完成标志
        }
    else S3BUF = 'B';                           //如果发送计数≤3,继续启动发送,可发送任意字符
    }
}
/ * 滑台定位函数
    mmPos:滑台目标位置,mm
 * /
void SlidePos( unsigned int mmPos)
{
    unsigned int cnt;
    cnt = mmPos * 312/72;
    CCAP0L  =  cnt;                  //写入目标值低字节
    CCAP0H  =  cnt >> 8;             //写入目标值高字节
    CCAPM0  =  0x49;                 //PCA0:比较 + 匹配 + 允许中断
    IN1 = 1, IN2 = 0;                //滑台运行
}
/ * 转盘舵机定位函数
    deg:舵机目标角度,°
 * /
void PanDeg( unsigned int deg)
{
    unsigned int cnt;
    cnt  =  (45 + deg) * 92/9 + 1;
    PWM3T1  =  0;
    PWM3T2  =  cnt;
}
/ * 手臂舵机定位函数
    deg:舵机目标角度,°
 * /
void ArmDeg( unsigned int deg)
{
    unsigned int cnt;
    cnt  =  (45 + deg) * 92/9 + 1;
    PWM4T1  =  2400;
    PWM4T2  =  2400 + cnt;
}
/ * 推杆定位函数
    mmPos:推杆目标位置,mm
 * /
void RodPos( unsigned int mmPos)
{
```

```
    nStep = mmPos * 30 - curStep;
    if(nStep == 0) return;
    if(nStep > 0) A4988DIR = 1;
    else {
        A4988DIR = 0;
        nStep = - nStep;
    }
    PWM2T1 = 4800;              //PWM2 第一次翻转
    PWM2T2 = 5000;              //PWM2 第二次翻转
}
/* S1 发送转盘角度函数
    deg:舵机角度,°
*/
void S1PanDeg(unsigned int deg)
{
    printf("n1.val = %d\xff\xff\xff",deg);    //S1 向 HMI 发送
    printf("z0.val = %d\xff\xff\xff",deg);
    printf("h1.val = %d\xff\xff\xff",deg * 10/18);
}
/* S1 发送手臂角度函数
    deg:舵机角度,°
*/
void S1ArmDeg(unsigned int deg)
{
    printf("n2.val = %d\xff\xff\xff",deg);    //S1 向 HMI 发送
    printf("z1.val = %d\xff\xff\xff",deg);
    printf("h2.val = %d\xff\xff\xff",deg * 10/18);
}
```

7.3.3.3 运行调试

按图 7-38 把 USART HMI 模块接入，程序编译并下载到单片机。在用 7.4V 锂电池电源上电后，机械手各轴首先运动到初始位置。此后，触控触摸屏，置机器为手动方式，分别移动 h0、h1、h2、h3 滑块，手动控制滑台、转盘、手臂、推杆动作；移动 h8 滑块，可改变滑台运行速度；移动 h4、h5、h6、h7 滑块，设置滑台行程和其他轴的终点位置。触控触摸屏，置机器为周期运行方式，这时机器就以 h0、h1、h2、h3 滑块设定的位置为初位，以 h4、h5、h6、h7 滑块设定的位置为终位，按程序中指定的顺序，周期循环动作。

7.3.4 配有 PC 监控的系统设计

7.3.4.1 PC 监控设计

在 7.1 节的 STC15-IO 项目中，在“普通串口”下添加名为“STC15-3”的从站设备，见图 7-46；为该设备配置数据区，见图 7-47；进行模拟量和数字量定义，见图 7-48。

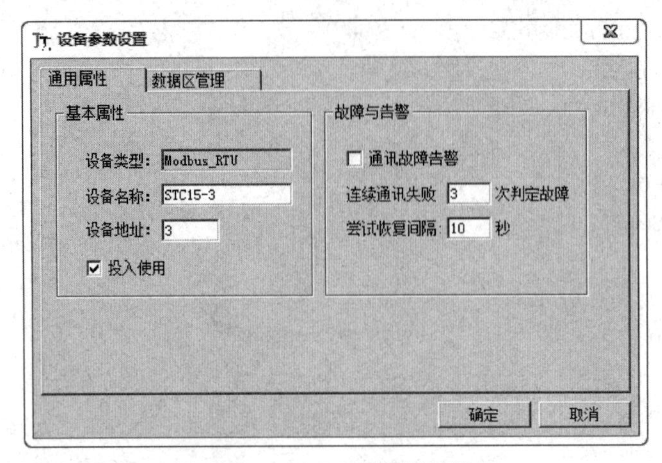

图 7-46 STC15-3 通用属性设置

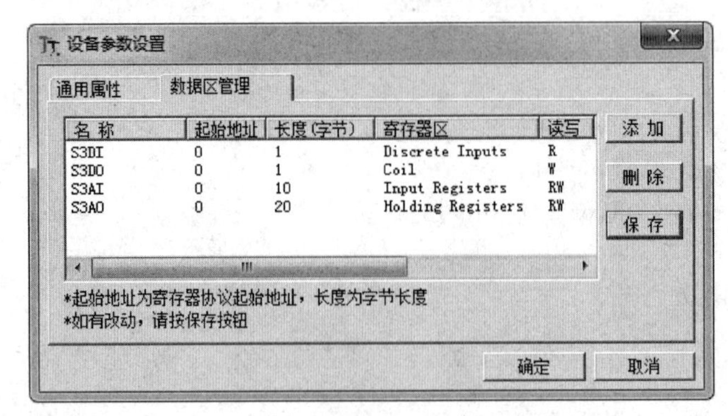

图 7-47 STC15-3 数据区的配置

序号	变量名称	变量描述	数据地址	数据类型
*011	S3AO_0	滑台位置1	S3AO[0]	2字节无符号
*012	S3AO_1	转盘位置1	S3AO[2]	2字节无符号
*013	S3AO_2	手臂位置1	S3AO[4]	2字节无符号
*014	S3AO_3	推杆位置1	S3AO[6]	2字节无符号
*015	S3AO_4	滑台位置2	S3AO[8]	2字节无符号
*016	S3AO_5	转盘位置2	S3AO[10]	2字节无符号
*017	S3AO_6	手臂位置2	S3AO[12]	2字节无符号
*018	S3AO_7	推杆位置2	S3AO[14]	2字节无符号
*019	S3AO_8	滑台电机PWM	S3AO[16]	2字节无符号
*020	S3AI_0	滑台当前位置	S3AI[0]	2字节无符号
*021	S3AI_1	转台当前位置	S3AI[2]	2字节无符号
*022	S3AI_2	手臂当前位置	S3AI[4]	2字节无符号
*023	S3AI_3	推杆当前位置	S3AI[6]	2字节无符号

序号	变量名称	描述	初始值	On描述	Off描述	数据地址	第几位
**006	S3DI_1	滑台左位	0	On	Off	S3DI[0]	0
**007	S3DI_2	滑台右位	0	On	Off	S3DI[0]	1
**008	S3DO_1	手动/周期方式	0	On	Off	S3DO[0]	0
**009	S3DO_2	运行/停止	0	On	Off	S3DO[0]	1

图 7-48 STC15-3 从站的变量定义

为 STC15-3 从站设计的画面如图 7-49 所示。图中的各滑动条图元都用于对相应的变量进行赋值，设置方法见图 7-15。两个挡位开关分别对应于状态量 S3DO_1、S3DO_2，用于控制机器的自动/手动、运行/停止。上部的两个表盘用于显示转盘、手臂的当前角度，范围取 0°～180°，左侧中部的表盘用于显示设定的滑台电机 PWM 值，范围取 0～100%。下部的 4 个数字框用于显示滑台行程以及其他轴的终位。推杆的当前位置用柱状图显示，范围是 0～10mm。图 7-49 左上角的数字框用于显示滑台的当前位置，两个指示灯图元表示的是滑台左、右位置开关的状态，开关未被遮挡时为绿色，被遮挡时为红色。指示灯下边的蓝色圆角矩形以移动的方式显示滑台的当前位置，设置方法为：双击该圆角矩形图元，在弹出的窗口中选择‘动态属性’窗口，勾选该窗口中‘位置’栏的‘水平’行，输入：S3AI_0 * 2 + 80。

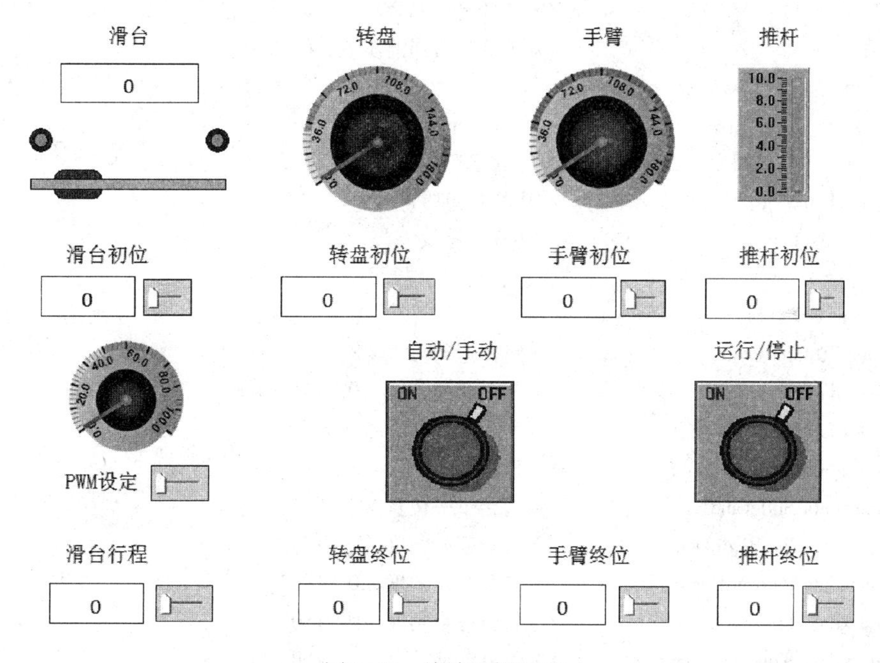

图 7-49 从站 3 的画面

7.3.4.2 从站 3 程序设计

下面是源程序代码：

```
/* File:P7_3_3.c */
#include <stc15.h>
#include <stdio.h>
#include <P01234Init.c>
#define FOSC 11059200L
#define ENA   P23
#define IN1   P24
#define IN2   P25
#define A4988DIR P36
#define A4988STEP P37
```

```
void CCPInit( );                        /* CCP 初始化函数 */
void Int01Init( );                      /* INT0、1 初始化函数 */
void PWM2345Init( );                    /* PWM2、3、4、5 初始化函数 */
void T2S1S3T4Init( );                   /* T2、S1、S3、T4 初始化函数 */
void SlidePos( unsigned int mmPos);     /* 滑台定位函数 */
void PanDeg( unsigned int deg);         /* 转盘定位函数 */
void ArmDeg( unsigned int deg);         /* 手臂定位函数 */
void RodPos( unsigned int mmPos);       /* 推杆定位函数 */
void S1PanDeg( unsigned int deg);       /* S1 发送转盘角度函数 */
void S1ArmDeg( unsigned int deg);       /* S1 发送手臂角度函数 */
void SlidePWM( unsigned int n);
int nStep;                              /* 推杆电机剩余步数,[0..300 步] */
int curStep;                            /* 推杆电机当前步数,[0..300 步] */
/************************************/
#include <string.h>                     /* for memcpy */
unsigned char S3Rcv[20];                //接收字符缓冲区
unsigned char HmiMsg[20];               //HMI 信息缓冲区
unsigned char MsgLen;                   //接收字符数
bit MsgOK;                              //接收完成标志
/************************************/
unsigned char RbtMode = 0;              /* 机器运行方式 */
unsigned int xdata SlideBeginPos = 36;  /* 滑台起始位置,[0..72mm] */
unsigned int xdata SlideDisp = 30;      /* 滑台行程,[0..72mm] */
unsigned int xdata SlideNextPos;        /* 滑台下一位置 */
unsigned int xdata SlideCmdPos;         /* 滑台下一位置 */
unsigned int xdata PanBeginDeg = 90;    /* 转盘起始角度,[0..180°] */
unsigned int xdata PanEndDeg = 120;     /* 转盘终点角度,[0..180°] */
unsigned int xdata PanCmdDeg;           /* 转盘终点角度,[0..180°] */
unsigned int xdata ArmBeginDeg = 90;    /* 手臂起始角度,[0..180°] */
unsigned int xdata ArmEndDeg = 120;     /* 手臂终点角度,[0..180°] */
unsigned int xdata ArmCmdDeg;           /* 转盘终点角度,[0..180°] */
unsigned int xdata RodBeginPos = 0;     /* 推杆起始位置,[0..10mm] */
unsigned int xdata RodEndPos = 5;       /* 推杆终点位置,[0..10mm] */
unsigned int xdata RodCmdPos;           /* 推杆终点位置,[0..10mm] */
unsigned int xdata RbtStep = 0;         /* 机器每周期中的步序 */
unsigned char Second;                   /* 定时秒数 */
/************ Modbus ********************/
#include <intrins.h>
#define FOSC 11059200L
#define BAUD 115200
#define RS485_Send P04                  //--->MAX485.DE/RE
#include <S4forRS485.c>
/* ModbusSlave, ModbusInit 在库文件 ModBusRS485_3.LIB 中 */
```

```
extern void ModbusSlave(void);                //ModBus 从站处理函数
extern void ModbusInit(                       //ModBus 初始化函数
unsigned char xdata * DOMapaddr,unsigned char xdata * DIMapaddr,
unsigned int xdata * HdDtRegAddr, unsigned int xdata * InDtRegAddr );
unsigned char xdata DIMap[8];                 //分配 8 字节的 DI 映像区,可对应 16 个 DI 接点
unsigned int xdata AIMap[4];                  //分配 4 字的 AI 映像区,可对应 8 个 AI 接点
unsigned char xdata DOMap[4];                 //分配 4 字节的 DO 映像区,可对应 16 个 DO 接点
unsigned int xdata AOMap[10] = {36,90,90,0,30,120,120,5,100};//分配 10 字的 AO 映像区,可对应 8 个
AO 接点
unsigned char xdata LastDOMap[4];
unsigned int xdata LastAOMap[10];
/ ***************************************************** /
void main(void)
{
    P01234Init();
    CCPInit();
    Int01Init();
    PWM2345Init();
    T2S1S3T4Init();
    EA = 1;                                   //开 CPU 中断
    SlidePos(36);                             //滑台定位在 36mm
    while(CCAPM0);                            //等待滑台停止
    PanDeg(90);                               //转盘定位在 90°
    curStep = 300;                            //预设推杆已全部伸出
    RodPos(0);                                //推杆定位在 0mm
    while(nStep);                             //等待推杆停止
    ArmDeg(90);                               //手臂定位在 90°

    S4CON = 0x10;                             //S4:8 位可变波特率,无奇偶校验位,允许接收
    IE2 | = 0x10;                             //Enable S4 interrupt
    RS485_Send = 0;                           //将 RS485 置于接收数据方式
    ModbusInit(DOMap, DIMap, AOMap, AIMap);//ModBus 初始化
    while(1){
        unsigned int n;
        volatile int i;                       //1T = 1000000/FOSC(μs) = 1/11.0592(μs)
        if(RbtMode == 2){                     //机器周期循环方式处理
            switch(RbtStep){
              case 0:                         //滑台到下一个位置
                SlidePos(SlideNextPos);
                RbtStep = 1;
                break;
              case 1:                         //等待滑台停止
                n = CH * 256 + CL;            //取滑台脉冲数
```

```
    if(n>312)n=624-n;//滑台回程时的换算
    printf("n0.val=%d\xff\xff\xff",n*72/312);//S1-->HMI[n0.val]
    printf("h0.val=%d\xff\xff\xff",n*100/312);
    if(CCAPM0==0)RbtStep=2;//滑台到位,转步2
    break;
  case 2:                   //转盘到终位
    PanDeg(PanEndDeg);
    S1PanDeg(PanEndDeg);
    Second = 0;
    T4T3M = 0x80;           //T4 运行
    RbtStep=3;
    break;
  case 3:                   //延时 2s
    if(Second==2){
        T4T3M = 0;          //T4 停止
        RbtStep=4;
    }
    break;
  case 4:                   //手臂到终位
    ArmDeg(ArmEndDeg);
    S1ArmDeg(ArmEndDeg);
    RbtStep=5;
    break;
  case 5:                   //推杆到终位
    RodPos(RodEndPos);
    RbtStep=6;
    break;
  case 6:                   //等待推杆停止
    printf("n3.val=%d\xff\xff\xff",curStep/30);     //S1-->HMI[n3.val]
    printf("h3.val=%d\xff\xff\xff",curStep/3);     //S1-->HMI[n3.val]
    if(nStep==0)RbtStep=7;
    break;
  case 7:                   //推杆回到初位
    RodPos(RodBeginPos);
    RbtStep=8;
    break;
  case 8:                   //等待推杆停止
    printf("n3.val=%d\xff\xff\xff",curStep/30);     //S1-->HMI[n3.val]
    printf("h3.val=%d\xff\xff\xff",curStep/3);     //S1-->HMI[n3.val]
    if(nStep==0)RbtStep=9;
    break;
  case 9:                   //Arm to Begin
    ArmDeg(ArmBeginDeg);
```

```
            S1ArmDeg(ArmBeginDeg);
            Second = 0;
            T4T3M  = 0x80;        //T4 运行
            RbtStep = 10;
            break;
          case 10:                //延时 2s
            if(Second == 2){
                T4T3M  = 0;       //T4 停止
                RbtStep = 11;
            }
            break;
          case 11:                //转盘到初位
            PanDeg(PanBeginDeg);
            S1PanDeg(PanBeginDeg);
            RbtStep = 0;
            SlideNextPos += SlideDisp;
            if(SlideNextPos > 72) SlideNextPos = SlideBeginPos;
            break;
        }
    }                             //机器周期循环方式处理结束
    if(MsgOK){                    //S3 接收完 HMI 信息
    MsgOK = 0;                    //标志清零
    n = HmiMsg[2] * 256 + HmiMsg[1];//取 HMI 信息中的数值
    /* 只有 PC 设置机器停止(DOMap[1] = 0)时,HMI 才能控制机器 */
    switch(HmiMsg[0]){
        case 0xe0:                //机器手动工作
          RbtMode = 1;
          break;
        case 0xe1:                //机器周期工作
          RbtMode = 2;
          SlideNextPos = SlideBeginPos;
          RbtStep = 0;            //从 0 步开始
          break;
        case 0xe2:                //机器停止
          RbtMode = 0;
          break;
        case 0xf0:                //滑台初位设定
          SlideBeginPos  =  n;
          if(RbtMode == 1){
              SlidePos(SlideBeginPos);//滑台定位
          }
          break;
        case 0xf1:                //转盘初位设定
```

```
            PanBeginDeg = n;
            if(RbtMode ==1){
                PanDeg(PanBeginDeg);//转盘定位
            }
            break;
          case 0xf2:                  //手臂初位设定
            ArmBeginDeg = n;
            if(RbtMode ==1){
                ArmDeg(ArmBeginDeg);//手臂定位
            }
            break;
          case 0xf3:                  //推杆初位设定
            RodBeginPos = n;
            if(RbtMode ==1){
                RodPos(RodBeginPos);
            }
            break;
          case 0xf4:                  //滑台行程(步长)设定
            SlideDisp = n;
            break;
          case 0xf5:                  //转盘终位设定
            PanEndDeg = n;
            break;
          case 0xf6:                  //手臂终位设定
            ArmEndDeg = n;
            break;
          case 0xf7:                  //推杆终位设定
            RodEndPos = n;
            break;
          case 0xf8:                  //滑台电机 PWM 设定
            SlidePWM(n);
            AOMap[8] =n;
            break;
        }
    }                                 //HMI 信息处理结束
    if(UartState){                    //串口正在接收 Modbus 信息
        for(i=0;i<6000;i++);          //延时约 8ms,等待接收完成
        DIMap[0] =P32;                //滑台左位
        DIMap[1] =P33;                //滑台右位
        n=CH*256 +CL;                 //取滑台脉冲数
        if(n>312)n=624 -n;            //滑台回程时的换算
        AIMap[0] =n*72/312;           //滑台当前位置
        AIMap[1] =PanCmdDeg;          //转盘当前位置
```

```
            AIMap[2] = ArmCmdDeg;  //手臂当前位置
            AIMap[3] = curStep/30;  //推杆当前位置
            ModbusSlave();          //ModBus 从站处理
            /*机械手从运行转为停止时*/
            if(LastDOMap[1] ==1&&DOMap[1] ==0){
                RbtMode =0;         //置机械手方式 0
            }
            /*机械手从方式 0 运行时*/
            if(DOMap[1] ==1&&RbtMode ==0){//PC:Rbt run,HMI:Rbt stop
              /*如果是手动*/
              if(DOMap[0] ==0){
                if(LastAOMap[0]! =AOMap[0])SlidePos(AOMap[0]);//滑台定位
                if(LastAOMap[1]! =AOMap[1])PanDeg(AOMap[1]);//转盘定位
                if(LastAOMap[2]! =AOMap[2])ArmDeg(AOMap[2]);//手臂定位
                if(LastAOMap[3]! =AOMap[3])RodPos(AOMap[3]);//推杆定位
            }
            /*如果是自动(周期运行方式)*/
              else{
                SlideBeginPos = AOMap[0];  //滑块初位
                PanBeginDeg = AOMap[1];    //转盘初位
                ArmBeginDeg = AOMap[2];    //手臂初位
                RodBeginPos = AOMap[3];    //推杆初位
                SlideDisp = AOMap[4];      //滑块行程(步长)
                PanEndDeg = AOMap[5];      //转盘终位
                ArmEndDeg = AOMap[6];      //手臂终位
                RodEndPos = AOMap[7];      //推杆终位
                RbtMode =2;                //机械手方式 2
                SlideNextPos = SlideBeginPos;
                RbtStep =0;                //从 0 步开始
            }
        }
        /*如果是 PWM 设定*/
        if(LastAOMap[8]! =AOMap[8])SlidePWM(AOMap[8]);
        /*存储本次 DO、AO,用于与下次的新值比较*/
        memcpy(LastDOMap,DOMap,24);
    }
  }
}
/*T4 中断服务函数*/
void T4_Isr() interrupt 20                //T4 中断号为 20
{
    static unsigned int i;
    if(++i<20)return;                     //20*50ms =1s
```

```
    i=0;                          //如果中断了10次,i清零
    Second++;                     //秒+1
}
/*CCP初始化函数*/
void CCPInit()
{
    CMOD = 0x06;                  //PCA对ECI(P1.2)计数,禁止PCA计数溢出中断
    CH=0x80;                      //CCP计数初值:0x8000
    CR = 1;                       //PCA开始计数
}
/*INT0、1初始化函数*/
void Int01Init()                  //INT0,INT1双边沿触发
{
    IT0 = 0;                      //置INT0双边沿触发中断
    EX0 = 1;                      //开INT0中断
    IT1 = 0;                      //置INT1双边沿触发中断
    EX1 = 1;                      //开INT1中断
}
/*PWM2、3、4、5初始化函数*/
void PWM2345Init()                //PWM2:推杆,PWM3:转盘,PWM4:手臂,PWM5:滑台
{
    P_SW2 |= 0x80;                //使能访问XSFR(P_SW2.B7::EAXSFR)
    PWMCFG = 0x00;                //配置PWM的输出初始电平为低电平
    PWMCKS = 11;                  //PWM时钟源为FOSC/(11+1)=921600Hz(PWMCKS.4=0:Sysclk)
    PWMC = 18432;                 //PWM每周期计数次数=921600/50,PWM频率=50Hz
    PWM2T1 = 20000;               //PWM2第1次反转,>PWMC
    PWM2T2 = 20000;               //PWM2第2次反转,>PWMC
    PWM2CR = 0x06;                //使能PWM2中断,T2翻转时中断,T1翻转时不中断
    PWM5T1 = 0;
    PWM5T2 = 18432;               //PWM5T2=PWMC,PWM=100%
    PWM5CR = 0x00;                //PWM5--->P2.3
    PWMCR = 0x8f;                 //使能PWM,使能PWM2,3,4,5输出
    P_SW2 &=~0x80;                //使能访问XSFR
}
/*T2、S1、S3、T4初始化函数*/
void T2S1S3T4Init()
{
    T2L = (65536 - 24);           //(FOSC/4/BAUD)=24,设置波特率重装值
    T2H = (65536 - 24)>>8;        //波特率BAUD=115200bps
    AUXR |= 0x14;                 //T2:1T模式,启动T2
    AUXR |= 1;                    //选择T2为串口S1的波特率发生器
    P_SW1|=0x80;                  //S1 At P1.6/RXD,P1.7/TXD
    SM0=0;SM1=1;                  //串口方式1
```

```
    REN =0;
    TI = 1;
    S3CON = 0x10;                       //S3:8 位可变波特率,无奇偶校验位,允许接收
    IE2 | = 0x08;                       //Enable S3 interrupt
    T4H = (65536 -921600/20)/256;  //T4 脉冲源 =FOSC/12 =921600Hz
    T4L = (65536 -921600/20)%256;  //T4:20Hz
    IE2 | = 0x40;                       //允许 T4 中断(IE2.6 =ET4,IE2.5 =ET3)
}
/*CCP 中断服务函数*/
void CCP_Isr() interrupt 7
{
    CCF0 = 0;                           //CCP0 比较匹配中断
    CCAPM0 = 0;                         //CCP0 停止
    IN1 =IN2 =1;                        //滑台停止
}
/*INT0 中断服务函数*/
void Int0_isr( ) interrupt 0/*P32 <---左位光电开关*/
{
    if(P32 ==1){                        /*P3.2 上升沿:透光-- >遮光*/
        CR =0;                          /* CCP 停止计数 */
    }
    else{                               /*P3.2 下降沿:遮光-- >透光从左位出发*/
        CH =CL =0;                      /* 滑台零位 */
        CR =1;                          /* CCP 开始计数 */
    }
}
/*INT1 中断服务函数*/
void Int1_isr( ) interrupt 2/*P33 <---右位光电开关*/
{
    if(P33 ==1){                        /*P3.3 上升沿:透光-- >遮光,滑台从左向右到终点*/
        CR =0;                          /* CCP 停止计数 */
    }
    else{                               /*P3.3 下降沿:遮光-- >透光,滑台从右位向左运动*/
        CR =1;                          /* CCP 计数开始 */
    }
}
/*PWM 中断服务函数*/
void PWM_isr() interrupt 22/*15bit PWM 中断号 =22*/
{
    PWMIF =0/*&=~0x01*/;                //PWM2(C2IF):硬件自动置1,软件清零
    if(--nStep ==0){                    //推杆停止
        P_SW2 | = 0x80;                 //使能访问 XSFR(P_SW2.B7::EAXSFR)
        PWM2T1 = 20000;                 //PWM2 第1次翻转,>PWMC
```

```
        PWM2T2  =  20000;                //PWM2 第 2 次翻转,>PWMC
        P_SW2 &=~0x80;
    }
    if(A4988DIR)curStep++;
    else curStep--;
    //PWMIF:[ - ][CBIF][C7IF][C6IF][C5IF][C4IF][C3IF][C2IF]
}
/*S3 中断服务函数*/
void S3isr()interrupt 17
{
    static unsigned char RcvCnt,SendCnt; //S3 接收,发送计数
    if(S3CON & 0x01){                    //if S3RI==1
        S3CON &=~0x01;                   //clr S3RI
        if(RcvCnt<20)S3Rcv[RcvCnt++]=S3BUF;//存字符
        SendCnt=0;                       //每次接收后,都将发送计数清零
        S3BUF='A';                       //每次接收后,都启动发送,可发送任意字符
    }
    if(S3CON & 0x02){                    //if S3TI==1
        S3CON &=~0x02;                   //clr S3TI
        SendCnt++;                       //每次成功发送后,把发送计数+1
        if(++SendCnt>3){                 //如果发送计数>3,进行信息接收完成处理
            memcpy(HmiMsg,S3Rcv,RcvCnt); //把接收的信息存入 HmiMsg
            MsgLen=RcvCnt;               //保存信息长度
            RcvCnt=0;                    //接收计数清零
            MsgOK=1;                     //置信息完成标志
        }
        else S3BUF='B';                  //如果发送计数≤3,继续启动发送,可发送任意字符
    }
}
/*滑台定位函数
    mmPos:滑台目标位置,mm
 */
void SlidePos(unsigned int mmPos)
{
    unsigned int cnt;
    if(SlideCmdPos==mmPos)return;
    cnt=mmPos*312/72;
    EA=0;
    P_SW2 |= 0x80;
    CCAP0L  =  cnt;                      //写入目标值低字节
    CCAP0H  =  cnt>>8;                   //写入目标值高字节
    CCAPM0  =  0x49;                     //PCA0:比较+匹配+允许中断
    P_SW2 &=~0x80;
```

```
    EA = 1;
    IN1 = 1,IN2 = 0;                    //滑台运行
    SlideCmdPos = mmPos;
}
/ * 转盘舵机定位函数
    deg:舵机目标角度,°
 * /
void PanDeg( unsigned int deg)
{
    unsigned int cnt;
    if( PanCmdDeg = = deg) return;
    cnt  =  (45 + deg) * 92/9 + 1;
    EA = 0;
    P_SW2 | = 0x80;
    PWM3T1  =  0;
    PWM3T2  =  cnt;
    P_SW2 & = ~ 0x80;
    EA = 1;
    PanCmdDeg = deg;
}
/ * 手臂舵机定位函数
    deg:舵机目标角度,°
 * /
void ArmDeg( unsigned int deg)
{
    unsigned int cnt;
    if( ArmCmdDeg = = deg) return;
    cnt  =  (45 + deg) * 92/9 + 1;
    EA = 0;
    P_SW2 | = 0x80;
    PWM4T1  =  2400;
    PWM4T2  =  2400 + cnt;
    P_SW2 & = ~ 0x80;
    EA = 1;
    ArmCmdDeg = deg;
}
/ * 推杆定位函数
    mmPos:推杆目标位置,mm
 * /
void RodPos( unsigned int mmPos)
{
    if( RodCmdPos = = mmPos) return;
    nStep  =  mmPos * 30 - curStep;
```

```
    if(nStep == 0) return;
    if(nStep > 0) A4988DIR = 1;
    else {
        A4988DIR = 0;
        nStep = - nStep;
    }
    EA = 0;
    P_SW2 |= 0x80;
    PWM2T1 = 4800;                    //P3.7/PWM2:第一次翻转
    PWM2T2 = 5000;                    //P3.7/PWM2:第二次翻转
    P_SW2 &= ~0x80;
    EA = 1;
    RodCmdPos = mmPos;
}
void SlidePWM(unsigned int n)
{
    n = 18430 - n * 184;
    EA = 0;
    P_SW2 |= 0x80;
    PWM5T1 = n;
    P_SW2 &= ~0x80;
    EA = 1;
}
void S1PanDeg(unsigned int deg)
{
    printf("n1.val = %d\xff\xff\xff",deg);//S1-->HMI[h1.val]
    printf("z0.val = %d\xff\xff\xff",deg);
    printf("h1.val = %d\xff\xff\xff",deg * 10/18);
}
void S1ArmDeg(unsigned int deg)
{
    printf("n2.val = %d\xff\xff\xff",deg);//S1-->HMI[h1.val]
    printf("z1.val = %d\xff\xff\xff",deg);
    printf("h2.val = %d\xff\xff\xff",deg * 10/18);
}
```

7.3.4.3　PC 与从站 3 的运行调试

添加库文件 ModBusRS485_3.LIB，对源程序进行编译，把生成的 HEX 文件下载到 STC15。

程序下载后，将 STC 自动编程器的 RXD、TXD 与 STC15 的 TXD4/P0.3、RXD4/P0.2 连接，STC 自动编程器仍然插到 PC 的 USB 口。从站接通 7.4V 锂电池电源后，机械手各轴运动到初始位置。这时可通过 USART HNI 串口屏进行手动、自动方式的测试，见图 7-50。

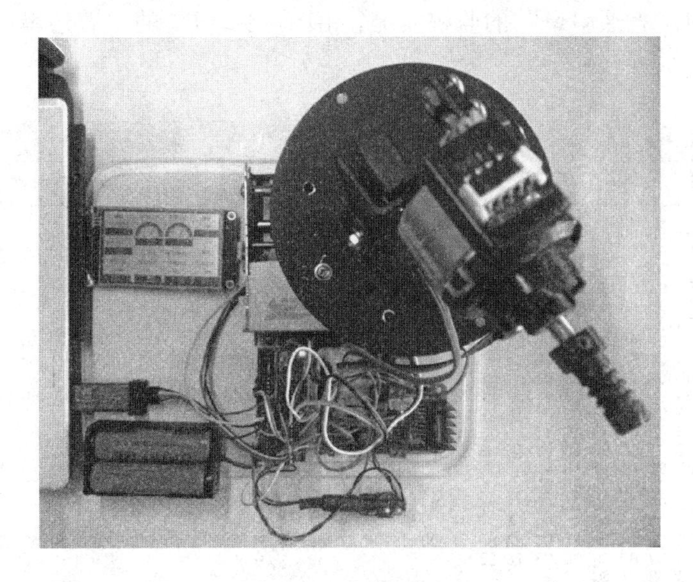

图 7-50　S3 从站的单独调试

PC 运行快控组态软件，把 STC 自动编程器所在的端口号写入‘普通串口’的串口参数栏，见图 7-4。工具栏点击“运行监控”按钮，登录后便进入运行界面。通过“打开画面”按钮打开 S3 画面，如果从站 3 未能与主站成功通信，S3 画面的相关图元会显示出问号“?”；如果从站 3 已与主站成功通信，S3 画面的相关图元会显示正常数值。这时可通过 S3 画面对机械手进行各种监控操作。图 7-51 为机械手自动运行（即周期循环运行）时的画面。

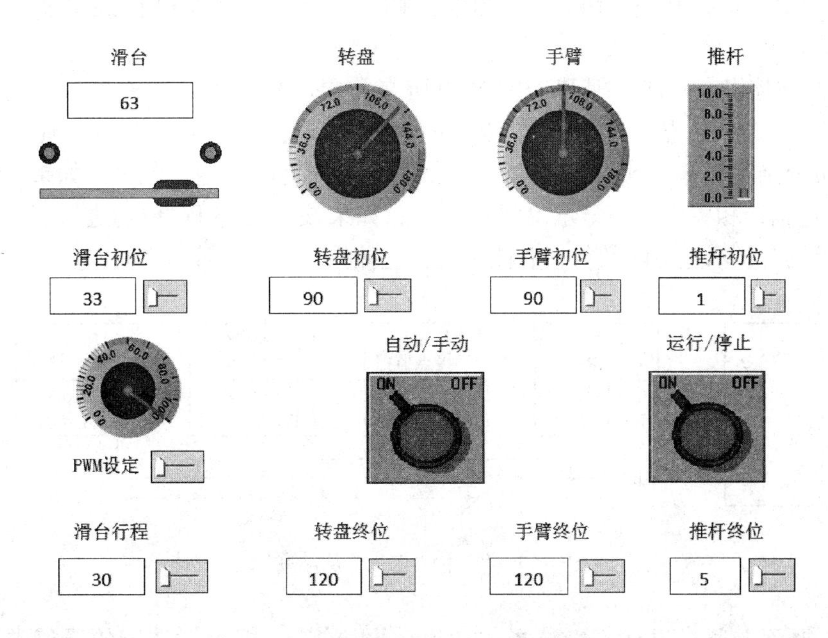

图 7-51　机械手自动运行时的画面

在任一画面上通过鼠标右键，选择“通道数据监视”，能够对选定的通道进行通信监视。图 7-52 为对“普通串口”的监视实况。由图可见，PC 的“普通串口”与从站 3 成功进行了通信。

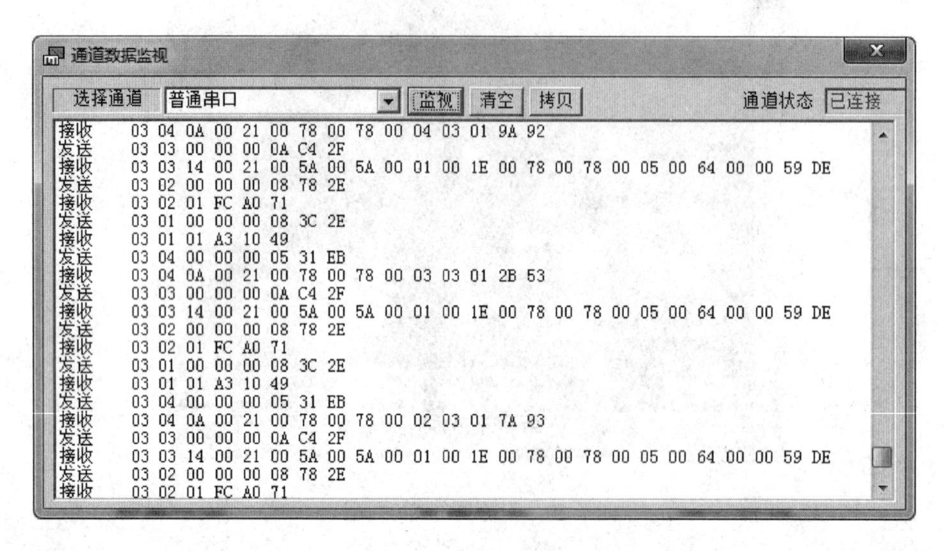

图 7-52 PC 与 S3 从站的通信数据监视

7.3.4.4 PC 与 3 个从站的运行调试

PL2303 模块通过 USB 与 PC 连接，其 A、B、GND 端分别与从站 1、2、3 之 MAX485 模块的对应端连接，组成 PC 与三从站的 RS485 网络，见图 7-53。图 7-54 显示了该网络的实际联结与运行状况。其中，从站 1 耗电很少，由 PL2303 模块的 +5V 输出供电；从站 2 由 PC 的 USB 供电；从站 3 由 7.4V 锂电池供电，从站 3 的 GND 由滑台电路板引脚 5 接到从站 2 的 GND。

PC 运行快控组态软件，把 PL2303 模块所在的端口号写入‘普通串口’的串口参数栏，见图 7-4。工具栏点击“运行监控”按钮，登录后便进入运行界面。通过“打开画面”按钮可分别打开 S1、S2、S3 画面。各从站可在任何时候通、断电。如果一从站未能与 PC 建立通信，相关图元会显示出问号“?”；如果该从站与 PC 成功进行了通信，该站的相关图元就会显示正常的数值，并能够进行监控操作。

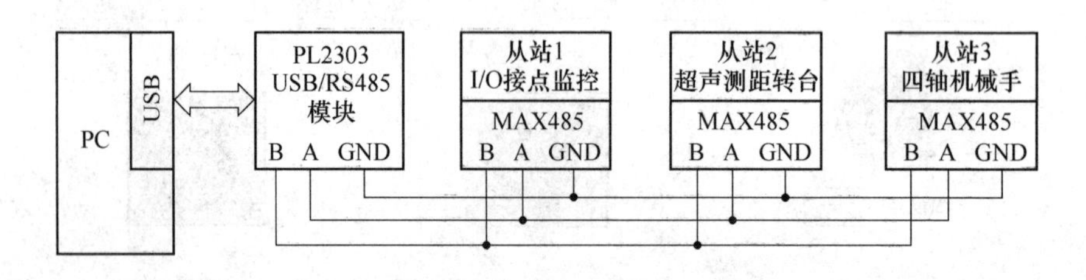

图 7-53 PC 主站与三个从站联网

在任一画面上通过鼠标右键选择“通道数据监视”，能够对选定的通道进行通信监视。图 7-55 为对“普通串口”的监视实况。由图可见，PC 的“普通串口”与三从站成功进行了通信。

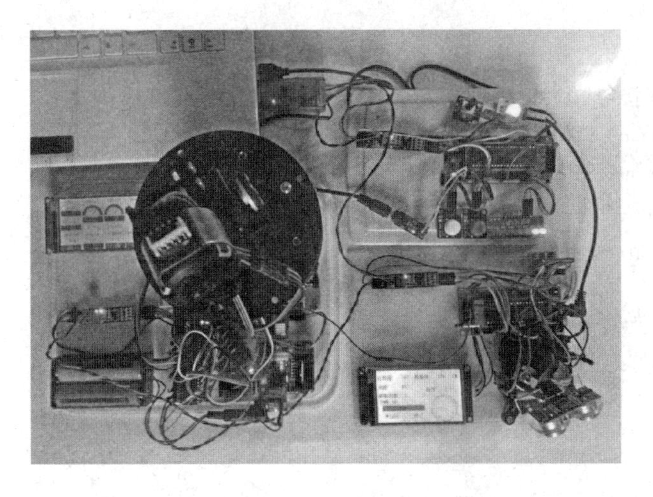

图 7-54 PC 与 S1、S2、S3 的实际联结与运行

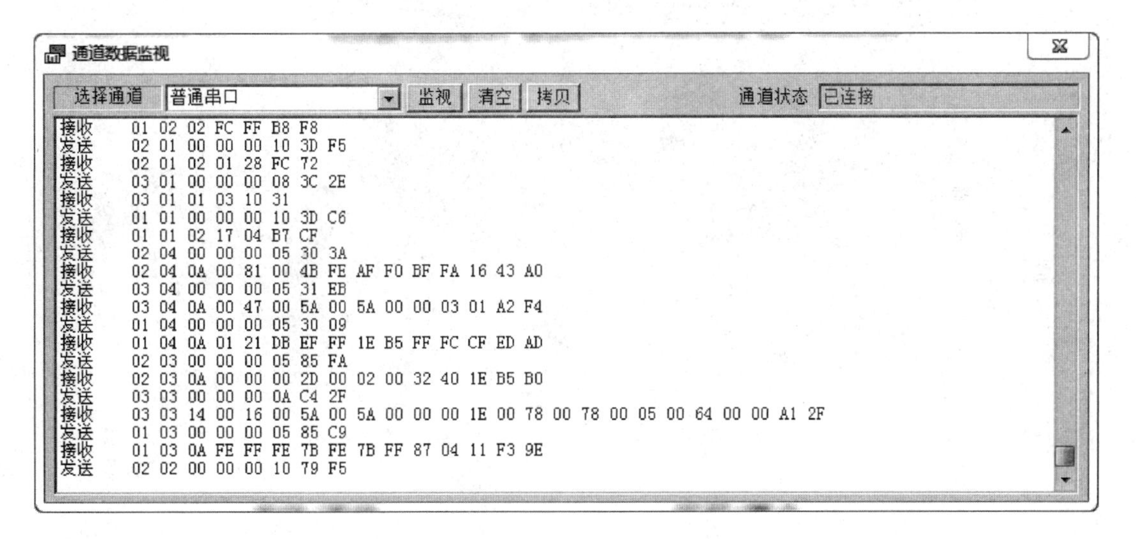

图 7-55 PC 与 S1、S2、S3 从站通信的数据监视

参 考 文 献

[1] 王普斌. 单片机接口与应用 [M]. 北京：冶金工业出版社，2016.
[2] www. STCMCU. com：STC15 系列单片机器件手册.
[3] www. STCMCU. com：STC12C5A60S2 系列单片机器件手册.
[4] Information on http：//www. uscada. com.
[5] Information on http：//www. keil. com.

冶金工业出版社部分图书推荐

书　　名	作　者	定价(元)
自动控制原理（第4版)(本科教材)	王建辉　主编	18.00
自动控制原理习题详解（本科教材)	王建辉　主编	18.00
热工测量仪表（第2版)	张　华　等编	46.00
自动控制系统（第2版)(本科教材)	刘建昌　主编	15.00
自动检测技术（第3版)	王绍纯　等编	45.00
机电一体化技术基础与产品设计（第2版)	刘　杰　主编	46.00
轧制过程自动化（第3版)(国规教材)	丁修堃　主编	59.00
电工电子实训教程（本科教材)	董景波　主编	18.00
电路与电子技术实验教程（本科教材)	孟繁钢　主编	13.00
电路原理实验指导书（本科教材)	孟繁钢　主编	18.00
Multisim 虚拟工控系统实训教程（本科教材)	王晓明　主编	20.00
单片机接口与应用（本科教材)	王普斌　主编	40.00
现代控制理论（英文版)(本科教材)	井元伟　等编	16.00
电气传动控制系统（本科教材)	钱晓龙　等编	35.00
工业企业供电（第2版)	周　瀛　等编	28.00
冶金设备及自动化（本科教材)	王立萍　等编	29.00
机电一体化系统应用技术（高职教材)	杨普国　主编	36.00
冶金过程自动化基础	孙一康　等编	68.00
冶金原燃料生产自动化技术	马竹梧　编著	58.00
连铸及炉外精炼自动化技术	蒋慎言　编著	52.00
热轧生产自动化技术（第2版)	刘　玠　等编	118.00
冷轧生产自动化技术（第2版)	刘　玠　等编	78.00
冶金企业管理信息化技术（第2版)	漆永新　编著	68.00
冷热轧板带轧机的模型与控制	孙一康　编著	59.00